푸른 석양이 지는 별에서

화성을 사랑한 과학자의 시간

화성을 사랑한 과학자의 시간

The Sirens of Mars

푸른 석양이 지는 별에서

세라 스튜어트 존슨 지음·안현주 옮김

✥ 을유문화사

푸른 석양이 지는 별에서
화성을 사랑한 과학자의 시간

발행일
2021년 7월 30일 초판 1쇄

지은이 | 세라 스튜어트 존슨
옮긴이 | 안현주
펴낸이 | 정무영
펴낸곳 | (주)을유문화사

창립일 | 1945년 12월 1일
주   소 | 서울시 마포구 서교동 469-48
전   화 | 02-733-8153
팩   스 | 02-732-9154
홈페이지 | www.eulyoo.co.kr
ISBN 978-89-324-7446-5   03440

차례

제2부
선은 폭이 없는 길이다

제3부
경계란 모든 부분의 끝이다

소저너가 촬영한 화성 표면

일러두기

1. 본문의 각주는 옮긴이 및 편집자 주입니다.
2. 본문에 사용된 도판 이미지와 캡션은 원서에는 없으며 본 도서에 한해서 독자의 이해를
   돕기 위해 추가하였습니다.

프롤로그

이동 수단은 기적처럼 발전해 왔지만, 널라버 평원의 끝자락까지 닿으려면 며칠은 걸린다. 비행기를 서너 번 갈아 탄 후, 퍼스에 내려 샤워를 잠깐 하고, 그런 다음 하루 이틀 정도 다시 동쪽으로 트럭을 타고 가야 한다. 2차선 도로는 이제는 유령 도시가 된 호주의 옛 금광 지역을 따라 끝없이 펼쳐져 있다. 마지막에는 비포장도로로 진입하여 붉은 바윗길을 달리게 된다. 트럭을 세우고 운전석에서 기어 내려오다시피 해서 땅에 발을 딛으면 온 세상이 고요하다. 마침내, 사막의 틈이 열린 곳에 도착한 것이다.

나는 세계에서 가장 오래된 바위 중 하나인 고대의 땅 일간 대륙괴Yilgarn Craton에 2~3년마다 한 번씩 온다[1]. 어두운 황토색 바위를 따라가다 보면 타원형의 연못이 있는데, 배터리의 산酸만큼이나 부식성이 강한 물로 채워져 있다[2]. 놀랍게도 척박한 환경에도 불구하고 이 황산수엔 생명의 무리가 살고 있다. 나는 이 원시적 미생물들이 어떻게 이처럼 가혹한 조건 속에서도 살아남는지, 에너지는 어떻게 얻는지, 미네랄에 어떤 흔적을 남기는지 조사하기 시작했다. 내가 이곳에 주목한 이유는 내가 행성과학자이기 때문이고, 이곳이 지구상에서 오래전 화성의 표면과 가장 유사한 곳이기 때문이다. 일간 대륙괴와 비슷한 남극 대륙의 맥머도 드라이 밸리Mcmurdo Dry Valley나 칠레의 아타카마 사막과 같은 황무지에 가는 이유도 생명체를 찾아내는 기술을 연마하기 위한 작업이다.

사막에 가면 새벽에 일어난다. 답사를 다닐 때 늘 가지고 다니는 누더기 같은 옷을 걸치고, 얼굴에는 선크림을 듬뿍듬뿍 바른다. 염분 때문에 여기저기 갈라져 있는 부츠에 발을 넣고, 챙을 따라 묶여 있는 끈에 와인 코르크가 매달린 모자를 눌러쓰면 파리를 몰아낼 준비가 끝난다. 배낭에는 채취 기구와 물을 넣고는 곧바로 나선다. 진흙 구덩이를 힘겹게 헤치고 걷느라 며칠씩 보내기도 하고, 어떤 구간에서는 땅이 단단해 쉽게 다니기도 한다. 때로는 소금이 얼음처럼 단단해져서 굳은 곳도 있다. GPS 좌표를 확인하고, 지형을 지도에 표시하고, 물의 화학 성분을 측정하고, 광물 성분을 평가해 본다. 실험실로 돌아와서는 유리병에 넣어 둔 산성 성분이 가득한 시료들을 분석한다. 그러는 동안 해는 뉘엿뉘엿 지고 사막의 강한 바람이 불어닥치지만, 나는 집중하느라 이런 것들은 인식하지 못하는 경우가 태반이다.

하루가 끝나면 기진맥진한 상태로 기구들을 다시 트럭에 싣고, 먼지가 쌓인 운전석에 올라탄다. 해는 이제 거의 떨어져서 하늘은 연어빛 핑크색이 되고, 공기 중에는 붉은 먼지가 날아다닌다. 이런 장면을 보고 있노라면, 다른 행성에 와 있다고 상상하는 것이 그리 어렵지 않다. 그때마다 나는 침묵하는 주변을 바라보며 앞

아타카마 사막 모습. 아타카마 사막은 화성 표면과 유사한 지형 중 하나
다. 행성학자가 이곳을 찾는 이유는 생명체를 찾아내는 기술을 연마하고
실험해 보기 위해서다.

서간 이들을 생각한다. 나처럼 사막에 앉아 땅을 파 보았던 이도 있었고, 화성에 신호를 보내기 위해 큰 나뭇가지들을 모아서 불을 피웠던 사람도 있었으며[3] 고요한 공기 속에 거대한 망원경을 세웠던 이도 있었다. 베네딕트회 수도원의 그림자 아래에서 몸을 웅크리고 앉아 지도에 자신의 흔적을 남기고자 한 소년도 있었고, 흐릿한 화성 사진을 수천 장 찍으면서 그중 하나라도 뭔가 보여 주길 희망한 인디애나주 출신의 사진광도 있었다. 프랑스 출신 우주 비행사 한 명은 헬륨 가스 기구를 타고 성층권까지 올라 질식사하기 직전까지 갔는데, 어느 정도 올라갈 수 있는지 가늠하기 위해 그런 일을 벌인 것이었다.

내가 합류한 화성 과학자들의 그룹은 특이한 구석이 있다. 세대를 막론하고 우리 모두 수수께끼 같은 이웃 행성에 강렬히 매여 있다는 것이다. 왜 이 붉은 행성의 생명체를 찾는 데 희망을 거는지 궁금해하는 이들도 많을 것이다. 지난 20억 년간, 화성에는 비가 내린 적이 없다. 강, 호수[4], 바다 같은 것도 존재하지 않는다. 물에 의한 침식 작용이 없기에, 화성 표면에 운석이 긁고 지나간 자리는 백만 년 동안 그대로 남아 있다. 화성에는 지구와 같은 판 지질 구조가 없으며[5] 자기장도 존재하지 않고[6] 표면을 보호하는 대기층도 거의 없다. 화성의 땅은 조용하고, 노출되어 있으며 당황스러울 만큼 텅텅 비어 있다.

화성이 이렇게 척박해지기 전에는 지구와 흡사했다[7]. 지구보다는 작지만, 비슷한 크기의 행성인 데다가 원소 구성도 비슷했다. 탄생 초반의 화성은 검은 화성암으로 가득 찬 행성이었다. 막대한 양의 용암 무더기가 화성의 화산부에서 솟아 나오면서 지각을 불룩하게 만들 만큼 현무암이 만들어졌고, 부풀어 오른 부분은 화성이 전체적으로 차차 식어 가면서 갈라져 열렸다. 이렇게 생긴 틈은 그랜드 캐니언이 한구석에 통째로 빠질 만큼 깊다. 에베레스트산보다 높은 급경사면을 따라서는 태양계에서 가장 큰 산맥이 생겨났다.

화산 활동으로 온실가스가 나왔는데[8], 결국에는 화성 표면을 담요처럼 감싸는 대기층을 형성하게 되었다. 지질학적 기록으로 우리는 화성의 땅이 최소한 주기적으로 덥고 습해졌었다는 것을 알고 있다[9]. 상상컨대 아마 이 시기 즈음해서, 다윈이 "따스한 작은 연못warm little ponds[10]"이라고 불렀던, 화산 작용으로 생겨난 웅덩이 속에서 생명체가 탄생했을 수도 있다. 이 시기 화성에는 물이 있었고, 이 물은 생명의 가능성도 품고 있었다. 물의 양은 북부에 고요하고 깊은 해양을 만들기에 충분했을 수도 있고[11], 해양의 바닥엔 마치 태평양에 있는 것처럼 부드럽고 평평한 심해 평원[12]이 존재했을 가능성도 있다.

그 후, 약 35억[13]~40억 년 전부터, 행성으로서 지구와 화성은 다른 길을 가기 시작하면서 화성은 텅 비게 되었다. 대기의 대부분이 사라졌고[14], 물도 증발해 버렸다. 화성은 급속도로 동결되기 시작하여 남극보다 더 추워졌고, 오늘날 우리가 알고 있는 상태로 태양과 우주의 고에너지 방사선이 내리쬐는 건조한 얼어붙은 사막이 되었다. 모래바람이 생기기 불가능할 것처럼 보이는 옅은 공기에도 붉은 밀가루 같은 농도의 먼지[15]가 화성 표면 전체에 지금도 두껍게 앉아 있다.

하지만 생명은 놀라우리만큼 회복력이 있어서 주변 환경에 적응하기도 하고, 크레바스 속으로 비집어 들어가기도 하여 그 모든 역경에도 있음직하지 않은 방법으로 살아남는다. 생물의 흔적은 예상하기 가장 힘든 곳에 숨어 있다. 이것이 내가 세상의 끝에 있는 땅을 배회하면서 생명의 미묘한 흔적을 찾아나서는 이유이고, 그 과정에서 이러한 것들을 보는 법을 익히게 된다.

호주 서부의 바위와 모래 언덕 사이, 토끼 울타리Rabbit Proof Fence와 질밭지 자연 보호 구역Jilbadji Nature Reserve, 그리고 이제 더 이상 쓰이지 않는 비행장을 지나면, 다른 것들과 떨어진 특별한 호수가 하나 있다. 막 내린 눈처럼 보이지만 식탁에 놓는 소금 같은 형태를 가진 암염이 호수의 표면 곳곳에 있다. 위치를 잘 찾기만 한다면 지구의 턱에서 뽑아낸, 잘린 상어 이빨처럼 생긴 석고 결정을 꺼낼 수도 있다. 석고 결정의 끝은 창처럼 뾰족한데, 날이 거의 사람 손바닥만 할 때도 있다. 결정에 붙은 붉은 진흙을 씻어내고 빛에 비추어 보면, 햇살 아래 보석처럼 빛이 난다. 현미경으로 보면 결정 곳곳에 아주 미세한 주머니들이 생긴 것을 볼 수 있다. 호수의 물방울이 반짝반짝 빛나고, 광물이 그 속에 숨어 있다. 석고 결정 단검에 생명이 잡혀 있는 것이다.

이렇게 선명한 내포물은 우리가 화성에서 찾아내려고 하는 많은 것들 중 하나다[16]. 우리는 생명의 흔적이 보존되고 보호될 가능성을 지닌 비밀의 공간을 찾고자 한다. 지난 50여 년 동안 과학자들은 화성을 망원경으로, 근접 통과 우주선을 통해, 혹은 궤도 선회 우주선이나 착륙선, 로버를 이용하여 탐사를 계속해 오고 있다. 그들은 화성 표면을 샅샅이 뒤져 현재 살아 있는 생명체뿐 아니라 과거 존재했던 생명의 흔적을 조사하여, 실재성과 가능성을 고민한다. 화성의 기묘함, 황갈색의 공기, 가차 없는 거친 사막, 이 모든 것이 우리를 향해 손짓한다. 매 탐사 작업마다 우리는 단번에 알 수 있으면서도 낯선 세계를 이해하고자 분투하게 된다. 우리는 또다시 그 지점으로 돌아가지만 수수께끼는 깊어진다.

그 과정에서 우리는 밤에 거의 보이지 않는 무언가에 대한 과학 분야를 아예 통째로 만들어 버렸다. 약 400년 전, 화성은 그저 밤하늘의 타오르는 불이었고, 하나의 아이디어에 지나지 않았다. 초창기 망원경들로 바라본 화성은 팔을 내밀면 닿을 거리에 놓인 콩만 한 것이었지만, 이제는 진화된 망원경으로 우리는 더 잘 보게 되었다. 처음에는 화성의 표면이 어떻게 생겼는지, 무엇으로 구성이 되었는지, 산이 있는지, 계곡이 있는지에 대해서 알 길이 없었다. 구름이 있는지, 화성에서 본 하늘은 어떤 색인지도 몰랐다. 인류는 아무것도 모르는 채로 이 여정을 시작했다. 우리는 막다른 골목을 달리기도 하고, 잘못된 길에 수도 없이 들어선 적도 있지만, 어쩌면 기적적으로, 사람들의 열정, 재주, 끈기를 이 작업에 쏟아부으면서 또 다른 세계를 진실에 더 가깝게 이해할 수 있게 되었다.

우주 속 또 다른 생명체를 어떻게 찾아 나섰으며, 이러한 탐색의 의미가 무엇이었는지를 생각해 보면, 화성에 대한 이야기는 지구에 관한 이야기이기도 하다. 화성은 우리의 마음 가장 깊은 곳을 적나라하게 반영하는, 우리의 거울이었다. 인류는 화성에서 유토피아, 황무지, 피난처, 신탁을 전하는 사제를 보았다. 역사적 이정표와 한계가 거의 없는 상태에서는 모든 것이 가능했다. 질문을 한정하거나 상상력을 제한할 데이터가 아예 없었기 때문에 화성은 빈 캔버스와도 같았다. 인류는 서둘러서, 하지만 부드럽게 이 캔버스를 채워 나갔다.

결과적으로, 화성의 표면에[17]—직접 가서 만진 것은 아니지만—인류는 역사를 새겨 넣었다. 이 책에서는 우주 시대의 태동기부터 시작된 화성 탐사와 화성의 자연사를 밝혀내기 위해 다소 최근까지 이어져 온 인류의 노력에 대한 이야기를 다룰 것이다. 책에 나오는 대부분의 탐험가들은, 현대의 과학자이든 그들에게 영감을 준 수백 년 전의 사람들이든 간에, 자신들보다 더 큰 무언가와 연결되고픈 마음으로 화성에 다가섰고, 화성에 생명이 살 수도 있음을 보여 주는 증거나 관측 결과를 찾고자 했다. 그저 찾기만 한 것이 아니라, 그들은 갈망했다. 나 또한 그렇다. 어떤 거대한, 깊은, 다른 영역의 것을 아주 작은 부분으로나마 볼 수만 있다면 모든 것을 바꿔 놓을 것이다. 이것이 화성 탐사를 특별하게 만든다. 그 멀리 떨어진 세계를 겨냥해 기술 혁신의 최전선에서 세대를 관통하여 추구하고 있는 이 작업은 항상 과학적 지식 이상을 의미해 왔다. 이것은 우리의 한계에 정면으로 맞서는 실존적 노력이며, 생명체란 무엇인가에 대한 배움이자, 종국적으로는 우주에서 고립된 우리의 상태에 대한 항거이다.

제1부

점이란 부분이
없는 것이다

제1장
고요의 바다 속으로

1965년 7월, 자그마한 팔각형 우주 탐사선이 화성의 표면을 스쳐 지나갔을 무렵, 막 열여덟 살이 된 나의 아버지는 애팔래치아 산맥의 습한 활엽수림에 서 있었다. 켄터키주 바이퍼의 끝자락에 있는 그곳 위엔 질소와 산소로 가득 찬 수백 킬로미터 두께의 지구 대기권이 있었고, 다시 그 위엔 대기권과 외기권의 경계인 카르만 라인Kàrmàn line1이 있었으며, 또 그 위엔 태양풍에 밀려 온 고속 입자들이 자기장에 잡혀 생기는 밴앨런대Van Allen belt가 있었고, 그보다 더 위엔 거대한 우주가 있었다.

아버지가 서 있던 숲에서는 그 지역의 작은 천연 가스 회사가 보낸 불도저가 큰 소음을 내며 평지를 깎아 구멍을 내는 중이었다. 출근할 때 아버지는 오래된 지프차를 몰고 개울을 가로질러 갔는데, 그 와중에도 차 엔진이 물에 잠기지 않게 하는 재주가 있었다. 작업 현장에 도착해서는 오버올을 입은, 글을 모르는 동료들과 합류해 개울을 파거나, 파이프를 놓거나, 드릴 헤드에 씌우는 케이스를 옮기는 일을 했다. 아버지는 이해 여름에 회사에 소속된 지질학자의 막내 조수로 일을 하고 싶어 했지만, 아쉽게도 이 생각을 한 지 2주가 채 지나기 전에 아버지를 포함한 회사의 모든 인부들은 언덕에서 하는 작업에 투입되고 말았다.

그날 아침, 세계 최초 화성 탐사선인 매리너 4호Mariner 4 소식이 담긴 루이스빌의 지역 신문 「쿠리어-저널Courier-Journal」을 실은 트럭이 깊은 산 속의 꼬불꼬불한 길을 뚫고, 탄광과 해저드고등학교를 지나, 드디어 켄터키강의 노스 포크 옆에 머리핀 모양으로 자리 잡고 있는 작은 마을에 도착했다.

그날 아침, 할아버지는 포츠 약국에서 산 신문을 겨드랑이에 끼고 일터였던 보건소로 향했다. 할아버지는 의료 기술자였다. 냉전 시대에는 산 능선을 따라 점점이 위치한 방공호를 다니며 비축용 식량이 잘 유지되고 있는지 검사도 하고, 결혼 전의 젊은 커플이 매독에 걸렸는지 혈액 검사를 해 주기도 했다. 할아버지는 마을 사람들이 모두 자신을 "의사 선생님"이라고 부르는 사실에 자부심을 느꼈다. 물론 진짜 의사는 아니었지만, 사람들에게 페니실린 주사를 놓으러 길리, 타이포 윗동네, 슬럼프, 스커디, 해피, 예더스, 비지 같은 켄터키 동쪽 구릉지들을 누비고 다녔다. 할머니는 다른 사람들 머리를 파마 해 주는 날이 아니면 할아버지를 도왔다. 엑스레이 기계를 돌리는 게 재미있었기 때문이다.

후텁지근했던 그날 저녁 할아버지는 구불구불한 길을 따라 큰길가 쪽으로 퇴근했다. 그 동네 큰길을 별다른 특징 없이 하나로 나 있었고, 그 끝에는 칡넝쿨이 널린 할아버지 집 뒤뜰이 있었다. 어찌 보면 할아버지 집은 산골짜기 옆에 박쥐처럼 매달린 것처럼 보이기도 했다. 할아버지는 집에 들어가서 「쿠리어-저널」 신문을 다락에 있는 침실에 놓았다. 여섯 자녀 중 네 명이 독립하고 난 후여서, 다락에는 공간적 여유가 조금 있었다. 약간 흐느적거리며 움직이는, 귀가 큰 막내아들인 나의 아버지도 두 시간 정도 차를 타고 가서 나오는 숲 비탈에 위치한 베뢰아대학에 이미 합격했던 터라, 그해 여름이 끝날 무렵엔 출가하기로 되어 있었다. 할아버지는 아버지가 신문을 쉽게 찾을 수 있게 『대중 과학*Popular Science*』잡지 옆에 놓았다. 아버지가 좋아하던 잡지 밑에는 퀼트가 깔려 있었고, 벽에는 표면이 울퉁불퉁한 달이 그려진 포스터가 있었다.

아버지는 지구와 가장 닮은 행성인 화성의 사진을 가까이 찍을 수 있는 기회였던 NASA(미국항공우주국)의 매리너 4호 프로젝트에 완전히 매료되어 있었다. 수요일이었던 그날 밤 기진맥진해서 퇴근한 아버지는 다락의 계단을 오르면서 몸이 온통 쑤셨지만, 그 와중에도 할아버지가 놓아 둔 신문의 헤드라인이 대번에 눈에 들어왔다. 신문 상단에 있는 야구 선수 윌리 메이스의 사진과 베트남에 대한 기사 사이에 "인류, 매리너호로 오늘 화성에 발을 딛다"라는 기사 제목이 보였다. 미소를 지으며 아버지는 침대에 누워 기사를 읽기 시작했다. "오늘 인류의 손길²이 1억 3천 4백만 마일 떨어진 화성에 닿았다. 화성은 생명체가 숨어 있을 것이라고 생각되는 태양계의 유일한 행성으로……."

미국의 다른 한쪽으로 패서디나 북쪽의 협곡에 있는 NASA 제트추진연구소*Jet Propulsion Laboratory*에는 열성적인 사람들이 몰려들었다. 제트추진연구소의 폰 칼만 강당³ 안에는 텔레비전 카메라들이 모여 있는 곳에서부터 얽혀 있는 두꺼운 전기선들이 뱀처럼 밖으로 나와 바깥에 세워둔 승합차에 연결되어 있었다. 전 세계로 라디오 중계가 계속되었고, 영국인들은 텔레비전으로 라이브 방송을 내보내기 위해 얼리버드Early Bird 위성4으로부터 받은 2분짜리 영상을 빌려 놓고 있었다. 37대의 전화기5가 준비되어 있었는데, 그중 36대는 보도 본부 내에서 쓸 수 있는 것이었고, 사무실처럼 가짜로 꾸며 놓은 뉴스 방송용 세트의 책상 위에 한 대가 더 있었다.

실제 크기의 우주선이 거대한 방 한쪽에서 바닥부터 천장까지 채우며 존재감을 뽐내고 있었다. 이것은 온도 제어 테스트용6으로 사용되었던, 비행 준비를 마친 여분의 비행체였다. 매리너 4호와 같이 팔각형의 마그네슘 프레임으로 되어 있었고, 부속 기구와 하드웨어를 합치면 260킬로그램이었다. 비행체에는 알루미늄 튜브부터 자세 제어 제트, 작은 폭발 장치에 이르기까지 총 13만 8천 개의 부품이 있었다7. 태양 전지판과 그 끝에 달린 덮개까지 길이는 7미터 정도였다. 사파이어 유리로 코팅된 터라 텔레비전 조명 빛을 받자 마치 익룡의 날개처럼 보였다.

20세기 내내 반복적으로 재연된 장면이지만, 매리너 4호에는 많은 것이 달려 있었다. 소련의 우주선도 동시에 화성에 다가가고 있었기 때문이다. 소련은 바이코누르 우주 기지Baikonur Cosmodrome에서 매리너 4호 발사 이틀 후 우주선 하나를 발사했다. 소련의 우주선도 화성에 닿았으나 NASA에게는 다행스럽게도, 데이터를 전송하지는 못했다. 화성으로 향하던 도중에 우주선의 커뮤니케이션 시스템에서 불규칙적으로 업데이트된 정보를 보내다가, 전송기가 고장 나 버렸다. 그래서 이 소련의 우주선은 "목소리를 잃

매리너 4호

은 러시아 스파이[8]나 "죽은 소련 화성 미사일[9]" 이상의 것이 되긴 힘들었다. 오랜 노력 끝에 미국은 우주 경쟁에서 한발 앞서 나갈 기회를 잡은 것이다.

미국이 승리하기 위해 넘어야 할 장애물은 이제 단 하나였다. 매리너 4호가 제대로 카메라를 작동시켜서 지구로 화성의 이미지를 전송하는 것이었다. 이것은 쉬운 일이 아니었다. 화성은 태양으로부터 너무 멀리 떨어져 있었기 때문에 탐사선은 전구 두세 개를 켤 만한 전력인 310와트만 사용할 수 있었다[10]. 데이터를 보내기 시작할 때는 10와트 정도만 드는데, 이 에너지가 10억 분의 10억 분의 10와트 정도로 흩어진다[11]. 이것을 요하네스버그와 캔버라 교외, 그리고 모하비 사막 깊은 곳에 새로 설치한 거대한 접시 안테나가[12] 있는 심우주 통신망Deep Space Network에서 포착한다. 데이터가 도착한다 해도, 벌써 마음을 놓기는 이르다[13]. 사진이 너무 일찍 찍히거나 너무 늦게 찍힌다면? 우주선이 화성 표면에서 잘못된 순간에 갑자기 예상치 못하게 뒤틀어져 움직여 버린다면? 카메라가 만약 꺼지지 않아서 의미 없는 텅 빈 공간만 줄곧 찍어서 기록해 버린다면?

소련은 화성에 탐사선을 보내기 위해 5년 동안 준비한 상태였다. 다른 모든 분야에서와 마찬가지로, 소련은 우주 탐사에서도 미국의 강력한 라이벌이었다[14]. 1960년에는 행성 탐사선 두 대를 보냈는데, 니키타 흐루쇼프Nikita Khrushchev가 유엔 총회에 참석하기 위해 뉴욕을 방문했던 때와 시기가 겹쳤다. 그보다 두 달 전에 소련은 최초로 지각이 있는 동물[15], 즉 개 두 마리, 회색 토끼 한 마리, 생쥐 사십 마리, 쥐 두 마리, 그리고 파리 여러 마리를 우주로 보냈다.

하지만 소련은 이번만큼은 그렇게 운이 좋지 못했다[16]. 뉴욕에 사절단이 모여들 때 즈음, 화성으로 쏘아 올린 첫 로켓은 120킬로미터 상공까지 올라갔다가 지구로 도로 떨어져 동부 시베리아 지역에 추락했다. 두 번째 로켓도 실패했다[17]. 극저온 누출이 생기면서 엔진 흡입구에 있던 케로신*이 얼어 버렸기 때문이다. 흐루쇼프는 자신의 야심찬 새로운 우주 탐사 프로젝트가 멋진 성과를 보여 줄 것으로 큰 기대를 걸고 있었기 때문에 UN 회의장에서 서성이면서도 분노를 감출 수 없었다. 일설에 따르면, 그는 화가 나서 신발을 벗어서는 다른 회원국 사절을 향해 휘둘렀다고 한다[18].

소련은 1962년에 탐사선을 보내며 또 한 번 화성 탐사를 시도한다. 처음 보낸 탐사선은 궤도에서 파손되었고, 흩어진 잔해들이 알래스카에 위치한 미국의 레이더에 의해 포착되었다. 쿠바 미사일 위기가 발발한 지 9일째 되던 날이었고, 탐사선의 잔해들을 보고 순간적으로 소련의 핵 공격이 시작된 것으로 오해한 미 공군 사령부는 바짝 얼어붙기도 했다. 세 번째 탐사선도 크리스마스 날 추진 로켓의 주요 선체가 대기권으로 재진입하면서 폭발했고, 한 달이 지나서는 탑재된 탐사선도 같은 운명을 맞았다. 하지만 두 번째 쏘아 올린 탐사선은 지구로부터 100만 킬로미터를 비행하였고, 최초로 화성 근접 비행에 성공한다. 하지만 송신기가 제대로 기능하지 않아 화성은 말 없는 목격자[19]가 되었다. 2년 뒤에도 같은 일이 일어난다.

소련은 자신의 실패는 공개하지 않았지만 성공에 대해서는[20]

---

* 러시아 등유

대대적으로 홍보했다. 그들은 미국에 단연코 앞서고 있다는 것을 보여 주기에 충분할 만큼 많은 성공을 거두었다. 소련은 첫 인공 위성 발사[21], 첫 우주 동물은 물론 첫 남자 우주 비행사와 여자 우주 비행사를 우주 공간으로 보내는 등, 사실상 우주 경쟁에서 이정표가 될 만한 성과를 모두 거두고 있었다. 소련은 고의적으로 우주선을 달에 충돌시켜 멀리서 사진을 찍은 적도 있었는데, 요즘에는 이것을 첫 우주 유영이라고 주장할 태세다.

반면, 미국은 매리너 2호를 금성에 보낸 것이 유일하게 성공한 행성 탐사 프로젝트였다[22]. 더욱 안타까운 것은 7대 기적 탐사 계획 Mission of Seven Miracles[23]이라 불린 금성 탐사 프로젝트에서 제대로 된 일이 거의 없었다는 점이다. 매리너 2호는 태양 전지판 하나에 의지해[24] 겨우겨우 꺼지지 않고 작동하여 얼떨결에 금성을 근접 통과했다.

금성에 도달하는 것[25]은 화성에 도달하는 것보다 쉬운 일이었다. 화성에 도달하기 위해서는 우주선의 시스템이 최소 100일은 더 안정적으로 작동해야 했고, 지구로 전송되어야 할 데이터의 양도 배나 많았다. 트랜지스터는 아직 새로 나온 물건으로 부피가 컸고, 마이크로칩은 이제 막 발명된 상태였다. 우주선 전체의 컴퓨터 능력이 휴대용 계산기보다 딱히 나을 것이 없던 때였는데, 한 번도 테스트해 본 적이 없는 별 추적기[26]가 향하는 곳에 의지해 항해해야 했다. 역사상 처음으로 NASA의 탐사 프로젝트가 어둠 속에서 표류하기 시작했고, 지구, 달, 태양을 비롯한 밤에 빛나는 모든 것으로부터 멀어지기 시작했다. 콜리지Samuel Coleridge 시에 나오는 옛 선원mariner처럼, "그 고요한 바다로 최초로 뛰어들었다[27]".

원래는 화성 탐사를 위한 매리너호로 두 대가 준비되어 있었다[28]. 이 쌍둥이 우주선에는 "나는 풍차flying windmills[29]"라는 별명이 붙어 있었다. 매리너 3호와 4호는 몇 주 간격을 두고 화성으로 가기로 되어 있었다. 하지만 매리너 3호가 발사된 지 몇 분만에 사라지면서 이 계획은 무산되었다. 애틀러스-아제나Atlas-Agena 로켓은 그전까지 아름답다고 해도 될 정도로 잘 작동하였으나, 무언가가 잘못됐다는 것이 곧 드러났다. 요하네스버그로부터 전달받은 데이터로 보았을 때, 우주선은 예상 궤적을 따라가고 있지 않았다. 발사할 때 강한 충격을 받게 될 매리너 3호를 보호해 줄 목적으로 장착된 로켓의 끝 덮개nose fairing[30]가 완전히 분리되지 못했던 것이다. 아홉 시간 동안 발사 팀은 이 부분을 떼어낼 방법을 절박하게 찾아보았고, 우주선의 모터를 작동시켜 보는 등 할 수 있는 모든 방법을 시도했다. 하지만 결국 배터리는 모두 소모되었고, 매리너 3호는 버려진 채 태양 주변 궤도를 지금도 떠돌고 있다[31].

매 26개월마다 화성과 지구는 태양과 같은 쪽에 나란히 정렬하는데[32] 과학자들은 화성이 이 상태에서 벗어나기 전에 가용한 단 몇 주 안에 솔루션을 찾고자 했다. 덮개에 쓰인 소재는 지구의 높은 기압 조건에서 만들어져서 테스트를 거쳤는데, 과학자들은 겉면에 쓰인 벌집 모양의 허니콤 섬유 유리 소재가 진공의 우주 공간에서는 팝콘처럼 튀어 오른다는 것을 발견했다[33]. 그리고 덮개가 꽉 조여질 만큼 커질 수도 있다는 사실을 깨달았다. 엔지니어들이 쉬지 않고 고민한 결과, 벌집 모양에서 각 벌집에 해당하는 곳에 미세한 구멍을 내어[34] 압력을 균등하게 조절해 주면 될 것 같았다. 매리너 3호 발사가 실패하고 나서 23일 뒤, 성공이 보장되지 않은 매리너 4호가 발사 준비를 마쳤다. 발사 전날 37호 발사 패드[35]에 놓인 매리너 4호는 스포트라이트를 받아 밝게 빛났다. 매리너 4호는 아침이 왔을 때 케이프 케네디*로 큰 소리를 내어 나아가 애틀러스 추진 로켓에 실려 발사되었다. 로켓과 우주선이 분리되었을 때, 로켓 끝 덮개는 설계한 그대로[36] 완전히 열렸다.

매리너 4호는 지구의 그림자를 떠나 우주로 향해 미끄러져 나갔다. 매리너 4호가 처음 수행해야 할 과제는 항해의 기준으로 삼을, 멀리 떨어진 카노푸스Canopus별을 우주선에 장착된 센서로 찾는 것이었다. 멀리 북쪽으로는 세페우스자리 알파별Alpha Cephei을 추적하고, 그런 다음에는 레굴루스Regulus, 나오스Zeta Puppis, 그다음은 이름이 붙지 않은, 모여 있는 세 개의 별[37]을 추적하도록 되어 있었다. 매리너 4호는 결국 카노푸스를 찾아내고 미광 패턴을 추적하기 시작했다. 레굴루스를 찾은 후에도 항해하는 동안 센서는 최소 40회 정도 별의 위치를 놓쳤다[38]. 햇빛을 받아 빛나는 먼지 입자와 부스러기가 자꾸 센서의 시야에 잡혔기 때문이다. 우주선은 화성으로 가는 내내 실수를 연발했지만, 5억 2천 3백만 킬로미터의 여정을 무사히 마쳤고, 태양의 주변을 반 바퀴 돌았다[39]. NASA가 설립된 지 겨우 7년째 되던 해였고, 250킬로그램 정도 되는 기술의 집약체였던 이 로켓은 우주에서 미국이 이룰 위대한 성취를 예견하고 있었다. NASA 제트추진연구소의 우주비행작전시설Space Flight Operations Facility에는 반소매옷을 입고 좁고 어두운 색 넥타이

• Cape Kennedy, NASA 우주 로켓 기지 케이프 커내버럴Cape Canaveral의 옛 이름

를 셔츠 앞에 꽂은 사람들이 모여 있었고, 그중에는 매리너 4호 영상 팀을 이끌고 있는 검게 그을린 밥 레이튼Bob Leighteon도 있었다. 영상팀이 만들어졌다는 사실 자체가 매우 이례적인 것이었다. 당시 지배적인 견해는 사진은 사소하다는 것이었다. NASA의 무인 달 탐사선 레인저Ranger 프로젝트의 매니저는 "사진은 과학이 아니라[40] 그저 공적 정보였다."라고 회상했다.

하지만 레이튼은 사진에 관해 깊은 열정을 가지고 있었다[41]. 빛의 패턴을 어떻게 나타낼지, 이미지를 어떻게 생성할지 그는 잘 알고 있었다. 무언가를 본다는 게 무엇을 의미하는지 누구보다 잘 이해했다. 레이튼은 홀어머니 밑에서 캘리포니아에서 자랐는데, 그의 어머니는 로스앤젤레스의 한 호텔에서 종업원으로 일하면서 생계를 책임졌다. 레이튼의 고등학교 시절 사진 선생님은 레이튼이 졸업하자마자 할리우드 광고 회사의 사진 실험실에 자리를 구해 주었다. 레이튼은 프로 사진가로서 성공할 가능성을 충분히 가지고 있었으나, 그의 효율적이고 깔끔한 성향은 아직 완전히 발현되지 않고 있었다. 1939년 그는 폐지 더미라고 생각했던 것들을 내다 버렸는데, 알고 보니 그의 고객이 금문교에서 우아한 증기선을 타고 가면서 저노출로 찍은 청색광 네거티브 필름들이었다. 결국 그는 회사에서 해고되었고, 로스앤젤레스 시티 칼리지에 진학한 후, 나중에 칼텍Caltech 물리학과 3학년으로 편입했다. 그는 칼텍을 떠나지 않았고, 1949년에 교수가 되었다.

레이튼은 매리너 4호 프로젝트에 10년 동안 몸 담기 전, 윌슨산 천문대에서 일했다. 얼마 안 되는 예산으로 레이튼은 "가이더guider"라고 불리는 영상 안정화 기기를 만들었고, 행성 사진을 찍기 시작했다. 레이튼은 천문대에서 원래 별과 은하를 관측하고, 적색 편이를 기록하여 천체물리학 분야에서 근본적인 발견을 하기로 되어 있었던 것이지, 작고, 춥고, 우주의 본질을 밝히는 데 딱히 도움이 안 되는 것 같은 행성 관측을 하기로 한 것은 아니었다. 하지만 레이튼은 유혹을 뿌리칠 수가 없었다. 그는 주변에 아무도 없는 추수감사절 휴가나 크리스마스이브가 되면, 1.5미터짜리 망원경으로 몰래 행성을 찾아보곤 했다.

그러던 중 레이튼의 학생 한 명42이 제트추진연구소에 취업했다. 이 학생은 동료들에게43 자신의 멘토였던 교수님이 혼탁한 대기를 지우고 최초로 컬러로 자전하는 화성을 보여 주는 영화를 만들었고 윌슨산천문대에서 상영하고 있다고 사람들에게 말하고 다녔다. 우주 탐사에서 아마추어 수준의 텔레비전 영상 실험 계획을 누군가가 제안하자, 이 학생은 밥 레이튼에게 사정했다. "교수님, 우리 공동체를 위한 의무감44을 가지고 화성 탐사에 필요한 제안을 만들어 주세요. 이번에 제안된 영상은 정말 엉망이었습니다."

레이튼은 학생의 부탁을 받고, 몇 달 만에 간단한 장치 하나를 설계했다. 25분에 걸쳐 화성 사진을 스물한 장45 찍을 수 있는 저속 주사 텔레비전 카메라였다. 이 기기로 엘리시움Elysium, 트리비움 카론티스Trivium Charontis의 사진을 찍은 뒤, 제피리아Zephyria를 가로질러 마레 킴메리움Mare Cimmerium*을 찍으면 좋을 터였다46. 이 과정에서 에이오니우스 시누스Aonius Sinus 남측으로 가기 전 엘렉티스 사막도 포착할 수도 있을 것 같았다. 각각의 이미지를 찍기 위

• 엘리시움, 트리비움 카론티스, 제피리아 등은 모두 화성의 지명이다.

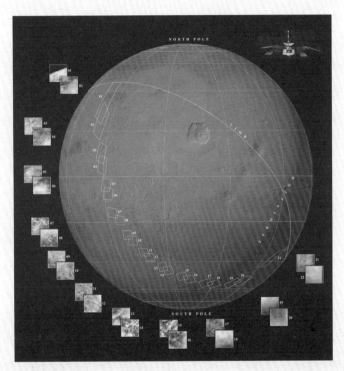

매리너 4호가 궤도를 돌며 찍은 화성 표면 사진

해 카메라 셔터의 스피드는 5분의 1초로 맞춰져 있었다. 사진은 리본처럼 말려 있는 마그네틱테이프에 기록된 다음, 매리너 4호에 있는 고성능 안테나로 전송할 계획이었다. 어찌 보면, 매리너 4호에 탑재된 카메라는 세계 최초의 디지털 카메라였다[47].

수십 년 동안, 최고 성능의 망원경으로 가장 좋은 조건에서 관측을 한다 하더라도 육안으로 달을 보는 것보다 겨우 몇 배 정도 가까이 화성을 찍을 수 있을 뿐이었다. 레이튼이 매리너 4호를 위해 개발한 시스템은 월등히 우월한 것이었으며, 직경 3.2킬로미터인 대상까지 찍을 수 있었다. 이 시스템을 이용해 화성을 직접 찍은 사진이 세계로 전달될 예정이었다. 레이튼이 이끌던 팀의 막내였던 과학자의 표현을 빌면, 마르틴 루터Martin Luther가 인간과 신 사이의 통역가가 필요 없다며 신과의 직접적인 관계를 주장했듯이, 이 시스템도 통역가, 즉 과학적 사제[48]가 필요 없다는 것을 보여 주고 있었다. 전 세계 누구든 이 사진을 직접 보고 그들의 언어로 이해하면 될 일이었기 때문이다.

하지만 레이튼은 화성의 사진을 찍는 일이 탐사선의 발견을 대중과 공유할 기회보다 훨씬 더 큰 의미를 가진다는 것을 알았다. 수백 년 동안 수수께끼를 품게 했지만 우리가 한 번도 마주한 적 없는 객체를 보고 싶어 했던 오랜 숙원을 풀어 줄 정점의 순간이었다. 도대체 화성은 정확히 무엇이었단 말인가?

상상하기 힘들지만, 화성이 항상 장소로 이해된 것은 아니었다. 고대인들은 화성과 관련해 매우 흥미로운 부분이 있다는 것을 알았다. 메소포타미아인들은 화성이 밤하늘의 요상한 고리를 따라간다고 생각했고, '고정된' 다른 별49들과는 달리, 따로 떨어져 흘러 다닌다고 생각했다. 거대한 밤하늘의 모든 것은 같이 움직였는데, 작은 것 다섯 개만 방황하고 있었다. 그 다섯 개 중 단 하나만 활활 타오르는 붉은 램프50처럼 보였다. 이 행성의 특이한 점은 색깔뿐만이 아니라, 수수께끼 같은 움직임에도 있었다. 매일 밤 지날수록 다른 별들과 비교해서 화성은 동쪽으로 계속 이동했는데, 2~3년에 10주 정도씩은 갑자기 뒤로 돌아 황도 12궁zodiac과 반대로 갔고, '정상적'인 코스로 돌아오기까지 약 6~8일 동안 서쪽으로 방황했다. 화성이 따르는 고리는 약간 늘어진 듯한 모양이었다51. 어떤 때에는 이 고리가 작아졌고, 어떤 때에는 커지기도 했다. 플라톤은 이 모든 것을 종합하여 이 행성에 영혼이 있다고 결론지었다52. 이렇게 뒤돌아 가는 행동이 자유 의지의 표현이 아니라면 무엇이란 말인가?•

갈릴레오가 이탈리아 파도바에서 원주 모양의 테라스에 앉아 스파이글래스를 통해 화성을 봤을 때, 이 행성은 빛을 내면서 변형되고 있었다. 몇 주 지나 다른 천체들과 비교해 보니 화성이 어디 있는지뿐 아니라 무엇인지도 갈릴레오에게는 분명해졌다. 갈릴레오는 페르스피실룸Perspicillum, 즉 망원경53을 직접 만들었다. 망원경의 시야가 작았으므로, 갈릴레오는 스탠드에 이것을 올려놓고 숨도 제대로 쉬지 않으며 조금도 움직이지 않고54 가만히 앉아 낮아지는 밤 기온 때문에 유리에 뿌옇게 습기가 끼지 않기만을 바랐다. 망원경의 작은 구멍으로 보면서55 갈릴레오는 화성이 태

• 실제로는 화성과 지구의 공전 속도 차이로 인해 생기는 현상이다.

양의 빛을 받아 빛나는 구체[56]라고 확신하게 되었다.

하지만 갈릴레오는 화성이 지구와 비슷한지에 대해서는 확신이 서지 않았다. 1612년 쓴 편지에서 그는 "달이나 어떤 행성에 식물과 살아 있는 존재가 있다고 믿을 수 있다면[57] 그리고 이런 존재가 지구의 생물과 다를 뿐 아니라, 우리의 상상과도 동떨어져 있다고 한다면, 나는 이런 가능성에 대해 확언하거나 부인할 수 없을 것 같고, 나보다 지혜로운 사람에게 이 결정을 맡겨야 할 듯하다"고 얼버무렸다.

화성을 더 관측하여 본질을 확인하고자 하는 탐구는 그 뒤로도 수 세기 동안 계속되었다. 갈릴레오의 초보적인 망원경으로 보면 화성은 양귀비 씨앗[58]만 한 크기로 보였다. 하지만 곧 오목 렌즈를 볼록 렌즈[59]로 교체하여 상을 거꾸로 보는 망원경이 개발되었는데, 약간의 불편함을 감수하면 훨씬 더 크게 대상을 관측할 수 있었다. 갈릴레오가 골판지로 만든 나사 받침을 사용해 왜곡을 줄여보려고 했다면, 이제는 새로운 렌즈를 사용하면서 초점 거리가 늘어나 광학적 왜곡이 자연스럽게 줄어들었다. 1659년[60] 네덜란드의 천문학자 크리스티안 하위헌스Christiaan Huygens는 헤이그에 있는 아버지의 큰 집에 있는 다락방에 처박혀 망원경에 빠져 있었고, 첫 화성 지도를 스케치하고 있었다. 하위헌스는 원 안에 V 자 모양을 잉크로 그렸는데, 화성 표면의 크고 어두운 얼룩을 표현하기 위해서였다. 관측을 하면서 그림자 모양의 방울 같은 것이 사라졌다가 다시 나타났다 했는데[61] 마치 희미한 모래시계 같아 보였다[62]. 이것이 이후 화성 표면의 첫 번째 특징으로 밝혀지는 모래시계 바다 Hourglass Sea로 불리게 되는 부분이다. 그는 망원경 접안렌즈에 아주

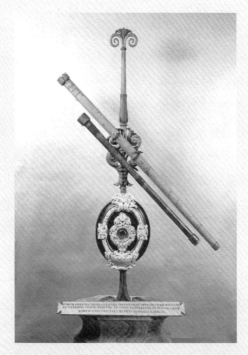

갈릴레오가 개발한 망원경. 갈릴레오가 발명한 이 망원경으로 바라본 화성은 양귀비 씨앗만 한 크기였다. 그럼에도 이 위대한 과학자는 인상을 찌푸려 가며 열심히 하늘을 바라보았다.

자그마한 측정 장치를 부착했는데, 그 후 하위헌스는 화성이 지구의 60퍼센트 정도의 크기라고 추정했다[63]. 이것은 꽤나 정확한 예측이었다.

하위헌스는 관측을 통해 화성에서의 하루가 지구에서의 하루와 같이 대략 24시간이라는[64] 것을 밝혀냈고, 그 자신도 놀랐다. 두 행성 간의 다른 유사점들은 화성에 생명체가 있을 것이라는 추측에 불을 지폈다. 하위헌스는 지적인 생명체의 존재를 상정하면서, "무생물만 가득한 거대한 사막[65]이라고만" 볼 수는 없다고 했고, 그렇게 하면 "화성이 미와 존엄성 면에서 지구보다 아래라고 보는 것인데, 그렇게 볼 이유가 없다[66]"고 했다. 더 나아가 그는 사인과 로그 테이블을 마음으로 그리면서 외계 행성만의 수학이 있을 것이라 추측했고, "우리가 모든 세계에서 더 낫다고 해도, 마치 우리가 그렇듯이, 그들이 자신의 발견과 독창적인 발명에 대해 행복해하는 데 우리가 그것을 방해할 이유가 없다"고 했다.

한편, 영국의 케임브리지대학에서 아이작 뉴턴Isaac Newton은 후에 반사 망원경으로 불리는 새로운 망원경 개발에 몰두하고 있었다. 당시 렌즈를 사용하면 붉은색과 푸른색을 같은 초점으로 모을 수 없었고, 밝은 사물의 주변에 붉고 푸른 색이 번지듯이 발생했다[67]. 뉴턴은 렌즈 대신에 금속으로 된, 굽은 거울을 넣은 망원경의 원형을 설계했다. 그는 여섯 부품은 구리로, 두 부품은 주석으로 만들었다. 이 거울의 길이는 16센티미터로 매우 작았고, 확대 배율은 35배밖에 되지 않았다[68]. 하지만 뉴턴이 설계한 반사 망원경은 백 년도 안 되는 기간에[69] 어마어마한 영향력을 발휘했고,

천체를 전례 없이 확대하여 볼 수 있게 되었다[70]. 독일에서 태어나 잉글랜드 바스에서 음악가로 살았던 윌리엄 허셜William Herschel은 1773년에 여가 시간을 활용해 실험 삼아 거울을 제작하고 있었다. 수십 개의 혜성과 성운을 발견한 똑똑한 여동생 캐롤라인Caroline Herschel[71]과 협력하여 허셜은 수십 개의 반사 망원경을 만들었다. 남향의 정원에서 허셜은 심지어 천왕성의 희미한 불빛도 처음 포착해 냈다. 허셜은 또한 아름답게 손수 제작한 망원경으로 화성을 보는 훈련을 했고, 화성 극지방에 흰색 극관[72]이 있다는 사실을 처음으로 밝혀냈다. 그는 화성에선 "구름과 수증기가 대기를 떠다닌다[73]"고 생각했고, 지구와 비슷한 계절의 변화를 겪는다고 보았다[74]. 1784년, 허셜은 왕립학회Royal Society에서의 연설에서 화성이 마치 지구의 복사본 같으며 화성인들은 "아마도 우리가 있는 상황과 여러모로 비슷한 조건을 즐기고 있을 것이다"라고 말했다. 이후 화성에 대한 새로운 관측 결과가 계속 나왔지만, 결국 화성은 지구와 매우 비슷한 곳으로, 항해할 바다가 있고 걸어 다닐 땅이 있으며, 우리가 인식할 수 있고, 우리와 연관 지을 수 있으며, 상상할 수 있는 행성이라는 기존 인식과 맞아떨어졌다.

화성과 지구가 비슷하다는 인식은 화성을 더 잘 보려는 의지를 강하게 했다. 뉴턴의 반사 망원경을 따라잡은 망원경이 곧 나왔다. 대체로 거울에 쓰인 경청동鏡靑銅은 쉽게 더럽혀지고 광을 내는 과정에서 거울의 곡면을 왜곡하기도 했다. 대신, 하위헌스의 것과 같이 두 개의 거울 대신 두 개의 렌즈를 사용하는 굴절 망원경이 19세기에 유행하게 되었다. 굴절 망원경의 렌즈는 점점 더 커졌고, 렌즈의 유리가 스스로 무너져 깨지기 시작했다. 그러는 동안에도 중요한 발견이 이루어지고, 화성의 계절 변화를 추적할 수 있었으며, 위성도 발견됐다. 마술과도 같은 기기인 망원경은 인간을 이동시키고, 전에 본 적 없는 것들을 보게 해 주었다. 수백 년 동안, 망원경이야말로 화성을 이해하는 유일한 방법이었다.

내가 대학을 졸업하고 얼마 안 있어서 아버지가 나에게 사막의 희박한 공기 속으로 여행을 가자고 설득했다. 아버지와 나는 같이 비행기를 탔는데, 사실 아버지가 살아 계실 동안 이런 일은 몇 번 되지 않았다. 켄터키에서 애틀랜타로 간 다음, 우리는 투손으로 갔다. 그곳에서 차를 빌려 산페드로강 계곡에서 위로 약 1킬로미터쯤 올라가면 나오는 올드 웨스트Old West 언덕으로 향했다. 그곳에는 몇 년 전 문을 닫은 작은 호텔에 만든 베가-브레이천문대 Vega-Bray Observatory가 있었다.

우리는 체크인을 하고, 망원경을 보러 갔다. 지붕 아래엔 직경 46센티미터 반사 망원경이 있었고, 30센티미터짜리 미드Meade 망원경, 50센티미터짜리 막스토프-카세그레인Maksutov-Cassegrain 망원경도 있었다. 우리는 20센티미터짜리로 행성 관측에 최적화된 뉴턴식 망원경으로 초점을 맞춰 봤는데, 어두워진 후에는 관측 데크로 망원경을 아예 들고 갔다. 망원경에 추적 시스템이나 컴퓨터가 연결된 것은 아니었고 그저 보기 위한 것이었지만, 우리에겐 그것으로 충분했다. 아버지는 밤하늘에 관한 것은 뭐든 아는 사람이었다.

내 어린 시절 동안 아버지는 별자리 지도가 있는 『천문학 Astronomy』잡지를 팔에 끼고 뒤뜰에 나가서 밤하늘을 보는 데 많은 시간을 보냈다. 아버지는 아마도 지질학이나 천문학을 전공하고 그 분야로 진출하고 싶었겠지만, 생계를 유지해야 했기에 할아버지가 그랬던 것처럼 주 보건부 소속의 일자리를 찾았다. 나도 아버지의 쌍안경을 들고 밤하늘을 본 적이 많았다. 아버지가 늘 잘 잡아 주시려고 했지만, 쌍안경이 너무 커 손이 흔들렸던 기억이 난다.

이때쯤엔 나는 릭천문대Lick Observatory나 윌슨산천문대도 가 보고, 여름에는 NASA에서 인턴을 하며 대형 돔 천문대를 방문하며 보내곤 했다. 최신 망원경이 수집한 데이터가 컴퓨터 화면에서 깜박거리는 것도 구경한 적이 있었다. 하지만 중간 배율의 베가-레이 망원경으로 보는 하늘에는 어딘가 다른 점이 있었다.

사막에서 보낸 그날 밤, 나는 처음으로 갈릴레오와 초기 천문학자들이 틀림없이 느꼈을, 컴퓨터 시대에는 잃어버린 감정을 알게 되었다. 행성과학은 아마추어의 영역이었다. 우주 시대가 열리기 전, 천문학에 발을 들인 모든 사람들은 밤하늘과 직접적인 관계를 맺었다. 그들은 남들이 자고 있을 때 깨어 있던 사람들이었고, 자신의 생각과 과학 말고는 함께하는 것 없이 홀로, 거대한 물리적 세계에 뒤덮여 있었다. 망원경의 경통에서 밤하늘의 작은 점을 보고 나면, 바로 그 점이 그들에게는 하나의 세계였다. 수천 개의 반짝이는 작은 점들 중, 하나가 다르다. 마치 고리에 꿰어진 것처럼 움직인다. 작은 위성들을 가지고 있는데, 위성들은 구슬처럼 매달려 있다. 저 석고같이 하얀 모자는 아마 극지방의 얼음이다. 저곳은 세계이다.

아버지와 같이 추운 밤 서서 눈에 망원경을 가져다 대면서 나는 화성뿐 아니라, 갈릴레오, 하위헌스, 뉴턴, 허셜과도 연결된 것 같은 느낌을 받았다. 화성 같은 것은 잘 볼 수도 없었고, 그러다 보니 그것을 더 잘 보려고 열망하지 않을 수도 없었다. 찡그리면서 망원경의 초점을 계속 조절하고 있노라면, 그저 화성으로 날아가서 직접 보고 싶은 마음만 더 들 뿐이었다. 아니면 적어도 포착한 화성의 모습을 그대로 계속 유지해서 볼 수만 있어도 다행이었다. 날씨가 허락하지 않을 때는 하늘에다가 욕을 하기도 했다. 바로 똑같은 하늘이 우리를 살아 있게 하고, 비를 뿌려 주고, 그림자를 부드럽게 해 줄지라도. 산소가 희박한 애리조나 사막에선 공기조차도 떨리고 소용돌이 치며 깜박이는 별들은 스쳐 지나가 버린다. 갈망과 절망 사이의 감정에 사로잡혀 나는 왜 20세기가 되자 인류가 지구를 떠나려 했는지 이해하기 시작했다.

매리너 4호가 발사된 지 231일이 지난 1965년 7월 15일 밤, 제트추진연구소 사무실에 있는 텔렉스의 자그마한 레버가 요란한 소리를 내며 움직이기 시작했다. 레이튼은 갑자기 가슴이 벅차올랐다. 매리너 4호가 드디어 달을 넘어선 천체의 사진을 최초로 보내올 것이기 때문이었다(금성 탐사에서는 사진을 찍지 않은 터였다). 레이튼과 영상 팀은 어떤 장소를 안다는 것과 직접 보는 것의 차이점을 매우 잘 이해하고 있었다. 당시 박사 후 과정생이었던 브루스 머리Bruce Murray는 "어떤 행성을 처음으로 본다는 것[75]은 인류의 역사 속에서 사람들이 흔히 할 수는 없는 경험"이라는 것을 깨달았다.

화성에서 지구로 데이터 패킷이 전송되고, 골드스톤우주통신 기지국에 있는 거대한 접시 안테나를 통해 포착되었다. 이 정보는 캘리포니아를 가로질러 텔레타이프teletype[76]를 통해 제트추진연구소의 보이저전기통신Voyager Telecommunications 부서로 전송되었다. 레이튼에게 사진을 구성하는 모든 점들은 지구와 화성 사이를 이어 주는 끈에 엮인 진주와도 같았다[77]. 데이터 전송 속도는 초당 8과 3분의 1비트에 불과했고[78], 첫 사진을 완전히 전송하기 위해서는 여덟 시간이나 걸렸다. 그 여덟 시간[79]은 기다리는 사람들의 손에 땀을 쥐게 하는, 그야말로 서스펜스가 가득했던 시간이었다.

전날, 매리너 4호가 화성에 근접하면서 작전 팀은 DC-25 명령을 전달하여 플랫폼 스캐닝을 진행하는 업데이트된 코드를 발송하기로 했다[80]. 이렇게 하면, 매리너 4호가 화성을 식별할 수 있었다. 그다음 명령인 DC-26은 카메라를 멈추도록 하여 이미지가 기록된 상태에 덮어쓰지 않게 했다. 코드가 발송되기 전에 받은 데이터를 보면 테이프 레코더가 작동을 했다가 멈추는데 이례적인 에러가 난 것으로 나타났다. 테이프 레코더도 사실 비행과 직접적인 관련이 있던 부품이 아니었고, 원래 넣었던 기기에 이상이 있어 마지막에 바꿔 넣은 것이었다. 컴퓨터가 다시 사진을 구성할 수 있을 때까지 몇 시간, 혹은 며칠의 시간이 지나야 했다. 어떤 이들은 명령이 보내졌는지, 보내졌어도 혹여나 컴퓨터가 헷갈려서 오류를 생성할 상황에 대해서도 고민했다.

테이프 레코더 담당이었던 딕 그룸Dick Grumm은 도저히 기다릴 수가 없었다. 엔지니어 몇 명과 함께 그룸은 데이터를 확인할 방법에 대해서 의견을 교환하기 시작했다. 그들은 여러 종류의 아이디어를 놓고 우열을 가려 보았다. 최종적으로 채택된 아이디어는, 단일 스트림single-stream 데이터(픽셀의 밝기를 나타내는 숫자 묶음)를 수신용 테이프 릴에다가 출력하는 것이었다[81]. 엔지니어들이 수신용 테이프를 잘라 벽에 고정하는 동안, 그룸은 패서디나 미술용품 가게에 들어가서[82] 6비트 이미지를 구성하는 각 비트를 나타낼 수 있는 여섯 개의 다른 밝기의 회색 분필을 구해 보려 했다. 하지만 그가 결국 살 수 있었던 것은 램브란트 파스텔이었다. 분필은 학교에서나 쓰는 것이었지 미술용품이 아니었고, 더군다나 여섯 개의 서로 다른 밝기의 회색 분필이라는 것이 있을 리 만무했다.

그룸이 돌아왔을 땐 거대한 색칠 공부 같은 그림이 조합된 상태였고, 이제 색을 칠해 넣으면 되었다. 대중에 공개될 매리너 4호의 사진은 흑백이었지만, 숫자로 나타낸 색을 반영해 수신용 테이프를 사용한 해석 방법은 밝은 황토색부터 암갈색, 인디언 빨강에 이르는 파스텔로 밝기의 범위를 표현할 수 있었다. 그룸은 보라색 계열로 시작해 보고, 녹색으로도 해 보았다. 하지만 빨간색 계통이 회색 범위를 가장 잘 흉내 낼 수 있었다. 화성 자체의 색깔도 흉내 낼 수 있는 것은 우연이었다.

초조해하고 있던 홍보 팀이 무슨 일이 일어나는지 통보를 받고서는 즉시 그룸을 찾았다. 홍보 팀은 매리너 4호 소식을 받으려고 혈안이 된 언론사가 제대로 된 화성 사진 대신 즉석에서 그린 지저분한 그림을 손에 넣는 사태를 바라지 않았다. 그룸은 그림 작업을 중단해 달라는 요청을 거부하면서, 이것은 엔지니어의 작업이며 테이프 리코더가 작동하는지 검증해야 한다고 잘라 말했다. 결국 홍보 팀은 그룸의 뜻을 따랐지만, 영상 팀 뒤에 파티션을 놓았고, 보안 요원도 자리를 지키도록 했다. 그럼에도 언론사들은 눈치를 챘고, 연필과 종이를 든 신문 기자부터, 텔레비전 리포터,

라디오 방송국 사람들까지 방으로 비집고 들어오려고 했다. 테이프 조각이 딱 맞게 배열되어 있지 않았기 때문에 가로 200픽셀, 세로 200픽셀이어야 할 프레임은 정사각형보다는 직사각형에 가까웠다. 하지만 곧 화성의 가장자리가 또렷해졌다. 매리너 4호가 첫 화성 사진을 찍은 것이다.

결국 생성된 사진의 절반은 화성이고, 절반은 우주의 어둠이었지만, 전 세계는 환호했다. 프랑스에서 판매 부수가 가장 많은 일간 신문이 최종적으로 컴퓨터로 완성된 이미지를 1면의 다섯 칼럼에 걸쳐 최초로 실었다. 「이브닝 뉴스The Evening News」신문 첫 페이지 상단에는 크게 "경이롭다"라고 쓰여 있었다. 교황 바오로 6세는 화성의 사진을 받고서는 그 위에 "우리는 보았고, 놀라움으로 가득 찼다"는 뜻의 라틴어 "vidimus et admirati sumus[83]"를 썼다.

카메라 안에는 안개가 차 있었고, 어떤 부분에서는 주사선이 잡히지 않아 프레임을 관통하는 선들이[84] 생겼다. 제트추진연구소 소속 엔지니어 존 카사니John Casani는 "해상도는 정말 엉망이었다"라며[85] "별로 볼 수 있는 게 없었어요."라고 회상했다. 하지만 매리너 4호가 화성에 점차 가까이 다가가면서 태양이 화성의 풍경을 조금 더 비스듬히 비추어 색의 대비가 확실해지면 사진도 점점 개선될 게 분명했다.

처음 생성된 두 이미지에 나온 줄들 중에 어두운 부분이 나온 것이 하나 있었는데, 이것은 기술적 문제가 아닌 것처럼 보였다. 너비는 20킬로미터쯤 되어 보이는 W자 형의 무늬였다. 세 번째 이미지가 완성되자 다른 잠재적 특징들이 식별되었는데, 조금 더 작은 얼룩이 가로로 3킬로미터쯤 되는 크기로 나와 있었다. 낮은 언덕일 수도 있었다. 최초로 생성된 세 개의 이미지는 언론에 신속히 배포되어 사람들이 빠르게 볼 수 있긴 했지만, 이 이미지들을 해석하는 데 있어서 센터의 책임자는 사람들에게 인내심을 촉구했다. 그는 팀이 집단적으로 노력하여 모으고 있는 인간의 힘이 한계에 다다르고 있다고 상기시켰다.

레이튼은 전자적으로 약간의 술수를 써서 화질을 개선하고자 했는데, 주사가 잘못되어 생긴 비정상적인 선들을 지우는 식이었다. 하지만 일곱 번째 프레임을 받고서는 이 작업을 멈추었고, 보고 있는 것을 받아들이느라 애썼다. 그러고는 탐사 책임자였던 잭 제임스Jack James를, 그다음에는 프로젝트 매니저 댄 슈나이더맨Dan Schneiderman을 작고 비밀 유지가 될 만한 방으로 불렀다. 그러고는 작은 폴라로이드 사진을 그들에게 보여 주었다. 이것은 그들이 기대한 것이 아니었고, 둘 다 크게 실망한 표정으로 사진을 보았다. 결국 슈나이더맨은 "잭, 당신과 나에겐[86] 연구소를 박차고 밖으로 나가 새로운 일자리를 찾을 시간이 한 20분쯤 있군요."라고 중얼거렸다. 마치 이것이 사실이 되리라는 것을 안다는 듯이.

7번 프레임을 받아들일 준비가 되어 있는 사람은 거의 없었다. 다음에 수신될 열 몇 장의 이미지에 대해서는 더 그랬다. '하느님 맙소사, 달이잖아.[87]' 시스템 엔지니어였던 놈 헤인즈Norm Haynes는 이렇게 생각했다. 사진 속에는 완벽히 보존된 분화구들이 있었는데, 이것은 화성이 황량한 정체 상태에 있다는 뜻이었다. 지구처럼 판 구조가 지각을 삼키고 있지 않았고, 더 중요하게도 표면은 물이 왔다 갔다 하여 닳은 상태가 아니었다. 보존된 분화구는 이곳의 지표가 떠오르지 않으며, 지구에서와 같은 풍화 작용은 존재하지 않는다는 것을 보여 주었다. 마치 달과 같이, 화성에도 의미 있는 양의 액체 상태인 물이 존재하지 않으며, 비도 내리지 않고, 바다나 개울이나 연못 같은 것도 없어 보였다.

매리너 4호 발사 팀은 모두 너무나 놀라 이 이미지들을 며칠이고 공개하지 못했다. 이들은 자신들이 보고 있는 것이 의미하는 바를 이해하기 위해 애썼지만, 결국 기자 회견 날을 잡아야 했다. 린든 존슨Lyndon Johnson 대통령은 우주선에 대한 뉴스를 계속 주시하고 있었고, 백악관에서 이 기자 회견을 주최했다. 바로 몇 달 전에 존슨 대통령은 존 F. 케네디John F. Kennedy 대통령이 암살된 후 비틀대던 국민들을 향해 취임 연설[88]을 하면서 매리너 4호 탐사 계획을 강조한 터였다. 존슨 대통령은 우주를 질주하는 로켓에서 자신들이 사는 세계를 바라보는 상상을 해 보라며, "색칠된 지도처럼, 대륙들이 붙어 있는 어린이용 지구본 같은 것이 우주에 매달려 있는 것처럼" 보일지도 모른다고 군중들에게 말했다. 존슨 대통령은 또한 점 같은 지구에 함께 타고 있는 승객들에 대해 생각해 보라고 하면서, 우리들이 같이 있는 순간이 있음을 떠올리라고 했다. 매리너 4호의 탐사 결과를 보면, 점과 같은 우리의 지구는 여태 생각했던 것보다 훨씬 더 고립된 곳이었다.

7월 29일 레이튼이 이스트룸[89] 연단에 섰다. 매리너 4호가 화성을 근접 통과한 후 2주가 지난 시점이었다. 레이튼은 인류가 처음 찍은 화성의 클로즈업 사진으로 거대한 분화구들이 화성 표면의 적어도 일부를 뒤덮고 있음을 밝혀냈다고 설명했다. 그는 어두운 목소리로 "심오한 사실은[90]……"이라고 말을 하면서 고개를 약간 왼쪽으로 돌렸다. 그는 약 70개의 분화구가 이미지상에 보이며, 이들의 직경은 5킬로미터에서 125킬로미터까지 다양하다고 쓰여 있는 노트를 읽었다. 그러고는 마이크를 향해 고개를 숙이며 이러한 밀도로 분화구가 분포되어 있는 것은 "달의 고지대에 밀도 높게 분포하고 있는 분화구들과 비견할 만하다"면서 "이것은 과학적으로 아주 놀라운 사실이다"고 말했다.

사진들을 보면서 존슨 대통령은 "아마도—아마도[91]—우리가 알고 있는 생명이 많은 사람들이 생각했던 것보다 너무 독특한 것일 수도 있겠군"이라 중얼거리며 한숨을 쉬었다. 탐사선의 기기들로 분석한 결과[92] 화성의 공기는 너무도 희박했다. 기압은 너무 낮아서 지구 기압의 몇 천분의 일 수준이었는데, 이것은 왜 떨어지는 유성우가 타오르지 않았는지를 설명해 주었다. 이산화탄소의 약한 조짐은 지구의 분광기로 그 이전에도 감지가 가능했었는데, 이것은 그저 추적 성분이라고만 여겨졌었으나, 알고 보니 이것이 화성 대기의 전부였다. 지표에서의 온도는 너무나도 추운 영하 100도였고, 행성을 보호할 만한 자기장의 존재를 보여 주는 증거도 없었다. 화성의 이미지는 표면이 너덜너덜할 정도로 우묵우묵 자국이 난 것이었다.

춥고 황량한 세계는 과학자들이 상상했던 그 어떤 것을 뛰어넘는 것이었고, 공상 과학 소설가들에게도 상상 밖의 일이었다. 아이작 아시모프Issac Asimov는 매리너 4호의 사진을 보며 "분화구라고? 우리는 왜 분화구 생각을 못 했지?"[93]라고 친구에게 물어보았다고 한다. 화성에 대한 모든 가능성이 산산조각 났고, 인간의 엉뚱한 상상은 상처만 입었으며 화성은 아무것도 아닌 것으로 판명

매리너 4호가 촬영한 화성 분화구 사진

이 났다. 인류는 화성이 지구와 비슷할 것이라 상상하며 수 세기를 보내왔는데, 화성은 마치 폭탄을 맞은 것처럼 황폐하고 공허한 행성이었던 것이다. 7월 30일 「뉴욕 타임스」는 낙심하며 전날의 기자 회견은 결국 "화성은 아마도 죽은 행성[94]"이라고 말을 하기 위해 NASA가 분투한 것이라고 지적했다.

제2장
변화하는 빛

나의 사무실 벽에는 매리너 4호의 사진 중 하나가 작은 인쇄 버전으로 붙어 있다. 일부러 약간 기울여서 거꾸로 붙여 놓았는데, 진북眞北 방향을 조금이나마 반영하고자 그런 것이다. 사진은 흑백으로, 테두리에는 평행선이 그어져 있다. 사진 속에서는[1] 햇빛이 아래로 내리쬐고 있는데, 고르지 못한 화성의 표면을 강조하는 각도이다. 각각의 분화구 테두리를 반쯤 비추고 있어, 반대편에는 그림자가 진다. 이 사진을 내 책상 옆의 벽에 붙여 놓은 이유는, 이 사진 하나가 다른 행성에 대해 연구하는 과학 분야가 얼마나 어려운지 적나라하게 보여 주기 때문이다. 우둘투둘한 모습의 땅이 보이고 색깔은 희미하고, 멀리 떨어져 있으며 황폐하다. 이것이 화성인 것을 알고, 이곳은 아마조니스 평원Amazonis Planitia 남쪽 땅인 것을 알면서도, 동시에 이것은 내가 아는 화성과는 하나도 닮지 않았다.

이 사진은 매리너 4호 탐사 프로젝트에 사용된 1962년 화성 지도의 복사본 옆에 걸려 있다. 미 공군의 요청에 따라[2] 그려진 것으로, 똑같은 지도가 제트추진연구소 복도에도 50여 년 전에 걸려 있었다. 사진과 지도의 대비는 놀라울 정도로 극명하다. 지도에서의 화성은 매끈하고 크리미한 복숭앗빛과 회색빛의[3] 파스텔 톤이다. 밝고 어두운 구역들에 붙인 이름들, 예를 들어 솔리스 라쿠스Solis Lacus 위미 토마시아호Thaumasia arcs, 헬라스 평원Bowl of Hellas 주변을 편자 모양으로 싸고 있는 마레 하드리아티쿰Mare Hadriaticum 등은 지형 풍경에 맞추어 예쁘게 곡선으로, 혹은 비스듬히 쓰여 있다. 메르카토르 도법•을 나타내는 정사각형 아래위로는 화성 구면체를 작게 나타낸 부분이 있다. 총 6개로, 전부[4] 검은 우주 속에 떠 있는데 마치 크리스마스트리 장식처럼 보이기도 한다. 매리너호가 찍은 사진은 그저 정적인 픽셀의 집합이지만, 탐사 기획에 쓰인 지도는 세계를 재현한 이미지이다. 최면적인 의미가 곳곳에 묻어나 있다. 이 그림 안의 모든 것의 위치가, 모든 방향이, 모든 그림자들과 모든 모양들이, 화성 관측 결과에 대한 인간의 해석을 반영하는 것이다.

지도를 만드는 것이 어떤 작업인지 나도 조금은 안다. 밝은 색깔의 구불구불한 길들이 마치 긁힌 것처럼 보이는 데스 밸리Death Valley[5]와 모하비 사막 사이 위험 지역에 겨울 캠프를 갔을 때, 동부 시에라Sierra 지역을 조사하는 법을 배웠다. 그곳은 말 그대로 아무도 아무것에 대해 알 필요도 없는, 특이한 지구의 한 부분이었다. 하지만 캠프의 의미는 있었다. 바로 우리가 도전 정신을 기르는

• 방위가 일정한 선을 직선으로 표시하는 투영 도법

것이었다. 조사의 목적은 수백만 년 동안 대폭으로 지각이 밀고 당긴 결과로 생긴 단정한 선들을 팔랑이는 지도 위에 새기는 것이었다.

죽도록 건조한 산속에서 나는 작고 노란 텐트에 들어가 잠들었고, 매일 아침 해가 뜰 때 일어났다. 오래도록 입었던 두꺼운 스웨트 셔츠를 입고서는 찌그러진 금속 컵에 아침밥을 담아 먹었다. 손에는 브런튼사의 나침반을 쥐고 트럭을 타고서는 다른 대학원생들도 만났다. 공기는 차갑고 맑고 고요했고, 그런 탓에 주변의 모든 것이 가까워 보였다. 우리는 멀리까지 운전을 하고 나가서 사막과 고대에는 강바닥이었던 곳을 터벅터벅 걸어 다니다가 바위 경사면에 오르곤 했다.

나는 지각에 관한 한 최고 전문가 중 한 명인 클라크 버치필 Clark Burchfiel 교수의 학생이었다. 버치필 교수님은 약간 벌어진 치아가 보이는 미소를 지녔고, 가죽 헬멧을 쓰던 시절에 미식축구를 배웠다. 그는 분리된 데스 벨리의 기원을 이미 40여 년 전에 먼저 알아보았다. 교수님은 우리가 노출 영역에 집중하여 줄무늬의 치수를 재고, 접혔거나 단층이 생긴 바위의 아래를 보도록 훈련시켰다. 나는 암석용 망치를 활용해 노출된 부위를 작게 떼어내서 광물을 조사했다. 망치를 쓸 때는 회전력을 최대로 활용하기 위해 머리 위로 휘두른 다음, 치아를 깨는 듯한 소리가 나게 반동이 되도록 쳤다. 나는 GPS 좌표를 기록하여 녹은 석영이 틈새로 삐져나온 곳을 표시했다. 잘 부러지고 들쭉날쭉한 바위들이 자갈로 덮인 길이 되고, 충적토가 된 곳을 추적하기도 했다.

그러던 어느 날 저녁, 버치필 교수님은 나에게 돌 하나를 던져 주었다. 이 돌은 마치 지구가 뒤틀리던 어둠 속에서 찢어진 것처럼 보였다. "이 돌은 신의 얼굴을 봤지."라고 교수님은 마치 중얼거리듯 나지막히 말했다. 돌을 보면서 나는 발아래의 열과 압력, 그리고 물리적 세계가 가진 힘의 규모와 깊이에 대해서는 까맣게 모른 채 얇디얇은 달걀껍데기 위에서 걸어 다니고 있었음을 깨달았다. 단층이나 관입암貫入岩을 스스로 찾아내는 것은 어려웠고, 현장에서는 방황하며 시간을 보내고 있었다. 사막은 너무나 단호했고 조용했다. 뛰어난 암벽 등반가들이 바위의 튀어나온 부분에 걸터앉아 있는 경우도 있었지만, 때로는 주변에 아무도 없었다. 나는 혼자 온 힘을 다해 바위를 꼭대기에서 떨어트려서 그 바위가 내 발아래 수백 미터를 굴러 떨어져 부서지는 소리를 듣기도 했다.

해가 뜰 때부터 질 때까지 일하면서, 이 산들은 초보자가 연구할 곳이 아니라고 생각하며 내가 측정한 것들을 이해하기 위해 고군분투했다. 그러고 나면 완전히 해가 졌다. 지펴 놓은 불이 꺼지면 바로 텐트로 들어왔고, 모하비 사막에는 어둠이 깔렸다. 나는 헤드램프를 쓰고 추운 플라야Playa•에 놓인 나의 작은 노란 돔을 밝혔다. 열 몇 권의 책을 들고 갔던 나는 그것들을 낡은 텐트 안에 쌓아 두었고, 그 외에는 아무것도 없었다. 나는 1930년대 1마일당 1실링6을 받고 케냐 인근에서 승객들을 태우고 비행했던 베릴 마크햄Beryl Markham의 『서부의 밤West with the Night』을 읽었다. 어니스트 헤밍웨이는 친구에게 쓴 편지에서 이 책이 "죽이게 훌륭하다"며7 "이 여자는 우리보다 훨씬 글을 잘 쓴다."라고 쓴

• 사막의 저지대

적이 있다. 마이클 온다치Michael Ondaatje의 『잉글리시 페이션트*The English Patient*』도 읽었다. 이 소설의 주인공인 래디슬레어스 드 알마시Ladislaus de Almásy[8]가 헤로도토스Herodotus의 『역사*Histories*』를 사막에 가져간 것처럼, 나는 캐더Cather, 도스토옙스키Dostoevskii, 딜라드Dillard, 블레이크Blake, 쿠체Coetzee, 스탕달Stendhal의 책에 테이프로 사막의 지도와 스케치를 붙이기 시작했다. 나는 이것을 마치 항해력航海曆처럼 사용했다. 나는 그저 견고한 지점들을 찾고 싶었던 것뿐이었다. 내 주변을 둘러싸고 있는, 인간이 존재하지 않는 방대한 물리적 세계에 대해 마치 측량을 하듯 인간으로서 이해를 할 방법을 찾고 있었다.

나는 이 화강암 산맥이 보이는 것만큼이나 텅 빈 것은 아니라는 사실을 곧 깨닫게 되었다. 처음 모하비 사막을 바라보았을 때는 그저 적막한 것 같았다. 색깔은 마치 바싹 마른 공기가 색을 빨아들인 것처럼 희미했다. 식물들은 희뿌연한 카키색 비슷한 녹색이어서 말린 허브를 모아 놓은 것 같았다. 식물들을 보고서는 침을 뱉어 주고 싶었는데, 마치 그것이 내가 할 수 있는 작은 성의 표현인 것 같았기 때문이다. 하지만 얼마 지나고 나서는 나의 감각 기관들도 적응을 하게 되었다. 산쑥을 보면 이제는 호수에 떨어지는 빗방울이 튀는 것처럼 보이기 시작했다. 주변의 생명체를 인식하게 된 것이다. 사막개미와 딱정벌레들, 미생물 생태계가 존재할 수도 있는[9] 사막 돌의 어둡게 빛나는 부분까지 말이다.

어느 날은 한때 지구를 지배하다가 눈 깜짝할 사이에 사라져 버린 생물체의 화석이 있는 층이 사라진 곳을 추적하고 있었다. 다른 날에는 몇 킬로미터를 두고 비슷한 바위를 연이어 발견했다.

이 암석 벨트가 어떻게 땅 속으로 들어갔는지 생각해 보면서, 다시 어디에서 융기해 나타났을지 상상하며 체계적으로 고민해 보았다. 내 신발 밑으로 수백 미터는 들어가야 할 땅속 깊은 곳, 구부러진 바위 덩어리 등을 생각하며 연결 고리를 생각해 보곤 했다.

이런 작업을 하는 중에는 텐트에 있던 다른 책들이 생각나곤 했다. 앙투안 드 생텍쥐페리Antoine de Saint-Exupéry가 하루 저녁 사하라 사막에 착륙해야 했던 일화를 읽은 적이 있었다. 동이 틀 무렵까지 무기력하게 있던 생텍쥐페리는 작은 모래 언덕에서 잠이 들었다가 갑자기 "별이 가득히 있어 부화장 같은 장면을 마주하게 되면서[10]" 벌떡 깨어난다. 그는 갑작스러운 어지럼증을 느끼고[11] 마치 떨어지고 있는 것처럼 앞으로 고꾸라진다. 하늘이 바다라면 마치 다이빙을 하듯이. 볼록했지만 오히려 오목하게 느껴지던 산 능선에서 보냈을 때 이 이야기를 읽었을 당시와 비슷한 느낌이었다. 이전에는 경험하지 못한 방식으로 2차원의 세계가 3차원으로 바뀌는 듯한 강렬한 기분이었다.

적은 양의 데이터와 조금의 상상력으로 나는 식별할 수 있는 실낱들을 어떻게 체계적으로 짜낼 수 있는지 서서히 이해하기 시작했다. 이해되기 시작하면서 나는 다음 능선으로 가서 얼른 내 지도와 맞춰 보고 싶었다. 마치 내가 보이지 않는 땅의 부분을 뚫어 볼 수 있는 능력이 있는 것처럼. 나는 암석의 조각조각을 보면서 피상적인 지식을 얻고 싶지는 않았다. 그저 일관성을 지닌 전체를 알고 싶었다.

내 방에 걸려 있는 화성 탐사 기획 지도[12]에는 세부적인 지도

스키아파렐리. 그는 본의 아니게 화성인이 건설한 운
하가 존재한다는 전설의 시발점이 되었다.

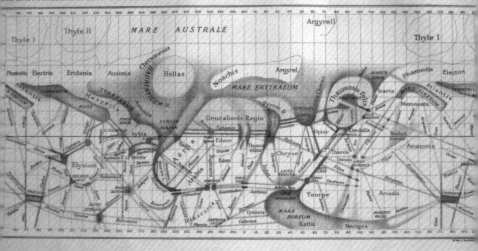

MARS 1890.

스키아파렐리가 스케치한 화성 표면

제작법이 총망라되어 있다. 하지만 한 발 떨어져서 보게 되면, 처음 눈에 들어오는 것은 빛과 그림자다. 지도 전체가 하나의 바퀴 부챗살 같다. 완벽하게 올곧은 직선으로 방대하게 상호 연결되어 있다. 열십자형 패턴은 검은색도 아니고, 확연한 것도 아니지만, 알아볼 수밖에 없는 희뿌연한 색이다. 사진은 화성의 표면을 빅토리아 시대 레이스 칼라처럼 장식해 놓았다.

지도상 선들의 유래는 1800년대 후반까지 거슬러 올라간다. 이 선들은 화성을 바라보는 우리의 시각에 큰 변화를 가져온 밀라노의 천문학자 조반니 스키아파렐리Giovanni Schiaparelli가 광범위하게 기록해 둔 것이다. 1877년 여름에는 화성에 대한 여러 논의가 오갔는데, 화성이 지구와 특별히 가까워지는 시기였기 때문이다. 미국 천문학자 한 명이 포기 바텀에 있는 미 해군 천문대에서 구경 66센티미터의 망원경을 이용해 화성의 위성 두 개[13]를 발견한 직후였다. 스키아파렐리가 사용한 망원경[14]의 렌즈는 훨씬 작았으나, 더 고품질의 유리를 사용하여 만든 것이었다. 그는 자신의 망원경이 행성 관측에 적절한지를 시험해 보기로 결심했다. 그는 브레라 궁전Brera Palace 옥상으로 올라갔다. 엄청난 폭우가 지나가던 밤이었고, 스키아파렐리는 춥고 바람이 몰아치는 상황에서 한 쌍의 별을 볼 수 있는 방법을 찾지 못해 고생하는 중이었다. 밤 10시가 되기 직전, 한쪽 눈을 망원경에 대고, 다른 한쪽은 그의 공책을 보면서[15] 자신의 첫 화성 스케치를 그렸다. 공책의 바인더 부분에 가깝게 그려진 원에는 극관을 나타내는 흰색 공간이 있었고, 끝자락부터 내려오는 그림자가 있었다. 그런 다음 마지막으로, 초승달 모양의 어두운 부분에는 눈에 띄는 둥근 점을 그려 넣었다. 스키아파렐리는 당시 영국에서 제작되어 정확하다는 평가를 받았던 화성 지도에 나와 있던 특징을 찾을 수가 없어 당황스러웠다. 하지만 대기의 상태가 좋지 않았으니, 더 이상은 확인할 수 없었다.

스키아파렐리는 다음 날 밤에도, 그다음 날 밤에도 계속 화성을 관측했다. 관측을 하면 할수록, 그는 영국이 만든 화성 지도에 대해 더욱 혼란스러움을 느꼈다. 그 지도에는 마치 만화 속 인물의 손처럼[16] 생긴 어두운 부분이 적도 부근에 있었다. 어두운 부분은 바다로, 밝은 부분은 대륙으로 표시되어 있었지만 지도 속 케플러 랜드Kepler Land, 도즈해Dawes Ocean, 허셜 대륙Herschel Continet, 혹은 드 라 뤼해De La Rue Sea 중 스키아파렐리가 본 그림자 부분과 일치하는 곳은 한 군데도 없었다. 사실, 그 지도의 어떠한 부분도 자신이 망원경으로 본 화성과 닮아 있지 않았다.

불안정한 대기 상태 때문에 스키아파렐리는 신속히 작업을 계속해야 했고, 보이는 장면이 사라지기 전에 빨리 그림으로 기록해야 했다. 스키아파렐리는 화성을 관측하여 지도를 만들던 다른 사람들은 거의 가지고 있지 않은 측미계를 사용하고 있었다[17]. 그는 러시아에서 배운대로 측미계를 망원경의 접안렌즈에 고정해서 썼는데, 경도와 위도의 주요 지점들의 위치를 파악하는 데 큰 도움을 주었다. 스키아파렐리는 불가사의할 정도로 날카로운 시력을 가지고 있었고[18], 그의 끊임없는 노력으로 세부 사항들이 기가 막히게 표현된 새 지도를 완성했다.

브레라 궁전 옥상에서 화성 관측을 하던 때, 스키아파렐리는 화성 표면을 가로질러 나타난 어두운 점들을 연결해 보며 흥미로운 특징에 주목했다. 이후 수십 년 동안 과학자들을 황홀하게 만들기도 하고 괴롭히기도 한 선들이었다. 스키아파렐리는 각각의 어두운 조각들을 바다라고 해석했는데 "물이 짧을수록, 색은 어둡게 보인다"고 생각했기 때문이다. 그는 이 선들이 물이 지나가는 길이라고 추측했다. 그 후, 그는 수십 개의 이런 '카날리canali'들을 식별했다[19]. 카날리들은 항상 어두운 조각 부분에서 시작되어 다른 어두운 부분에서 끊어졌는데, 육지의 중간에서 끊어지는 일은 없었다[20]. 어떤 경우 카날리들은 갈라져서 가까운 거리를 두고 평행선으로 진행하도록 갑자기 바뀌는 듯이 보이기도 했다.

몇 년 지나지 않아 프랑스 천문학자 카미유 플라마리옹Camille Flammarion[21]은 스키아파렐리의 지도를 손에 넣고서 낙관적인 관점에서 해석을 하기 시작했다. 이탈리아어로 카날리는 단순히 '채널'을 의미했고[22], 건축과 수력 공학 분야를 공부한 스키아파렐리는 카날리가 마치 영국해협English Channel 혹은 모잠비크해협Mozambique Channel처럼 해협과 같은 것들이라고 생각했다. 하지만 사람들은 '운하'를 뜻하는 '커낼canal'로 이것을 받아들였고, 그 단어가 암시하는 모든 것들도 함께 받아들였다.

『화성, 그리고 그곳의 정주 환경La Planète Mars et ses Conditions d'Habitabilité』이라는 책에서 플라마리옹은 이 '운하'들이 개울이나 강처럼 구불구불[23] 흐르지 않는다고 주장했다. 사실 지도상으로 나타나는 운하들은 이상하리만치 기하학적이었다[24]. 공공 작업의 결과물일까? 지구 표면에는 새로운 방식으로 기술의 발전을 증명해 주는 흔적들이 생겨나고 있었다. 1825년 완공된[25] 이리운하Erie Canal는 세계 8대 불가사의로 불렸고, 19세기 후반에 배로 확장되었다. 프랑스는 1869년 완공된[26], 아프리카 대륙을 우회하지 않는

지름길인 수에즈운하Suez Canal 건설에 참여하였다. 1881년 프랑스는 대서양과 태평양을 연결하는 파나마운하Panama Canal 건설을 시도하기도 한다27. 플라마리옹은 화성 관측을 하면서도 이런 운하를 생각하며 분석했다. 1892년 화성의 스케치들을 소개한 방대한 개론서에서 그는 "우리 인간보다 훨씬 월등한 존재가 화성에 살 가능성이 높다."28라고 결론지었다. 화성 운하의 규칙성과 규모가 이것 말고 더 이상 무엇을 의미한단 말인가?

이 운하들을 알리고 열렬히 지지했을 뿐만 아니라 미국으로 논의를 확장시킨 이는 섬유 산업계를 지배한 큰 손의 후계자였다. 퍼시벌 로웰Percival Lowell은 보스턴 외곽 브룩라인 히스 스트리트에 있는 대저택에서 자랐다. 이 대저택의 별명은 "세브넬스Sevenels"였는데, 일곱 명의 로웰가 가족들이 산다는 뜻이었다. 로웰의 형은 이후 하버드대학 총장이 되고, 누이 중 한 명은 유명한 시인이 된다. 남매들처럼 로웰 또한 어마어마한 가족 재산의 덕을 보았다. 그는 하버드에서 수학을 전공하면서 천문학에 발을 담가 본 다음, 관습에 따라 그랜드 투어•를 다녀왔고, 이후 몇 년간 극동의 문화 대표부나 외교 공관을 다니며 일을 하게 된다. 로웰은 스스로를 "기분파 사나이29"라고 불렀는데, 어떤 때는 친구들을 모아 놓고 익살스러운 이야기를 늘어놓다가도, 금세 침울해져서는 혼자 시가를 줄곧 피워 대기도 했다. 로웰은 테니스와 산책을 좋아했지만 골프나 운전은 좋아하지 않았다. 또한, 미국에서 가장 빠른 폴로 경기용 조랑말30 중 한 마리를 소유하고 있었다. 로웰은 자석처

• 부유층 자제들이 교육의 일환으로 유럽의 주요 지역을 둘러보던 여행

천체 망원경을 들여다보고 있는 퍼시벌 로웰. 그는 화성인의 운하가 존재한다는 사실을 열렬히 주장했다. 비록 그의 주장은 틀렸지만, 화성을 끊임없이 연구하고 관찰한 '천문학자'로서의 열정을 과소평가할 수는 없을 것이다.

럼 사람들을 끄는 매력이 있었고, 사내답고 열정적인 모습으로 사람들에게 깊은 인상을 주었지만, 마음속 깊은 곳에서는 은둔자 같은[31] 모습을 가지고 있었다.

1893년 로웰이 돌아왔을 때, 숙모 메리는 『화성, 그리고 그곳의 정주 환경』한 권을 구해다가 로웰에게 크리스마스 선물로[32] 주었다. 불어에 능통했던 로웰은 이 책을 허겁지겁 읽었고, 스키아파렐리가 찾은 선들과 플라마리옹이 이것을 측면에 초목이 있는 물길로, 관개를 위해 화성 표면 깊게 판 것이라 해석한 것을 보며 전율을 느꼈다. 땅을 판 규모는 실로 놀라웠고, 이것이야말로 분명히 실재하는 문명의 증거가 눈앞에 놓여 있는 것으로 보였다. 코페르니쿠스 혁명의 자연적인 연장이 아니라면 무엇이고, 역사상 가장 큰 발견이 아니면 무엇이란 말인가? 로웰은 책을 읽으면서 "서둘러라!"라고 휘갈겨 썼다. 로웰 집안의 가훈은 "기회를 알아보라occasionem cognosce"라는 뜻의 라틴어 경구였고, 로웰은 이것에 탁월한 능력이 있기도 했다. 때마침 그는 몇 달 안에 화성과 태양이 지구 반대편에 나란히 놓이는 충衝이 된다는 것을 알고 있었다. 15년에 한 번 화성이 지구에 가장 가까이 다가오는 시기였고, 로웰은 이 기회를 놓치지 않을 작정이었다.

1월, 로웰은 다부진 젊은 천문학자이자 친구인 윌리엄 피커링William Pickering을 만났다. 피커링 자신도 혼자서 화성 표면의 선을 관측한 바 있었고, 1890년[33] 『별의 전령The Sidereal Messenger』지에 이에 대한 글을 기고하기도 했었다. 피커링은 멀리 페루에 있는 하버드대학 관측소에서 천문학적 시점[34]을 평가하는 '표준자standard scale'를 개발하고 난 뒤 막 미국으로 돌아온 터였다.

피커링은 최상의 관측 조건은 애리조나 준주Arizona Territory•에서 찾을 수 있을 것이라고 로웰을 설득했다. 산업화와 도시화의 산물인 스모그와 빛 공해는 당시에도 큰 문제로 대두되고 있었고, 로웰은 아예 "인간이 만드는 연기로부터[35] 멀리 떨어진" 관측소를 빨리 지어 버렸다. 그는 애리조나 플래그스태프에 있는 높고 꼭대기가 평평한 언덕을 선택했다. 로웰의 말에 따르면 "구할 수 있는 가장 좋은 공기[36]"가 있는, 대기가 안정적이고, 밤이 되면 깊은 어둠에 싸이는 곳이었다.

피커링은 조립식 돔을 설계해 기차로 수송시켰다[37]. 4월에 관측소 건설이 시작됐고[38] 5월에는 첫 화성 관측이 이루어졌다[39]. 돈이 충분했기 때문에, 메사추세츠주 케임브리지의 선두적인 광학 기기 제조업체 알반 클락 앤 선즈Alvan Clark and Sons에서 아름답게 제작한 60센티미터짜리 반사경을 곧 구매하여[40] 애리조나의 천문대에 설치했다. 그는 망원경 옆에 사다리를 설치하고 꼭대기에는 부엌 의자를 놓았다[41]. 고독한 횃대 같은 의자에서 "새벽 언덕 위에 홀로 있는, 단 한 명의 관찰자[42]"가 되어 로웰은 최신 기술을 사용한 렌즈를 통해 화성을 면밀히 관측했다. 그는 화성 운하의 지도를 스케치하면서 완벽히 구분이 되는 선을 그렸다. 로웰은 최신 렌즈와 본인의 시력에 자신감을 가지고, 지구상에서 찾을 수 있는 행성 관측에 적합한 가장 유명한 장소 중 하나에서 조반니 스키아파렐리가 그렸던 운하보다 수십 개나 더 많은 운하[43]를 식별해 냈다.

로웰은 참을성 있게 화성의 전체 지도를 그렸고, 오랫동안 바

• 1863년부터 1912년까지 존재했던 미국 내 자치령

다라고 생각된 화성 표면의 어두운 부분도 포함시켰다. 운하는 화성 전체에 있었고, 어두운 부분에도 있었다. 로웰은 그가 관측한 것이 지구와 같이 소금물에 뒤덮인 행성이 아니라, 바다를 잃고 비가 그친 세계를 보고 있는 것이라 추측했다. 따라서 전 행성 구석구석으로 귀중한 물을 펌프질해서 보내야 했다. 이 길은 극관에서 시작하여 적도 쪽으로 봄마다 향해야 했고, 이때 초목이 자라면서 어두운 부분이 생기는 것이라 생각했다. "만약 화성에 정주하는 생명체가 있다면, 이를 가능케 하는 길은 한 가지 뿐이다. 바로 관개 시설이다. 가능한 한 가장 거대한 규모로, 화성인을 몰두하게 하는 문제임이 분명하다[44]." 또한 운하가 화성 전역에 걸쳐져 있고, 눈에 띄는 지역이나 국가의 경계선이 있는 것이 아니었기 때문에, 로웰은 아마 화성에는 자애로운 과두정의 지도자 그룹이 이끄는 국가나 지정학적 집단이 있을 것이고, 이것이 사회 질서를 유지할 것이라는 결론에 이르렀다.

　이러한 추측의 현실성은 차치하고서라도 로웰의 망원경 관측 결과는 세상을 흥분시키는 뉴스거리가 되었다. 로웰은 석·박사 학위를 가지고 있지도 않았지만, 사실 당시 많은 천문학자들도 비슷한 상황이었다. 대학원에 진학하더라도 배울 것이 그리 많지 않았는데, 가르칠 것 역시 많지 않았기 때문이다. 로웰은 과학 학술지, 신문, 그리고 그의 '화성' 책에 빠져 살았다. 책이 출판되면서 전 세계의 문해력이 있는 집단에서는 붉은 화성에 지적인 생명체가 살고 있다는 증거가 발견되었다고 믿게 되었다. 영어, 불어, 독어로 책이 출판되면서[45], 북미, 파리, 베를린에 넓은 독자층이 생겨났다. "새로운 과학의 용감하고 번뜩이는 데뷔"라고『보스턴 이브닝 트랜스크립트*Boston Evening Transcript*』지는 평했다[46]. 프로나 아마추어 할 것 없이 대중은 열광했으며, 로웰이 강연을 여는 곳마다 인파가 몰려 그의 이야기를 듣고서는 망원경을 사러 달려가는 풍경이 벌어졌다.

하지만 로웰에게 이것은 시작에 불과했다. 곧 그는 화성의 역사에 대한 이야기를 구상하기 시작했다. 어떻게 화성이 현재에 이르게 되었는지를 보여 줄 일대기를 쓸 참이었다. 이 이야기는 행성의 형성에 대한 그의 이론과 완벽히 맞아떨어질 것이었고, 행성들이 진화를 거듭하여 물리적으로, 생물학적으로도 발전된 상태에 이르게 된다는 그의 기본적인 생각을 반영할 것이었다.

하버드 학부에 재학하면서 로웰은 성운에 대한 가설[47]로 논문을 쓴 적이 있었다. 이 이론은 처음에는 철학자 임마누엘 칸트 Immanuel Kant가 천문학에 잠시 발을 들였을 당시 가졌던 직관에 기반을 둔 것이었고, 이후에는 프랑스의 유명한 수학자이자 천문학자인 피에르 시몽 라플라스Pierre Simon Laplace의 이론에 기반을 두었다. 이는 가스 고리가 냉각이 되면서 사라지고, 수축하는 태양과 같은 별이 압축되어 행성을 형성한다는 내용이었다. 로웰은 엔트로피—무질서가 증가하는 방향으로 에너지가 흐르려는 경향—는 단일 방향성을 가지므로, 태양계가 노쇠하게 될 것이며, 작은 행성들이 먼저 소멸할 것으로 보았다. 따라서, 용해된 물질의 상태로 태어나 행성은 여러 단계의 발전을 거치게 된다. 화성은 명백히 현재 바다가 사라지고 육지만 남은 단계에 와 있는 것으로 죽음에 가까워져 공기가 희박한 상태로 수성과 같은 단계이자, "달이 전형을 보여 주는 슬픈 단계[48]로, 변화의 가능성이 있는 단계를 실질적으로 모두 지나온 시점"이라는 것이다.

하지만 로웰의 관점에 따르면 지구에 한해서는 아직까지 의미가 아주 사라진 것은 아니었다. 다만 화성은 지구가 도달할 상태로 이미 진전을 한 것이었다. 지구는 아직까지 육지와 바다가 함께 있는 단계로, 퇴적 작용으로 생긴 땅이 물에 잠겨 있는 상태였다. 하지만 운명은 정해져 있었다. 그는 "아직까지 그러한 결과에 이르기까지 한참이 남은 것은 자명하다[49]. 달리 종말을 예고하는 재난이 없다면, 운명론적으로는 내일은 내일의 태양이 뜰 것이다", "우리 죽음이 어떤 방법으로 이루어질지를 알아내는 것은 그리 기분 좋은 일은 아니다. 하지만 과학은 사실에 관련될 뿐이고, 우리는 화성이 현재 존재하는 것에 감사를 해야 한다"고 썼다. 로웰은 화성이 우리의 미래를 엿볼 수 있게 해 주는 것이라 믿었다.

로웰이 대중 과학 분야에서 기울인 노력은 사람들을 오랫동안 매료시켰다. 하지만 천천히, 그리고 조용히, 이 운하 이론에 대한 의문이 외국 정기 간행물[50]에서 제기되기 시작했다. 1894년 즈음 영국의 천문학자[51] 한 명이 작은 태양의 흑점들이 눈으로 볼 때 선처럼 보인다는 것을 깨닫고, 비슷한 일이 화성을 볼 때도 일어날 수 있을지 궁금해했다. 1903년, 그는 로웰의 주장에 도전할[52] 간단한 실험을 준비했다. 그는 로열 호스피털 스쿨Royal Hospital School 학생 몇 명에게[53] 흑백 그림을 따라 그리라고 부탁한 다음, 교실 앞에 검은 점 그림을 놓았다. 교실 앞쪽 책상에 앉은 학생들은 점을 그렸지만, 뒤쪽에 앉은 학생들은 선을 그렸다[54]. 뒤쪽 학생들 눈에는 점들이 합쳐져 보인 것이다. 로웰은 결코 이런 주장에 설득되지 않았고, 선은 멀리서 봐도 선으로 보일 것이라 반박했다.

그의 가장 중요한 과학적 성취에 대한 도전에 놀란[55] 로웰은 다시 사진을 검토하며 논란을 잠재우고자 했다[56]. 사진을 사용하면 희미한 물체를 오랜 시간 동안 찍어 축적할 수 있기 때문에, 천문학 연구에 어마어마한 자산이 된다. 사진을 이용해서 행성들의 새로운 위성[57] 발견이 가능했지만, 원거리에서 점의 위치를 정확히 찾아내어 그 특징을 분석하는 것은 여전히 어려운 일이었다. 완벽한 대기 조건 하에서도, 느린 셔터 속도로는 화성의 세부적인 특징들이 흐리게 찍힐 수 있었기 때문이다. 그럼에도, 로웰의 조수 중 한 명이 이 문제를 해결하기 위한[58] 새로운 행성 관측용 카메라를 고안했다. 1905년 충 이후 로웰천문대 암실에서 나온 정착액을 사용한 사진 속 지형은 가로로 0.5센티미터 정도였고, 행성의 작은 특성을 종합적으로 조사하기엔 부족함이 있었다. 하지만 로웰은 사진들을 널리 배포했다[59]. 그는 이 사진들이 마치 운하가 실재한다는 완전한 증거처럼 예고했다. 영국 천문학회장은 1906년 사진들이 "운하의 실재성을 객관적으로" 증명했다고 거들었다[60].

성대한 팡파르 후에 로웰은 1907년 더 나은 화성 사진[61]을 찍기 위한 안데스산맥 원정 계획을 발표하며 자신이 비용을 부담한다고 밝혔다. 널리 광고된 이 원정은[62] 애머스트의 유명 천문학자인 데이비드 펙 토드David Peck Todd가 이끌었고, 그의 부인과 인디애나대학을 갓 졸업한 천문학자 얼 슬라이퍼Earl Slipher가 함께 했다. 애머스트대학에 있던 무게 7톤의 45센티미터짜리 반사 망원경은 당시 새로 개통된 파나마운하를 통해 뉴욕에서 칠레로 보내졌다. 망원경은 오래된 항구 도시 이키케에서 약 70킬로미터 안쪽으로 들어가면 있는[63] 질산염 광산 마을 알리안자의 야외 공간에 설치되었다[64]. 토드가 예의 알려진 관측을 수행하며 운하를 선보였지만, 진정한 명인은 슬라이퍼였다. 그는 비록 플래그스태프에서 훈련한 기간이 몇 달에 불과했지만, 행성 관측 카메라를 다루는 법을 6주 만에 빠르게 익혔으며, 그동안 약 7천 장의 화성 사진을 찍었다. 사진은 젤라틴 에멀전이 도포된 유리판에 실버 솔트를 가미해 상자에 담은 후 플래그스태프로 다시 옮겨졌다.

재현된 이미지들은 선명하지 못한 그대로 몇 개월 내『더 센츄리 매거진 _The Century Magazine_』[65]에 게재되었다. 독자들이 별다른 인상을 받지 못할 것을 예상한 로웰은 사진이 원본 네거티브에서 사진 인쇄, 망판 인쇄, 다음에 종이로 인쇄되기까지 세 번의 공정을 거치는 바람에 화질이 좋지 못하다는 부연 설명을 넣어야 한다고 주장했다[66]. 하지만 사실 원본 네거티브에서도 "운하가 존재하며[67] 사진으로 잘 안 보이는 것"이라는 호언장담에도 불구하고 거의 보이지 않았다.

하지만 또 다른 관측 결과가 나오기 시작했다. 같은 해 독자적으로 자연선택설을 생각한 바 있는 영국의 유명한 자연과학자인 알프레드 러셀 월스 Alfred Russel Wallce는 자신의 연구 결과에 기반하여 화성은 액체 상채의 물이 존재하기에는 너무 춥고, 행성 전체를 관통하는 관개 시스템이 있을 것이라는 주장이 터무니없다는 공격을 펼쳤다[68]. 1909년 그리스계 프랑스인 천문학자이자 로웰의 오랜 지지자였던 외젠 안토니아디 Eugéne Antoniadi[69]는 25년 만에 처음으로 운하가 없는 화성의 지도를 출판했다. 유럽에 있는 대형 반사 망원경을 사용한 자신의 관측 결과에 따라 그는 마음을 바꾸었고, 화성의 다양한 현상을 설명하기 위해서는 "식물, 물, 구름,

사막 지역 등 자연적 요소[70]에 필연적인 색상의 다양성"만 필요하다는 결론에 이르렀다. 때마침 정신분석학의 선구자[71]인 지그문트 프로이트Sigmund Freud와 카를 융Carl Jung이 유럽과 미국에서 바삐 다니며 무의식의 역할에 대해 강의하고 있었는데, 사람들은 화성에서 거대한 운하가 보이는 것은 사실 운하가 존재했으면 하는 마음속 깊은 곳의 바람에서 기인한 것이 아닐까 하는 의심을 품게되었다. 지적 생명체가 설계한 앞서간 문명사회인 화성에 대한 로웰의 증거는 빛을 잃어 갔고, 그의 학문 자체도 과거의 위상을 잃었다. 아인슈타인의 특수상대성[72]이론이 발표되고, 우주과학은 천체물리학 쪽으로 방향이 크게 바뀌었고, 로웰이 살아 있는 동안은 행성과학은 한물간[73] 학문 취급을 받았다.

로웰은 주류 과학계에서 입지가 점점 좁아졌지만, 계속해서 글을 쓰고 강연을 다니며 학생들에게 영감을 주려 노력했다. 로웰은 1916년 뇌졸중으로 숨졌다. 그의 비서는 가슴 뭉클한 부고에서 로웰을 "자신이 품은 불길의 따뜻함[74]으로 가득 차 있었고, 자신의 성취에 흥분을 감추지 못한 사람이었으며, 눈은 항상 '변화하는 빛[75], 떠다니는 빛', 즉 진실 그 자체를 발견하는 데에만 몰두한" 사람이었다고 묘사했다.

로웰이 스스로를 그토록 소모하게 했던 스키아파렐리가 기록한 선들은 계속해서 화성에 대한 연구에 망령처럼 남아 있었다. 로웰의 조수였던 얼 슬라이퍼는 20대 초반부터 80대가 될 때까지 화성이 2년에 한 번 충에 다가올 때마다 화성 사진을 계속해서 찍고, 또 찍었다. 플래그스태프, 칠레, 남아프리카공화국에서[76] 셀 수 없이 많은 밤을 그는 일어섰다 앉았다 하며 대형 망원경의 접안렌즈에 눈을 대고 보냈다. 어떤 때는 격자무늬 플란넬 코트를 두르고 웅크리고 앉아서 사진 건판을 갈아 끼고 셔터를 누르고, 건판을 갈아 끼고, 셔터를 누르며 몇 시간이고 보냈다.

평생에 걸쳐 슬라이퍼는 십만 장 이상[77]의 화성 사진을 찍었다. 1962년[78] 그는 그중 가장 잘 나온 사진을 골라냈고, 자신의 스케치들과 함께 엮어 『사진으로 보는 화성 이야기 *The Photographic Story of Mars*』라는 제목의 책으로 펴냈다. 그는 서문에서 "방대한 양의 팩스와 정보가 모였다"[79]고 썼다. 이 책은 그의 평생의 작업을 보여주는 개요서였다. 그리고 나의 사무실에 걸려 있는 화성 탐사 기획 지도는 이 책을 바탕으로 같은 해에 미국 공군이 제작한 것이다.

1960년대 초반에는 더 이상 화성에서 보이는 선들이 지적 생명체가 건설한 운하라고 믿는 사람은 없었다. 하지만 확실하게 그것들이 무엇인지 말할 수 있는 사람들도 없었다. 로웰이 플라마리옹의 책을 읽고 열광한 지 거의 70년이 지나서도 캐나다왕립천문학회 새뮤얼 글래스톤Samuel Glasstone 전 회장은 "소위 화성의 '운하'라는 것[80]이 화성을 관측하는 사람들 마음속에 여러 형태로 자리를 잡아왔다. (…) 현재 상황은 운하의 존재에 대한 일반적인 동의가 있고, 이것들이 환상은 아니지만 화성 표면에서 특정한 효과가 일어나기 때문에 관측하는 사람의 눈에 띄고, 사진에 기록되는 것 같다고 요약할 수 있겠다."라고 했다. 새뮤얼 글래스톤은 "화성 표면에 분명히 수많은 선형의 지형이 보인다."라고 NASA의 1968년판 특별 보고서인 『화성의 서 *The Book of Mars*』[81]에서 밝혔다.

그래서 도대체 불가사의하게 반듯한 이 선들은 무엇이란 말인가? 화성의 표면이 건조해지고 갈라지면서 생긴 균열의 흔적인가?

움푹 파인 곳인가? 분화구에서 튀어나온 물질 때문에 생긴 흔적인가? 매리너 4호가 실재로 그곳에 갔는데도 왜 거미 다리 같은 검은 선들을 찍을 수 없었는지 설명하기 힘들었다. 화성의 1퍼센트만 확보할 수 있는 사진을 몇 장 찍는 게 전부일 테니 매리너 4호가 근접 통과를 하는 동안에 놓친 것일까? 매리너 4호에서 찍은 망원경 사진 화질이 개선된 정도는 탐사 과학자들도 놀라게 만들었고, 이들은 기존에 존재했던 화성의 사진과 매리너 4호가 보내온 사진을 비교하느라 애를 써야 했다. 매리너 4호가 너무 가까이서 찍은 것은 아닐까? 이 선 모양은 NASA가 1969년에 두 번째 근접 통과하는 탐사선 한 쌍을 또다시 보내기로 결정한 이유 중 하나였다. NASA 홍보 팀[82]은 "탐사선에서 찍은 사진은 이 문제에 대한 답을 줄 것으로 기대된다."라고 썼다. 사진 촬영의 범위를 넓히기 위해서 원거리 촬영 계획이 추가되었다. 매리너 5호 탐사선은 금성으로 보내졌기 때문에, 매리너 4호 다음 화성 탐사선은 매리너 6호였다.

1969년 2월, 매리너 6호는 캐너버럴곶에 있던 반짝이는 고깔 속에 설치되었다. 발렌타인데이에 매리너 6호의 탐사 팀원은 통상적인 테스트 절차를 밟고 있었다[83]. 매리너 4호의 날씬하고 간단한 로켓에 비해서 애틀러스 센타우르Atlas-Centaur 로켓은 캐너버럴곶 근처의 고층 건물 사이에 우뚝 솟을 정도로 거대했다. 로켓은 10층 건물 높이에 무게는 150톤에 이르렀다. 화성에 탐사선을 보내기 위해 필요한 로켓의 크기보다 훨씬 컸으나, NASA가 달 탐사선을 보내기 위해 대량으로 제작했던, 무겁지만 널리 이용 가능한 모델이었다.

갑자기, 찌그러지는 금속 소리가 발사대 주변에 울려 퍼지나

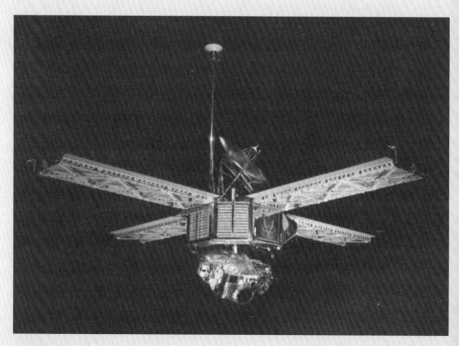

매리너 6호

했더니 날카로운 대피 사이렌이 울렸다. 로켓을 올려다본 탐사 팀원들은 눈앞의 광경을 믿을 수 없었다. 흔들릴 수도 없이 단단하게 고정되었던 발사용 로켓은 우주 공간에서의 폭발적인 환경에서도 살아남을 수 있게 고안된 것이었는데, 스스로의 무게를 못 이겨 무너지고 있었던 것이다. 매끄러운 금속 본체는 발사대 중간에서 마치 옷감처럼 찌그러지고 있었다.

탐사 팀이 손을 쓰기도 전에 로켓의 꼭대기 부분이 23도쯤 기울어지더니 원통 부분이 찌그러졌다. 보통 로켓의 벌룬 탱크balloon tank•는 강도를 유지하기 위해 압력에 의존했는데, 애틀러스-센타우르 로켓은 무게를 줄이기 위해 이 내부 구조를 없애 버렸다. 팀원들은 주 밸브가 어떤 연유로든 열려서 15센티미터밖에 안 되는 이 틈을 비집고 공기가 밖으로 밀려 나오고 있다는 것을 깨달았다.

발사 로켓의 전선이 팽팽히 바깥쪽으로 당겨져서 시간이 마치 멈춰져 있는 것 같다가 갑자기 펑 하는 소리가 났다. 로켓이 위험하게 연결 타워 쪽으로 찌그러져서 플랫폼에 쿵 하고 부딪히자 팀원 중 한 명이 잠금 장치의 볼트를 사수하러 달려갔다. 이 사이 다른 팀원이 추력부로 간신히 들어가 밸브를 잠그는 데 성공했고, 다행히 로켓이 땅에 무너져 내리는 사고를 막을 수 있었다.

이 두 팀원[84]들은 매리너 6호 탐사선을 구한 공로로 NASA의 특출한 용맹 훈장Exceptional Bravery Medal을 받았다. 매리너 6호는 로켓 코 부분의 고깔에서 조심스럽게 추출되어 다른 애틀러스-센타우르 로켓으로 옮겨졌다. 나는 바로 몇 초 전만 해도 단단하고 곧

• 얇은 고강도 스테인리스강으로 만든 추진체 탱크

매리너 6호가 촬영한 화성 표면 사진

게 뻗어 있던 로켓이 찌그러지는 것을 눈앞에서 보는 중에도 정신을 차리고 문제를 파악하는 상황이 어떤 것일지 궁금할 때가 있다. 산이 어떻게 기울고 절벽은 어떻게 무너지며 애틀러스-센타우르 로켓은 어떻게 찌그러진단 말인가? 하지만 이 모든 것에도 불구하고, 매리너 6호는 예정대로 발사되었고, 한 달 뒤에는 매리너 7호도 발사되었다.

화성에 도착하기 두 달 전에 매리너 6호의 사진이 전송되자[85], NASA에서는 흥분이 감돌았다. 탐사선은 우주 공간에서 이미 150킬로미터 정도 날아간 상태였고, 오랜 세월 연구 대상이었던 화성의 선형 무늬이자 '운하'인 코프라테스Corprates도 즉각적으로 발견됐다. 마치 이 줄무늬는 밝은 낮과 어두운 밤을 나누는 명암 경계선처럼 보였다. 매리너 6호는 둥근 호를 그리며 화성을 돌아 끝자락에서 사라졌다. 하지만 매리너 7호가 근접 통과를 24시간쯤 앞둔 시점에서 찍힌 사진에서는 코프라테스가 그저 동쪽에서 서쪽으로 나열된 어두운 점의 집합이며 심지어 직선으로 놓여 있지도 않다는 것이 명백히 보였다[86].

매리너 6호가 화성을 지나면서 찍은 사진도, 매리너 7호가 보낸 남쪽 극관의 사진도 마찬가지였다. 화성 표면에 기하학적 모양은 존재하지 않았다. 대각선도 없었고, 같은 것이 반복되는 것도 없었고, 코바늘로 뜬 것 같은 이불에 존재하는 부드러운 곡선으로 된 모양도 없었다. 매리너 6호와 7호가 화성의 줄무늬 지형이라는 것을 없애는 데에는 고작 8일이 걸렸다. 영국의 학자들이 옳았다. 화성의 줄무늬는 애초에 존재하지 않았던 것이다.

NASA는 이 탐사선들로 근접 촬영과 광각 촬영된 이미지들을 모았다. 처음 발견되는 것처럼 보이는 것은 없었다. 얼룩덜룩한 영역들은 분화구로 가득한 것으로 나타났다. 남동쪽에 있는 '덩어리[87]'는 그저 희뿌연 안개였다. 몇 년간 관측된 W자 모양의 구름[88]은 사실 구름이 아니었고, 표면의 지형 중 하나였다.

마레 킴메리움과 아이올리스Aeolis 사이 남쪽 극관에 있는 경계선들은 말끔하고 규칙적일 것이라고 생각하는 이들도 있었으나, 이곳도 역시 고르지 못하고 끊겨진 점들이었다. 헬라스Hellas 충돌 분지의 깊은 곳들처럼 매끈하고 특징이 없는, 분화구가 보이지 않는 넓은 부분도 다시 나타났다. 무질서하고, 뭉툭하고, 끊어진 지형은 지구나 달과는 완전히 다른 것이었다. 대기층에는 이전에는 감지하지 못했던 층을 이루고 있었음이 밝혀졌다. 이산화탄소 얼음으로 이루어진 남쪽 극관은 꽤 극적이었다. 탐사선은 적도 부근에서 어느 정도 따뜻한, 지구에서의 건조하면서도 햇살이 쨍하게 비치는 가을날[89] 같은 부분의 온도를 측정했다. 이 모든 것을 종합해 볼 때 화성은 다른 세계였다. 찌그러진 로켓부터 시작해서 탐사선이 보내온 사진에 이르기까지, 이 탐사 전체는 과학적 발견의 가장 근본적인 면을 부각시킨다고 볼 수 있다. 그것은 진실이 사실 터무니없을 수 있고, 오랫동안 지켜온 믿음이 무너지는 것은 한 번의 비행, 하나의 발견, 하나의 사진만으로도 충분하다는 점이었다.

매리너 6호와 7호는 근접 통과를 하면서 화성 표면적의 20퍼센트[90] 정도를 사진으로 찍었다. 이 탐사선들은 이전에는 알려지지 않았던 화성의 새로운 특징들을 발견해 냈지만 우리가 알고 있다고 오해한 것들이 사실과 다르다는 것도 증명했다. 결과적으로 적절한 화성 전체의 지도 비슷한 것도 없는 상황이 되어 버렸다. 탐사선 팀이 새로운 관측 결과를 취합하는 동안, 지도를 만들기 위해 NASA가 화상 탐사선을 다시 보내야 한다는 사실이 점점 명백해졌다. 1971년은 지구와 화성이 다시 나란히 놓이고 태양에 가장 가까운 지점에 도달하는 대접근이 있는 해였다. 특별히 유리한 시점이었는데, 탐사선이 항해할 거리가 상당히 줄어들기 때문이다. 발사 최적 시점이 가까워 옴에 따라 NASA에서는 다시 두 대의 탐사선인 매리너 8호와 9호를 준비했다. 이들은 쌍둥이 탐사선으로 화성을 근접 통과하지 않고 궤도를 돌도록 설계되었고, 화성의 지오이드*91와 경도, 위도, 고도 등과 같은 기준 격자를 작성하게 되어 있었다. 매리너 8호는 화성의 사막과 분화구 같은 고정적이고 영속적인 특징들을 식별하고92, 매리너 9호는 계절의 변화에 따라 가변적인 특징들을 잡아낼 예정이었다. 탐사선이 화성 궤도에 진입하여 같은 장소를 같은 시간대에 사진을 찍으면서 화성에서의 1년간 변화를 볼 수 있을 것으로 기대되었다. NASA에서는 이 두 탐사선을 통해 조잡하고 계절 변화가 반영되지 않았던 화성 표면의 이미지들을 불식시킬 수 있을 것이라고 희망에 부풀었다.

매리너 8호와 9호에 연료가 주입되고 로켓에 장착되는 동안, 소련에 바이코누르 우주 기지에서도 세 대의 화성 탐사선이 미국과 경쟁하여 첫 화성 위성을 궤도에 올려놓기 위한 발사 준비를 마치고 있었다. 여덟 번의 탐사 시도에도 불구하고, 소련은 아직 화성과 관련해서는 아무런 성과를 내지 못하고 있었다.

• 평균 해면과 그 연장선에 있는 가설적인 면

매리너 8호는 1971년 5월 8일 발사 가능 시간대가 시작되자마자 발사되었다[93]. 발사 후 몇 분 동안은 모든 것이 순조로워 보이다가 갑자기 상단 로켓이 흔들거리는 듯하더니 떨어졌다. 탑재체가 너무 일찍 분리된 탓이었다. 매리너 8호는 어두운 하늘에서 추락하여 바다로 떨어졌고 해저로 계속 추락했다.

다음 날, 소련의 탐사선 코스모스 419Kosmos 419호가 발사되었지만, 이 역시 상단 로켓에 문제가 있어 재추진에 실패했고, 지구 저궤도에서 이틀간 있다가 다시 지구 대기로 떨어졌다[94]. 담당자가 엔진을 작동시키는 여덟 자리 코드[95]를 실수로 거꾸로 입력한 게 원인이었다. 부끄러운 실수지만, 고치기는 쉬운 실수이기도 했다. 몇 주 후에 소련의 마르스 2호Mars 2와 마르스 3호 탐사선은 프로톤Proton 로켓에 실려 우주로 날아올랐다.

매리너 8호의 실패도 해바라기씨[96]보다도 작은 직접회로 칩의 문제에서 비롯된 것으로 밝혀졌다. 결함이 있는 다이오드[97]가 전압이 상승할 때 칩을 보호하지 못한 것이다. 매리너 9호의 공학자들은 5월의 남은 날들 동안을 우연히 발견된 두 번째 문제를 개선하며 고군분투했다. 추진체 시스템에 합선이 일어났던 것이다. 공학자들은 센타우르 로켓에서 탐사선을 빼내어 수리한 다음 테스트의 모든 과정을 다시 거친 후, 마침내 NASA도 다시 탐사선을 로켓에 넣을 수 있게 되었다. 5월 30일, 날이 맑아 푸르렀던 밤에 드디어 매리너 9호는 발사되어 화성의 첫 지도를 완성하는 경쟁에 참여했다.

제3장
붉은 연기

화성을 관통하는 연무가 시작됐다는 것을 최초로 발견한 이들 중[1]에는 남아프리카공화국의 국립 천문대 소속 과학자들이 있었다. 1971년 여름 내내 매리너 9호가 소련 탐사선 두 대와 함께 화성으로 항해를 했고, 요하네스버그의 세인트 조지 로드St. George's Road에 있는 남아공국립천문대에서도 세 대의 탐사선이 화성에 근접함에 따라 화성을 더욱 면밀히 관찰하는 중이었다. 9월 22일, 이 과학자들은 밝은 노란 줄이 생성되고 있는 것을 보았다. 이것은 분화구가 많이 분포된 고지대가 있는 화성의 남쪽 대륙 노아키스 테라Noachis Terra 끝쪽을 따라 보였다. 연무는 길고 가는 선 모양으로 늘어지다 나중에는 구름의 벨트처럼 두꺼워졌다. 모래 폭풍의 시작이었다.

그로부터 5일 안에 폭풍은 헬라스 평원 동쪽으로부터 화성의 다른 쪽 면에 있는 시르티스Syrtis 남쪽까지 퍼졌다. 폭풍은 커졌다가 갑자기 매리너 9호가 도착하기 몇 주 앞서서는 아예 모래가 화성 표면 전체를 덮어 버렸다. 래커 칠을 한 것처럼 먼지로 싸인[2] 화성의 지형지물은 완전히 시야에서 가려졌다. 매리너 9호 탐사 작전의 엔지니어링 팀에 있었던 놈 헤인즈는 화성이 "마치 당구공 같아 보여서[3] 아무것도 볼 수가 없었다"고 회고했다.

탐사 팀은 당혹감에 빠졌다. 모래 폭풍은 화성의 지형을 연구하도록 고안된 탐사선에 경악스러울 만한 전술적 문제를 일으킬 터였다. 탐사선은 화성 궤도에 진입한 이후 겨우 3개월 동안만 탐사 활동이 지속되도록 계획되어 있었다. 11월 초가 되어 탐사선이 점점 목적지에 가까워지자, 화성 표면은 완전하게 흐려졌다. 도착 6일 전에는 매리너 9호의 텔레비전 카메라가 보정 모드로 전환되었고, 화성을 비추기 시작했다. 지구로 돌아오는 이미지는 여전히 거의 텅 비어 있었다. 탐사 팀은 컴퓨터 시스템을 다시 프로그래밍하여[4] 보관 데이터를 보호하도록 했다. 매리너 9호는 화성을 한 바퀴 돌고, 공기가 깨끗해진 후 초점을 잡을 수 있도록 바라면서 대기하도록 했다.

소련 탐사 팀이 사용한 소프트웨어는 프로그래밍을 다시 할 수 없는 것이었기에 NASA가 누린 사치는 허용되지 않았다. 소련의 두 궤도선은 매리너 9호보다 2주 앞서 도착해 있었고, 즉각적으로 사진을 찍었지만 지구로 전송되는 이미지는 칠흑 같은 먼지 구름뿐이었다[5]. 마치 마트료시카 인형들처럼 소련의 궤도선들은 작은 착륙선을 운반하고 있었지만, 이것의 분리 시점은 연기할 수가 없었기에 착륙선이 분리되면서 바로 폭풍우로 즉각 빨려 들어가 버렸다. 그중 한대는 화성 표면에 착륙하는 데 성공하긴 했지만, 지구로 전송한 이미지는 알아볼 수 없는 한 장의 그림 속에 줄 몇 개가 그어진 것이 전부였다. 데이터 전송은 착륙 후 2분이 채 지나지 않아 중단되었는데, 스키를 타고 화성을 횡단하도록 설계된 착륙선에 연결된 작은 로봇이[6] 풀리기도 전이었다.

모래 폭풍은 계속됐다. 폭풍으로 인해 아마도 화성에서는 마법에 걸린 뱀처럼 작고 둥근 모양의 모래 덩어리가 땅에서 생겨났을 것이다. 화성은 태양으로부터 가깝기 때문에, 화성 남반구는 한여름에 태양열을 최대로 받게 된다. 태양열이 표면을 덥히는 동안[7]에는 당연히 공기도 덥혀진다. 화성이 대기가 옅기는 하지만(지구 대기의 1퍼센트 정도의 밀도이다) 더운 공기는 떠오르는데, 이 공기는 주변의 미세한 먼지를 끌어당기면서 떠오르게 된다. 먼지가 점점 더 공기 중에 많아질수록, 이 덩어리는 햇빛을 반사하고 분산시키면서 구름처럼 행동한다. 햇빛이 먼지에 반사되어 튕겨져 나가면, 화성 표면은 식게 되지만, 대기는 더운 채로 있어 매우 빠른 바람을 일으키고, 표면의 먼지는 대기로 더 빨려 들어가게 되어 우리가 오늘날까지 관측한 것 중 태양계에서 가장 오랫동안 지속된 모래 폭풍이 생겨난 것이다.

매리너 9호가 화성에 도달했을 때 나는 아직 태어나진 않았지만, 먼지에 완전히 휩싸인 화성 사진을 볼 때면 이 모든 먼지가 내 폐를 막고 있는 것 같은 느낌이 든다. 대학 2학년 여름, 나는 화성 모래를 재현한 곳에서 10주를 보냈다. NASA의 에임스연구센터Ames Research Center에 있는 행성에올리언연구소Planetary Aeolian Lab에서 인턴을 하고 있을 때였다. 출근 첫날 N-242 건물로 들어섰을 때, 연구소의 거대한 크기에 넋을 잃었던 기억이 난다. 그곳은 세계에서 가장 큰 빈 방 중 하나로, 올림픽 수영장보다 큰 4,000입방미터의 공간이었다. 원래는 로켓이 대기로 상승할 때 생성되는 난기류에 의한 소음을 조사하기 위해 지어진 곳이었는데, 콘크리트로 제작한 다섯 개의 벽이 오각형의 탑처럼 건물을 감싸고 있었다. 위로 올려다보니 천천히 건물 열 층 정도 위에 있는 천장이 눈에 들어왔는데, 갑자기 입에서 피 맛이 나는 것 같았다. 깜짝 놀라 잇몸을 확인해 보고 있는 나를 보고서는 가이드해 주고 있던 분이 웃으면서 여기에는 화성에 있는 모래 먼지를 재현한 물질들이 바닥에 깔려 있고, 마치 벽돌 가루처럼 벽도 덮고 있다고 설명했다. 그러면서 내가 지금 느끼고 있는 것은 피 맛이 아니라 공기 중에 떠다니는 철분이라고 덧붙였다.

그해 여름 내가 갔던 모든 곳에 나는 그 먼지를 뒤집어쓰고 다녔다. 피부에, 눈썹에, 치아에 먼지가 늘 묻어 있었고, 손톱 밑에도 희미한 노란 줄이 껴 있었다. 실험복을 입고 다녔는데도, 밤에 퇴근해서 보면 옷에서 먼지가 묻어 나왔다. 가끔은 그때 머무르고 있던 스탠퍼드대학의 낡은 집 마루바닥 틈이나 나와 다른 NASA 우주생물학 아카데미의 인턴들을 태우고 다니던 밴의 좌석에서도 먼지의 흔적을 볼 수 있었다.

이 먼지 모조품의 이름은 JSC-MARS-1A[8]였다. 그보다 2년 전에는 하와이 마우나케아Mauna Kea와 마우나로아Mauna Loa 사이에 놓인 분석구[9]인 푸우네네Pu'unene에서 약 1만 킬로그램의 화산재를 파냈다. 이 화산재가 지구에서 존재하는 물질 중 가장 화성의 모래 먼지와 유사했기 때문이다. 먼저 한가득 이 화산재를 모은 다음 체 같은 것으로 걸러 여러 가지 크기의 입자들을 구분했는데, 결국 가장 고운 입자들만 골라내어 사용했다. 화성 표면에 있는 물리적인 힘으로 인해 아주 느리게 입자들은 지속적으로 부서져 탤컴 파우더처럼[10] 될 때까지 완전히 분쇄되었다. 알갱이들은 얼다가 녹다가 작은 화학 반응에 의해 부식되기도 하며 갈라지기도 했지만, 주로 바람에 부서졌다. 화성에서 부는 바람은 마치 깃털로 만든 먼지떨이처럼 부드럽지만, 수십억 년 동안 끊임없이 불었기 때문이다.

화성 표면 풍력 터널Mars Surface Wind Tunnel은 이 큰 건물 바닥을 가로질러 설치되어 있었고, 나는 바로 여기서 플로 필드 실험을 준비했다. 나의 목표는 화성의 모래 먼지가 어떻게 바람 속으로 들어가고 우주선에 어떻게 내려앉을지를 조사해 보는 것이었다. 새로운 화성 탐사선이 항해 중이었고, 6개월 후엔 화성 남극 근처의 땅에 착륙할 예정이었다. 내 프로젝트는 바람 속에 날리고 있는 모래 먼지가 착륙선에 설치된 넓고 평평한 태양광 패널에 얼마나 앉게 될지, 그래서 전지에 받아들이는 빛의 양이 어떤 영향을 받아, 생성되는 전기가 얼마나 줄어들지 측정하는 데 도움이 될 수 있게 고안된 것이었다.

화성 표면 풍력 터널은 내가 어려서 만들었던 요새를 생각나게 했다. 판지 박스에 테이프를 잔뜩 둘러서 만들었는데, 내가 안으로 들어가도 될 만큼 컸다. 내가 얼굴과 손만 나오는, 종잇장처럼 얇은 실험복을 입고 터널 한쪽 끝 태양광 패널 쪽으로 기어간 다음, 다시 방향을 바꾸어 다른 쪽 끝으로 기어가면서 먼지를 흩뿌리면, 거대한 팬에서 일으키는 층류•가 이 먼지들을 들어 올리게 되어 있었다.

모든 것이 준비되었을 때, 나는 같이 일하던 학생들과 풍력 터

• 층을 이루며 흩어지지 않은 흐름

널 기술자와 같이 통제실로 달려갔다. 그곳에서는 작은 강화 유리 창을 통해 실험 중에도 안을 들여다볼 수 있었다. 탁 소리를 내며 스위치를 올렸을 때 길 건너 원동소에서 진공청소기처럼 공기를 빨아들이기 시작했다. 압력이 떨어지면서 방은 삐걱거렸다. 시작할 때 기압이 보통 대기압인 1천 밀리바였다면, 500밀리바, 200밀리바, 100밀리바까지 내려갔다.

6밀리바에 이르면, 나는 몇 분을 기다렸다가 통제 상황을 점검하고 측정을 시작했다. 버튼을 누르면 가장 약한 강도의 바람이 불고, 먼지가 물결처럼 떠올랐다. 가압된 공기가 아주 작게만 살짝 주입되어도 마치 아무 일도 아닌 듯 너무 쉽게 떠올랐다. 태양광 패널에 먼지가 붙으면 나는 충실하게 전력 손실을 기록했다. 하지만 내 눈은 투광 조광등에서 나오는 빛에 비치는 페이즐리 paisley• 모양으로 소용돌이치는 회오리에 신경이 쓰여 어지러웠다. 먼지는 매우 아름다웠고, 빈약한 공기를 알맹이로 채워 영원히 떠다닐 것처럼 보였다.

매리너 8호의 절망적인 실패 후, 매리너 9호는 두 궤도선이 할 일을 혼자 해내야 했다. NASA 본부에서 고정된 지형지물의 지도 제작이 최우선 순위라고 주장을 했음에도 불구하고, 탐사 팀은 매리너 9호의 원래 목표였던 유동적 특징 기록을 적어도 부분적으로는 완수하면서도, 본부의 요구를 맞출 타협점이 되는 궤도를 알아냈다. 그 유동적 특징 중 하나는 '검은 물결wave of darkening11'이라고

• 아메바와 비슷하게 보이는 독특한 둥근 곡옥 모양 무늬

불리는, 19세기부터 화성 과학자들이 매료되었던 현상이었다.

'검은 물결'이라는 용어는 로웰이 만든 것으로, 화성의 극관 부분이 매년 봄에 어두워지고, 그 어두운 부분이 점점 더 적도 쪽으로 진행되는 현상인데, 망원경을 땅에 놓고 보던 시절부터 반복적으로 관측되었던 것이다. 누가 이것을 설명할 수 있을까? 많은 천문학자들이 화성의 건조한 조건에도 불구하고, 이것을 초목의 빛이라고 생각했다. 어두워지는 방향이 지구와는 완전히 반대로 진행되었기 때문에 이상한 면도 있었다. 지구에서는 당연히 식생은 가장 따뜻한 적도 근방의 위도에서 자라나서 극지로 갈수록 점점 줄어든다. 하지만 물이 부족한 화성에서는 물이 식물의 성장에 제약을 가할 것으로 생각되었다. 물은 처음에 아마 극관 쪽에, 겨울이 끝나면서 얼음이 수증기가 될 때 있을 것이고, 액화된 물이 적도 쪽으로 흐를지도 모를 일이었다.

미스터리는 화성을 연구하는 과학자들의 상상력을 오랫동안 자극했다. 1956년, 시카고대학의 제러드 카이퍼Gerard Kuiper는 화성 적도의 근처에서 "이끼의 녹색[12]" 흔적으로 추정되는 것을 보았다. 하버드대학의 연구원이 분광기를 이용하여 후속 연구를 1950년대에 수행했는데, 화성의 어두운 부분에서는 특정 다른 빛의 파장이 흡수된다는 것을 발견했고, 이것을 두고 많은 사람들이 유기물이 존재하는 증거라고 해석했다. 그는 『천체물리학 저널*The Astrophysical Journal*』에서 설명하길, "이 증거[13]"와 "이미 잘 알려진 계절적 변화로 일어나는 어두운 부분들은 어떠한 형태로든 식물이 존재할 가능성이 매우 높다는 것을 보여 준다"고 했다. 1962년, 프랑스 동료 과학자[14]는 검은 물결의 속도를 측정했다. 피레네산맥에

이른바 '검은 물결'이라 불리는 화성 표면 사진

있는 천문대에서 광도계로 측정한 바로는 대략적으로 하루 30킬로미터 정도였다. 화성에서 밝은 지형은 확실히 사막이었지만, 어두운 부분 아래 지질 구조를 알아내기는 힘들었다. 매리너 9호의 임무 중 하나는 이 어두운 부분들이 생명의 증거가 되는지를 알아보는 것이었다.

검은 물결에 대한 관심은 화성 연구가 20세기 초반에 미묘하게 방향이 바뀌었음을 반영한다. 즉, 문명화된 존재의 고향인 화성이 아니라, 식물이 자라는 화성에 대한 연구로 말이다. 로웰을 애리조나로 이끈 윌리엄 피커링[15]은 식물이 자라는 화성에 대한 개념을 발전시키는 데 중요한 역할을 했다. 그는 천문학자이자 자연주의자였으며 두려움을 모르는 산악인이기도 했다. 스무 살 때는 요세미티국립공원에 있는 하프 돔Half Dome을 오르기도 했고, 스물네 살에는 뉴햄프셔의 화이트산맥White Mountains을 취미로 오르려는 사람들을 위해 안내서를 만들었다[16]. 여기에는 등산로가 없는 곳에서 정상에 오르는 법, 타르로 만든 비누와 박하를 써서 모기를 퇴치하는 방법, 햇볕으로 인한 화상에 우유를 쓰는 법[17], 물집을 없애기 위해 부드러운 가죽을 쓰는 법 등이 쓰여 있었다. 피커링은 급경사면을 보면서 몇 시간이고 보낼 수 있는 사람이었다. "수목 한계선[18] 위에서 한 명이나 두 명과 같이 있을 때, 오직 그때만 거대한 산봉우리의 외로움과 장엄함을 느낄 수 있다. 이런 것을 느낀 사람은 처음으로 비로소 이해하게 되는 것이……"라고 쓴 적도 있다.

피커링은 멀리 바라보는 것을 좋아했고, 화성을 바라보는 것도 좋아했다. 그는 시각적 조건이 훌륭한 자연으로 나가 천문 관측을 하는 것을 선호했고[19], 계속해서 그렇게 했다. 산꼭대기에서는 공기를 흔들리게 할 수분과 구름이 적을 뿐 아니라 폭풍의 가능성도 낮다. 하버드대학 천문대장이었던 형의 도움을 받아 피커링은 로웰의 애리조나천문대 설립을 비롯해 오지에 천문 관측 시설을 설립하는 데 노력을 기울였다. 한동안 그는 이런 관측 장소가 우월하다고 생각했는데, 로웰이 운하라고 생각했던 화성을 가로지르는 줄의 존재에 대한 주장을 방어하기 위한 것이었다. 너무 강경히 진화론을 지지해 "다윈의 불독[20]"이라는 별명을 얻은 토머스 헨리 헉슬리Thomas Henry Huxley처럼, 피커링은 애리조나 플래그스태프 같은 곳에서 관측 경험을 해 보지 못한 북유럽이나 미국 동부 천문학자들은 다른 행성의 표면 무늬에 대해 말할 자격이 없다고 하며, 그들의 관측은 '좋은 시야[21]'를 허락하지 않는다고 일축했다. 그러면서 그들이 전자기역학이나 생리학,[22] 아니면 아예 모르는 다른 분야에 대해서도 의견을 말할 수는 있다고 덧붙였다.

하지만 피커링은 로웰의 설명을 완전히 믿지는 않았다. 지적인 화성 생명체가 존재할 수도 있다는 가능성 자체를 부인하지는 않았지만, 운하가 이를 뒷받침할 완전무결한 증거가 될 것인가에 대해서는 의심을 품었다. 피커링 본인이 페루에서 관측한 뒤 그는 망설였고, 여러 가지 대안적 이론[23]을 내놓게 되었다.

예를 들어 1905년, 그는 달과 유사한 환경이라는 가정으로 하와이 화산 지대를 탐험하고 있었는데, 우연히 킬라우에아산Kilauea Mountain 남쪽으로 뻗은 사막에서 여러 개의 금이 간 흔적을 발견했다. 이런 화산 지대의 갈라진 금을 바탕으로 피커링은 화성의 운하가 식물이 자라는 어두운 지대를 지나는 물길이 아닐 것이라는 의심을 품게 되었다. '운하'가 사실은 그저 식물일 수도 있다는 생각이 들었다[24]. 물길은 햇빛을 받으면 반짝일 것이었기 때문이다. 하지만 물이 갈라진 틈에서 자연적으로 생성되어 나타난다면[25] 이것들이 역으로 나무나 수풀, 양치식물 등을 자라게 할 터였다. 피커링 본인도 이런 가설이 완전히 만족스럽지는 않다는 것을 알았고, 차갑고 작은 행성의 표면에서 많은 화산 활동이 일어난다고 상정해야 한다는 것도 마음에 걸렸다. 하지만 그는 계속해서 자료를 분석하고 증거를 찾아 헤매며 더 확실한 관측 결과를 얻기 위해 노력하고 더 나은 이론을 발전시키려 했다. 화성의 줄무늬가 보이는 것과는 다를 것이라는 확신에서였다.

그 후 2년 정도 지나 그는 아조레스Azores에서 멀리 있는 언덕을 바라보고 있었다. 수풀이 빽빽하게 우거졌던 그곳은 소 떼들의 목초지[26]가 만들어지면서 기하학적 모양으로 삼림이 벌채된 상태였다. 갑자기 피커링은 선형의 지형이 생기는 다른 이론이 떠올랐다. 아마 그 선들은 식물 종이 사라져 가는 자취가 아닐까? "행성의 전체 표면이 수풀이나 나무로 온통 뒤덮여 있는 상태를 상상해 보라. 북쪽과 적도 지역은 이제 거의 파괴된 상태라고 생각해 보자. 그리고 소위 바다라는 남쪽에는 그 식물들이 아직까지 남아 있으며, 좁으면서 끊어지지 않고 유지되는[27] 줄무늬는 운하의 일부일 수있다."

1911년 피커링은 하버드대학 천문대에서 지원을 받아 자메이카 중부 고원 지대에 작은 관측 지점을 세우기 위해 영국령 서인도 제도로 항해를 떠났다. 그는 거점으로 삼을 1층짜리 농장 집[28]을 빌렸다. 빛이나 수도 시설, 전화기 같은 것은 없는 곳이었다. 피커링은 예전에 커피 원두를 건조시키던 자리인 넓은 파티오에 28센티미터 짜리 클라크사의 반사 망원경을 설치했다. 그는 별자리 지도를 제작하기 위해 노력 중이던 형의 요구를 들어주기 위해, 자신은 별에 전혀 관심이 없었지만 가끔 하나의 별처럼 보이는 이중성二重星을 관측하곤 했다. 그런 별들이 아주 오래전 완전히 타 버린 뒤에도 지구까지 그 빛이 여전히 도달하는 중이라는 것은 그때도 알려져 있었다. 피커링은 쓸모없는 태양과 같은 별들의 카탈로그를 애써 만들고 싶지는 않았다[29]. 피커링은 "항성계의 거대한 크기는[30] 사실 우리에게 별다른 영향을 끼치지 않는다. 1억 개의 별 대신 수만 개의 별이 있다고 하더라도 우리는 비슷한 정도로 만족하며 살 것이다"라고 쓰기도 했다.

파티오의 망원경 아래에서 피커링은 화성 운하를 설명하는 그의 최종적인 이론을 발전시켰다. 여전히 그것은 식물에 대한 것이었다. 피커링은 화성의 대기 순환이 규칙적인 패턴을 따른다고 추측했고, 따라서 화성의 육지 일부 지역은 태풍 등으로 반복적으로 습해질 것이라고 보았다. 이런 일이 없다면 조용한 풍경을 이룰 것이지만, 규칙적인 돌풍 아래에 놓인 곧게 뻗은 좁은 띠는 생명체로 가득한 습지로 변할 것이었다. "유럽인들이 아니었다면[31], 미국은 여전히 황무지로 남아 있을 것이다. 우리가 잘 알지도 못하는 행성에 문명을 부여하기 위해 너무 서둘렀던 것인가······."라고 피커링은 썼다. 그의 결론은 이 줄무늬가 관개 시설이나 운하와 유사한 시설인 것이 아니라, 우연의 결과라는 것이었다. 얼마나 직선이던 간에 말이다.

피커링이 그의 이론을 고안했을 때쯤인 1914년, 지구에는 세계 대전의 암운이 감돌았다. 그는 자메이카에 고립된 관측 가옥에서, 거의 집착적으로 화성 관측에 매달리며 전쟁을 피하는 듯 보였고, 관측 결과를 월별 보고서로 만들었다. 피커링에게 화성은 원시적인 야생의 상태였다. 문명이 존재하지 않으므로 전쟁이 있을 수 없고, 갈등도 존재하지 않았다. 그는 이제 환갑을 앞두고 있어 영장을 받을 가능성은 없었지만, 마음속에는 청년과 같은 거친 부분이 있었고, 아직도 소년과 같은 눈이 햇빛과 바람으로 주름진 얼굴 사이로 빛나는 사람이었다. 그의 수염은 단정히 정리를 해도 삐쭉삐쭉 턱에서 자라 나왔다. 그는 자동차를 타려고 하지 않았기 때문에 키우고 있던 두 마리의 말, 쥬피터(목성)나 새턴(토성) 중 한 마리를 타고 달려 가장 가까운 마을로 가 월간 보고서를 전보로 보내곤 했다[32]. 피커링은 자신이 과학자라기보다는 사자使者에 더 가깝다고 생각했고, 특히 미국 북동부 천문학자들에 비하면 더욱 그러하다고 생각했다. 피커링은 그들이 "관측을 보통 더 잘할 수 있는 곳에 살 만큼 운이 좋지 못한[33]" 계급의 사람들이라 생각했다. 피커링의 월간 보고서에는 지도, 데이터 표, 산점도로 가득하였으나 관례를 타파하고자 애썼고, 보고서를 과학 학술지에 보내지 않았다. 대신, 그는 그 보고서들을 『대중 천문학*Popular Astronomy*』이라는 미국 잡지에 보냈다.

이 잡지는 최초로 다른 행성에 관한 새로운 소식이 담긴 보고서를 정기적으로 받아 세상에 알리게 되었다. 피커링은 수 년간[34] 이 작업을 계속했고, 관측대로 개조한 농장이 있는 집에서 며칠 밤이고 보내며 화성에 대한 인상을 알아보기 힘든 필기체로 가죽 표지의 공책에 휘갈겨 쓰곤 했다. 그는 수백 장의 연필 스케치[35]를 남겼고, 에덴Eden, 엘리시움Elysium, 아르카디아Arcadia, 크리세Chryse, 유토피아Utopia 등 화성의 지형 지물의 변화를 기록했다. 스케치를 남긴 다음에는 그림을 그려 암적색과 황갈색을 입혔다[36]. 그동안 피커링은 천문학계가 자신이 개발하는 데 일조한 기술로 사진을 사용한 연구 활동을 하게 되었음을 알았지만, 그에 굴하지 않고 "인간의 눈만 한 것이 없다[37]"고 굳게 믿었다. 그는 얼마 지나지 않아 천체 사진술을 거의 완전히 버리고 기본적으로 행성의 표면을 관측하는 방향을 고집했다.

피커링은 보고서에서 그가 본 것에 충실하려고 노력했다. 그는 용어를 체계적으로 분류했다. 그는 어떤 질문들—이를테면 화성인이 존재하는지 여부—은 하지 않는 것이 가장 좋다고 믿었다[38]. 하지만 그가 관측한 화성의 풍경은 그가 쓴 모든 글에 스며들었다. 그는 폭풍이 생성되어 커지고 작아지는 과정, 푸른빛이 도는 만灣[39]이 만들어 내는 해안선, 마리아maria 남쪽이 녹색으로 변하는 현상[40] 그리고 어둡고 단조로운 지역의 폭우 등에 대해 보고서에 썼다. 때로는 시베리아의 봄에 쏟아지는 비[41]처럼 화성의 북쪽에 닥친 거대한 홍수에 대해 쓰고, 다른 때는 볼리비아 서부[42] 하늘에서 본 듯한 높이 피어 오르는 적운형 구름의 띠에 대해 쓰기도 했다. 화성의 남쪽 극관에 점점이 서리가 낀 듯 보이고[43] 더워 보이는 구역에 얼음 지대가 보이면 보고서에 쓰기도 했다. 피커링은 지구에서 캐나다의 래브라도 남부쯤 해당하는 지역이 화성에서 눈에 덮이면[44] 이것도 보고서에 발표했다. 이렇게 함으로써 그는 화성에 대한 새로운 시각을 세상에 제시하였다. 화성은 더 이상 문명이 없어 영광스럽지 않은 외계인의 땅이 아니라, 지구와 구석구석 대등한, 광활한 미지의 풍경으로 가득한 곳이 되었다.

식물이 자라는 화성에 대한 피커링의 비전은 매리너 9호 발사 전에 다시 수면 위로 올랐는데, 그가 남긴 기록의 양이 방대한 것이 그 이유의 전부가 아니었다. 사람들은 이제 더 이상 화성을 생명체가 가득한 습지가 있는 곳이라거나, 우기에는 수백 킬로미터에 이르는 지역이 수 미터씩 물에 잠기는[45] 아마존 유역 같은 모습의 땅으로 상상하지 않았다. 화성의 대기가 두꺼워 습기와 열로 인한 폭풍이 생겨난다고 생각하는 사람도 이제 없었다. 진공 열전대[46](두 가지의 다른 금속으로 만들어진 성긴 전선들의 끝을 땜질해 만든 회로)로 성기게 측정한 화성의 온도로 보았을 때 이 행성은 추운 곳이었지만, 그렇게 심하게 춥지는 않았다. 이 기기를 사용하여 본 화성의 어두운 부분에서도 열이 감지되었고, 시베리아 툰드라에서와 마찬가지로 이끼, 지의류 등의 단순한 식물이 자라난다고 설명할 수도 있었다.

"거대한 산봉우리에서의 웅장함과 고독[47]"을 깊이 사랑했음에도 불구하고, 피커링은 화성의 표면에는 높은 산이 없을 것이라고 생각했는데, 매리너 9호가 1971년에 도착하기 전까지 많은 사람들이 사실 비슷한 믿음을 가지고 있었다[48]. 어찌되었든 화성은 지구보다 훨씬 작은 행성이었으니, 그런 생각도 무리는 아니었다. 그렇게 작은 행성 내부에서 어떻게 힘차게 불길을 내뿜는 화산이 일어나고, 판이 충돌하여 고산이 생길 수가 있겠는가? 사실 피커링의 식물과 관련된 이론[49]은 화산의 표면이 평지라는 가설에 크게 의지하고 있었다. 평지가 아니라면 대기의 순환 패턴에 대한 그의 논리가 들어맞지 않을 것이고, 식물에 수분을 공급하는 계기가 되는 돌풍의 생성에 대해서도 설명되지 않았다.

매리너 9호가 화성에 도착하고 두 달쯤 지나서도 모래 폭풍은 맹위를 떨치고 있었기 때문에 탐사선은 화성 주변을 계속해서 돌 수밖에 없었다. 몇 주간의 기다림 후 1월 초가 되자, 모래가 점차 잦아드는 것처럼[50] 관측되었다. 눈에 띌 만한 지형지물들이 붉은 안개 속에서 서서히 모습을 나타내기 시작했다. 매리너 9호가 영상 작업을 드디어 시작할 때 보인 화성의 표면은 평평한 곳이 거의 없어 보였다. 흙먼지 사이로 처음 눈에 들어온 것은 구불구불한 얼룩 같은 점이었다. 영상 팀은 흥분을 감추지 못하면서 전통적인 화성 지도를 샅샅이 훑어 맞춰 보기 시작했다. 대강의 위치는 닉스 올림피카Nix Olympica와 맞는 듯했다.

그 후 며칠간, 세 군데의 반점이 천천히 나타났는데[51] 하나의 선상에 있는 것처럼 보이기도 해서 "북부 반점North Spot", "중부 반점Middle Spot", "남부 반점South Spot"이라고 탐사 팀은 명명했다. 기자 회견 일정이 잡혔다. 회견 중에 영상 팀장[52]이 불쑥 이 반점들은 아마 거대하게 우뚝 솟은 화산[53]임에 틀림없다고 말해 모두를 놀라게 했다. 사실 이 반점 부분들은 높은 지대여야 했는데, 먼지를 뚫고서도 위쪽에서 보인 곳들이기 때문이다. 그러고 나서는 심지어 자신이 생각하기엔 무너진 분화구 같은 것도 보였다고 했는데, 이 말은 화산 아래 마그마 주머니가 갑자기 비면서 생기는 함몰된 화산의 칼데라와 유사한 특성을 가졌다는 뜻이었다. NASA는 세 번이나 화성의 근접 비행에 성공한 터였으나, 화산이라고는 단 하나도 발견하지 못한 상태였다. 실제로 매리너 4호, 6호, 7호는 화성

매리너 9호

표면의 지형적 특징에 대해 아무것도 찾지 못했다. 탐사 팀이 받은 영상에는 큰 그림자 같은 것도 없었고, 수평선에 아무런 윤곽 같은 것도 보이지 않았다. 만약 이 반점들이 진정 높은 산에 있는 화산들이라면, 지구에 있는 어떤 화산들보다 훨씬 클 것이었다.

영상 팀장의 말은 맞았다. 타르시스 고원Tharsis Rise은 칼데라가 있는 화산 지대였고, 이후에는 아스크레우스산Ascraeus Mons, 파보니스산Pavonis Mons, 아르시아산Arsia Mons으로 이루어진 타르시스화산군Tharsis Montes으로 알려지게 된다. 닉스 올림피카 옆은 올림푸스산Olympus Mons으로 재명명되는데, 태양계에서 가장 큰 산 중 하나[54]로 밝혀졌다. 화산의 존재는 한때 화성의 내부가 고온이었다는 것을 나타내는 징후였고, 예상치 못한 것이었기에 사람들을 흥분시켰다. 이것은 달리 말해 마그마가 뿜어져 나올 때 같이 나오는 기체가 대량으로 존재한다는 뜻이었는데, 애초에 지구의 대기를 채웠던 기체나 지구의 바다에 응결된 기체도 비슷한 종류였을 것으로 보였다.

화산만 화성 지표에서 거대하게 솟아 있는 지형은 아니었다. 뒤이어 천천히 전송된 이미지 속 화성 표면에는 엄청난 크기의 협곡들도 있었다. 탐사 팀 엔지니어인 놈 헤인즈는 "우리는 그것들이 지구로 오는 것을 봤죠[55]"라며, 그렇게 전송되는 사진을 보는 것은 마치 "커튼을 조금씩, 날마다 열어젖히는 것 같은 기분이었다"고 회상했다. 결국 궤도선이 한 번 지나가는 자리를 옆으로 놓고 본다면, 마치 케냐의 그레이트 리프트 밸리Great Rift Valley처럼 갈라져 있다는 것이 명확했다. 약 4,000킬로미터의 계곡이 화성의 적도 지대를 갈라놓고 있었으며, 이 계곡의 규모는 미국의 그랜드 캐니언을 완전히 몇 번이고 에워쌀 정도로 커서 화성 전체 둘레의

5분의 1을 차지할 정도였다. 이 계곡에는 나중에 '매리너 계곡'이라는 뜻의 라틴어 '발레스 마리네리스Valles Marineris'라는 이름이 붙었다. 화성은 분화구만 있는 텅 빈 공간이 아니라, 다양한 종류의 지형이 존재하는 곳이었고, 다만 이전에 근접 비행에 성공한 탐사선들이 거의 모든 것을 놓친 것일 뿐이었다.

하지만 먼지가 가라앉고 나니, 식물이 자라는 거대한 지대가 존재하는 화성이라는 개념은 연기처럼 사라졌다. 화성은 놀라울 만큼 역동적인 표면을 가지고 있긴 했지만, 물 없이 살 수 있는 강인한 원시 식물이 존재한다는 증거는 없었다. 화성 전체의 풍경을 바꾸기에는 몇 주로 충분했으며, 이 사실 자체는 이전의 연구 결과와도 일치했다[56]. 하지만 이 변화에 식물이 자라나는 봄은 없었다. 매리너 탐사 팀은 곧 화성의 표면에 계절적 변화로 따뜻해지는 간단한 물리학적 원리를 깨달았다. 화성이 태양 쪽으로 기울어져 있기 때문에, 태양이 표면을 덥히고, 먼지는 떠올라 움직이게 되어 아래에 있던 땅이 그대로 드러나게 된다. 먼 거리에서 이 광경을 보면 풀이 자라나는 듯한 인상을 주게 된다. 소위 '검은 물결'은 그저 이불같이 화성 표면을 덮고 있는 먼지의 체계적인 재분배 현상일 뿐이었던 것이다. 이렇게 간단히 식물이 사는 화성이라는 개념은 사라졌고, 문명화된 생명체가 사는 화성 역시도 우리의 손가락 사이에서 물처럼 미끄러져 나갔다.

깊은 실망감과 함께 다른 더 놀라운 사실이 함께 전해졌다. 틀림없는 강바닥의 흔적이 나왔던 것이다. 화성 표면에는 직선 혹은 기하학적 도형의 선 같은 지형은 없었지만, 전송된 사진에는 가지처럼 뻗은 갈퀴 모양의 거대한 수로의 흔적이 명백히 있었다.

이것은 처음에는 불가능한 장면으로 보였고[57], 과학자들도 거의 믿지 못했다. 화성이 극도로 건조하다는 증거가 이미 오랫동안 쌓이고 있었다. 탐사 팀의 많은 과학자들은[58] 강바닥 흔적이 용암에 의해 생긴 것인지 궁금해했지만, 이런 지형이 꼭 화산이 있는 곳에서만 발견되는 것도 아니었다. 확연하게 알아볼 수 있는 구불구불한 패턴과 모래톱 같은 특징들은 수문학水文學자라면 누구나 대번에 알아볼 수 있는 것들이었다.

하지만 어떻게 강바닥이 존재할 수 있단 말인가? 화성의 대기에는 수증기가 없었다. 저온, 저기압의 상황에서는 화성에 모인 물은 즉각 얼어 버리거나 증발해 버릴 터였다. 화성 표면의 기압은 물의 삼중점을 바로 넘긴 지점인 6밀리바로 기체, 액체, 고체 상태가 공존할 수 있는 지극히 소실되기 쉬운 조건이었다. NASA에서 화성 표면 풍력 터널 실험을 하던 그해 여름, 이 상태를 눈으로 본 것이 기억 난다.

다른 대학원생의 제안에 그저 재미삼아 나는 작은 유리잔에 물을 넣고 실험실을 진공 상태를 만든 다음, 통제실에서 창으로 안이 보이는 가장자리에 앉아 있었다. 큰 실험실에서 공기가 사라져 가면서, 유리잔에 있는 물이 끓기 시작하는 듯하다니 이내 격렬하게 끓었다. 물이 유리잔 가장자리로 튀었고, 창에도 튀었다. 그러더니 이상한 일이 일어났다. 얼음 조각이 갑자기 끓는 물 중간에서 유령처럼 유리잔에서 튀어 나왔다.

나는 무슨 일인지 이해는 하고 있었다. 교과서에서 증발할 때의 열과 진공에 가까운 상태에서 끓으면서도 물질이 증발하면서 어떻게 식는지에 대해 읽은 적이 있었다. 하지만 물리학 지식을 동원한다 해도, 내가 느꼈던 마법 같은 느낌을 지울 수는 없었다. 나는 조심조심 계기판을 만졌다. 대학원생을 바라보고, 젊은 연구소 책임자를 바라본 다음 다시 끓고 있는 얼음을 바라보았다. 이것이 매리너 9호 탐사 팀의 과학자들이 경험한 깊은 혼란스러움일까?

이 과학자들은 알고 있던 모든 것들의 예측이 황무지의 깊은 곳에서 뒤집히는 장면을 보고 있었다. 또 무슨 물리학 법칙이 깨어지고, 또 무슨 우주의 미스터리가 사진 속에서 터져 나올 것인가? 화성에 강이 흘렀다는 생각 자체만으로도 두 가지 측면에서 충격적이었다. 화성 표면에 충분한 양의 물이 있으려면 기적이 필요했다. 물이 강바닥을 침식시킬 만큼 표면에 오래 머물게 하기 위해서는 또 다른 기적이 필요했다. 화성에서 가장 기압이 높을, 가장 깊은 계곡에서 무릎까지 오는[59] 개울만 흘러도, 물은 새벽과 황혼 사이에 주변의 우세한 기압에 의해 사라질 터였다.

하지만 이 지형이 용암이나 끈적이는 액체에 의해 새겨진 것이 아니라면, 과거 역사 속에서 화성은 현재와 완전히 다른 행성이었다는 말이 된다. 이것을 이해하기 위해서는 현재의 화성을 훨씬 더 깊이 이해해야 한다는 뜻이기도 하다. 복잡하고 역동적인 여정을 긴 시간 동안 거친 행성에 남겨진 조각들로 퍼즐을 맞추듯 맞춰 보아야 한다. 더 이상 우리는 '검은 물결'을 설명한 필요가 없어졌지만, 강바닥의 흔적처럼 수수께끼 같은 지형적 특징을 설명해야 하는 상황에 놓였다. 흥미롭게도 이것은 스키아파렐리가 부분적으로는 옳았다는 것을 의미하기도 했다. 아마, 자연적 물길이 화성의 표면을 과거에 가로질렀다는 점에서 말이다. 어쩌면 이 황폐하고 텅 빈, 분화구로 가득 찬 행성에서 한때 생명체가 살았을 수도 있었다.

제2부

선은
폭이 없는 길이다

제4장
경이의 세계로 통하는 문

내가 태어난 후 얼마 지나지 않은 1980년대 초반, <코스모스 Cosmos>라는 미니시리즈가 공영 방송 PBS에서 방영되었다. 다른 수백만 미국 가정과 마찬가지로 공영 방송의 기록을 깬 이 프로그램[1]을 우리 가족도 시청했다. 13주 연속으로 일요일 저녁마다 부모님은 언니와 나를 품에 안고 갈색 러그 위에 놓인, 꽃무늬가 있는 금색 소파에 앉아서 텔레비전을 보았다. 부모님이 처음 산 컬러 브라운관 텔레비전의 화면이 깨끗해질 때까지 안테나를 조정해서 봐야 하던 시절이었다. 돌이켜 보면 그 시절은 다양한 색상이 도래한 시기였던 것 같다.

<코스모스>에서 젊은 스타 천문학자 칼 세이건Carl Sagan은 사이키델릭하게 표현된 우주 공간에서 "상상의 우주선Spaceship of the Imagination"를 타고 나왔다. 특수 효과를 쓴 덕에 세이건은 별들 사이를 돌아다닐 수도 있었는데, 토성의 스노우볼snowball들[2] 사이를 유유히 지나가거나 분홍색 레이저로 자신의 몸에 테두리를 치기

도 했다. 그런가 하면 앞뒤로 점프도 하고, 어떤 때는 몽롱한 음악
이 흐르는 가운데 인간의 뇌 속으로 기어 들어가거나, 수풀의 꼭대
기에서 떠다니기도 했다. 언니와 나는 눈을 크게 부릅뜨고 보기 시
작하다가 꾸벅꾸벅 졸기 일쑤였고 부모님은 엔딩 크레디트가 나올
때쯤 그런 우리를 안고 방으로 들어가 침대에 뉘이곤 했다.

　<코스코스>를 하나의 문화 현상으로 평가한다고 해도 이는 다
소 과소평가된 것이다. 이 프로그램으로 칼 세이건은 전 세계 5억
명의 시청자[3]를 만나게 되었으니 말이다. 그는 이미 대중 과학서
를 저술하여 이름이 알려지고 있었지만, <코스모스>와 함께 진정
으로 명성을 떨쳤다고 할 수 있다. 칼 세이건은 조니 카슨 쇼에 유
명 인사들과 함께 단골로 출연했으며, 마리화나를 피웠고[4], 동료
과학자들을 화나게 하기도 했다. 그는 늘 터틀넥을 입고 자유분방
한 과학의 예언자처럼 행동하며, 팬들에게 기쁘게 사인을 해 줬다.
세이건은 퍼시벌 로웰 이후 처음으로, 화성 과학을 대표하는 얼굴
이 되었다. 지난 40여 년 동안 세이건만큼 화성과 긴밀히 연관되
어 사람들의 마음속에 자리 잡은 과학자는 없었고, 특히 외계 생
명체를 찾기 위한 노력과 관련해서는 더욱더 그렇다. 사실 대중의
과학적 상상력에 미친 영향을 놓고 보면, 칼 세이건에 견줄 만한
현대 과학자를 찾기는 매우 힘들 것이다.

　<코스모스>가 방영되기 몇 년 전으로 그가 아직 스타덤에 오
르지 않았을 때, 칼 세이건은 우상 타파적인 태도로 화성에 거북
이 같은 생명체[5]가 있을지도 모른다는 용감한 제안을 던졌다. 그
는 1974년에 『이카루스Icarus』라는 학술지에 짧은 논문을 제출했
는데, 그 결론은 "크기가 큰 생명체들[6]은 화성에서 생존이 가능할

뿐 아니라, 오히려 유리한 조건에 있을 수도 있다"는 것이었다. 이런 주장은 엄청난 비약이었지만 세이건은 선지자들이 흔히 그렇듯, 매우 세세하고 정확하게 그 가능성을 보았다. 이런 류의 생명체[7]들은 자외선으로부터 스스로를 보호하기 위해 딱딱한 규산염 성분의 껍질을 가지고 터벅터벅 다닐 것이라 추측했다. 그럼에도 세이건은 눈에 띄는 식물 군락은 없다는 점을 인정했는데, 따라서 이런 동물이 무엇을 먹고 사는지에 대해서는 상상하기 어려웠다. 하지만 세이건은 '크리스토파지crystophage'라는 상상의 동물이 화성의 영구 동토층에서 건조함과 싸우고, '페트로파지petrophage'라는 동물들은 바위에서 어떻게든 수분이 있는 미네랄[8]을 섭취할 것이라고 했다. 그는 지구에서 생명이 살 수 없다고 사람들이 믿는 극도로 척박한 환경에서도 북극곰과 같은 큰 동물이 살 수 있다는 점을 지적했다. 세이건의 생각에는 몸집이 크면 면적 대비 부피의 비율이 줄어드는데, 그렇게 되면 춥고 건조한 기후에서 열과 수분을 저장하기 더 쉬울 것이었다. 『타임Time』지의 그래픽 디자이너는 칼 세이건의 생각을 대중에 소개하기 위해 거대한 문어가 다리를 뻗는 모습을 만들었다. 세이건도 당연히 인식하고 있었듯 이것은 과장된 이미지였고, 그가 전달하고자 하는 내용의 본질과는 어쨌든 관계가 없었다. 그가 말하고자 했던 것은 사람들이 한 번도 거대 저상 생물, 즉 크고 천천히 달릴 수 있는 외계 생명체는 존재할 수 없다고 주장하고 그 가능성을 검토해 본 적도 없다는 점이었다. 우리는 상상력을 제한할 필요가 없지 않은가? 큰 동물은 왜 있을 수 없는가? 실리콘으로 만들어진 기린[9]은 어째서 안 되는가? 세이건의 삶에서 다른 많은 부분들처럼 이 주장도 비전통적이고 도전적인 주장이었으며, 많은 이들에게 영감을 주었다. 이후 칼 세이건이 과학자 사이에서가 아닌 일반인들과의 커뮤니케이션에서 보인 탁월한 능력을 일찍이 알아볼 수 있는 계기가 된 논란이기도 했다.

당시 NASA는 마침 화성의 표면에 착륙할 우주선을 준비하고 있던 차였다. 1976년, 바이킹 탐사선은 최초로 생명체의 증거를 찾는 실험을 수행할 예정이었다. 칼 세이건은 영상 팀에 참여했고, 두 개의 쌍둥이 착륙선 근처에 있는 무엇이든 컬러, 흑백, 적외선 사진과 스테레오 녹음으로 기록을 확실히 하는 것이 그의 일이었다. 그리고 세이건은 오래전부터 단련된 커뮤니케이션 기술을 십분 발휘했는데, 한 기자가 만약 빨리 움직이는 생명체가 있다면 "선으로 나타날 텐데요[10]"라고 지적하자 놓치지 않고, "하지만 우리는 늘 발자국을 볼 수 있죠."라고 응수했다.

세이건은 항상 화려하고 한계를 모르는 상상력을 가지고 있었다. 그는 브루클린의 작은 아파트에서 에드거 라이스 버로스Edgar Rice Burroughs의 『화성의 공주A Princess of Mars』를 읽으며 자랐다. 이 소설에서는 버지니아 출신의 영웅이 미스터리하게도 붉은 행성에서 또 다른 자신을 발견하고 가까운 들판으로 달려가 두 팔을 뻗으며 자신을 화성으로[11] 데려다 달라고 애원하는 장면이 있었다. 열 살 소년이었던 칼 세이건은 굵은 글씨로 "우주선, 달에 가다!" "금성에서 생명체 발견" 같은 미래의 헤드라인[12]을 상상하며 스케치하기도 했고, 심지어 한 쌍의 우주 비행사들이 광고하는 그림에 "성간 우주여행선"이라고 써 놓기도 했다.

칼 세이건은 사춘기 시절 통속적인 과학 소설 잡지를 닥치는 대로 읽었고, 열다섯 살 땐 아서 C. 클라크Arthur C. Clarke의 『행성 간 비행: 우주 항행술 개론Interplanetary Flight: An Introduction to Astronautics』의 광고를 보게 된다. 클라크의 다른 단편 소설들과 달리, 『행성간 비행』은 짧고 기술적인 글[13]이었고, 1950년대에 알려졌던 궤도 역학과 로켓 디자인에 대한 개론적인 내용을 다루고 있었다. 세이건은 클라크의 책에 설명된 행성 탐사선 발사의 가능성에 대해, 그리고 그것이 곧 일어날 수도 있다는 사실에 충격을 받았다.

이듬해 칼 세이건은 열여섯의 나이에 시카고대학에 진학했다. 대학에서 요구되는 수준은 높았으며, 세이건은 열렬히 공부했다. 이 시기부터 세이건은 일생 동안 붙어 다닌 만성적 통증을 겪었다. 그는 두려움에 목이 막혀 음식을 조금씩밖에 못 먹는다는 사실에 부끄러워하며 마요 클리닉[14]까지 외롭게 고속도로를 운전해 갔다. 칼 세이건은 식도이완불능증[15] 진단을 받았는데, 말 그대로 "안심하지 못하는 병"이었다. 숨을 쉬거나 음식을 삼키기 힘든 증상으로, 세이건의 여동생은 이와 관련해 어머니로부터 집착적이고 신경증적인 영향[16]이 있었을 것이라 추측한 적이 있다. 의사들은 세이건의 식도를 늘리려고 수술을 시도했으나 폐에 피가 고인 구멍[17]을 남긴 채 실패했다.

하지만 세이건은 회복력이 강한 사람이었다. 부끄러워하는 자의식과 고통을 가지고 있었음에도 불구하고, 그는 용감하게 다른 과학자들에게 중요한 질문을 해 나갔다. 자신을 최전선에 세우면서, 그는 훌륭한 멘토들을 얻었다. 세이건은 물리학을 공부하고 학부 논문으로 생명의 기원[18]에 대해 썼는데, 논문 지도 교수는 노벨상 수상자인 해럴드 유리Harold Urey였다. 세이건은 여름이면 전

칼 세이건. 그는 위트 있는 과학자이자 상상력의 한계가 없던 지성인이었다. 비록 당장에는 화성의 생명체를 발견할 수 없을지라도 그동안 착륙선 외부에 도장된 지르코늄을 화성의 미생물이 아작아작 먹고 있을지도 모른다고 우스갯소리를 할 만큼 세이건은 낙천적인 인물이었다.

국의 유명 과학자들과 일하러 다니다가, 시카고대학에 남아 천문학과 천체물리학으로 박사 과정을 마치기로 결심했다. 그 후 파란색과 흰색으로 된 내쉬-허드슨Nash Hudson의 스테이션 웨건 승용차를 몰고 윌리엄스 베이에 있는 시카고대학의 천문대로 출퇴근했다.

그는 원래 박사 과정 연구[19]를 행성의 물리학적 특징에 대해 진행하려고 하였으나, 당시 막 생겨나기 시작한, 우주 조건에서의 생명의 기원, 진화, 존재를 탐구하는 우주생물학의 과도기에 자신이 있다는 것을 깨달았다. 1950년대 말, 세이건의 멘토 중 한 명이 미국국립과학원National Academy of Sciences에서의 "기초 작업, 주로 생물학적 조사의 일반적인 사항에 대한 협의[20]"를 도와달라는 부탁[21]을 한다. 스푸트니크 인공위성이 막 발사된 때였고 소련은 달 착륙선을 바삐 준비하고 있던 중이었다. 미국 과학자들은 비밀로 부치고 있던 탐사 프로그램에 대해 걱정하기 시작했고, 소련에서 멸균[22]에 충분히 유의하고 있는지, 인류가 지구 너머의 생명체를 연구할 기회를 위태롭게 하는 건 아닌지[23]도 걱정하기 시작했다. NASA는 이미 달을 오염원으로부터 보호하기 위한 계획을 수립하고 있었고, 다른 행성에 대해서도 비슷한 생각을 할 만한 시점이었다.

세이건이 진로를 바꾼 것은 신의 한 수라고 할 수 있었다. 그는 화성 연구에 분수령 같은 시기가 시작되던 당시 미국 우주 프로그램을 이끄는 최고 전문가들과 교류하게 되었다. 사진에서 생명을 찾는 것이 아니라 필름에 보이지 않는 방법을 사용하고자 했던 때였다. 새로운 기구와 새로운 소형화 방법이 필요하고, 가장 중요하게는 화성 표면에서 실제로 실험을 해야 했다. 하지만 행성에 착륙하는 것은 근접 비행을 하거나 궤도에 안착해 선회하는 것과는 차원이 다른 문제였다. 탐사선을 착륙시킬 수 있다면 훨씬 더 많은 것을 배울 수 있었지만, 필연적으로 프로젝트에 참여하는 사람들 모두 직업적으로나 개인적으로 많은 것을 희생해야 할 일이었다.

국립 연구원들의 패널이 연합하면서[24] 화성 연구 분야가 재편성되었다. 젊은 박사 과정생이었던 칼 세이건을 비롯한 참가자들은 동부 그룹인 이스텍스EASTEX[25]와 서부 그룹인 웨스텍스WESTEX로 나뉘었다. 패널이 먼저 처리해야 할 문제는 연구를 위해 해결해야 할 것들을 정리하는 일이었다. 이스텍스의 초기 회의에서 참가자 한 명이 생명체 탐지를 위한 기구가 발명된 적이 없었다는 사실에 깊게 탄식했다[26]. 그가 생각하기에 필요했던 것은 "네, 이 샘플에는 생명체가 있습니다" 혹은 "아니요, 생명체가 없습니다"라고 알려 주는 단순한 기계였다. 로봇 팔이 이것을 할 수 있으려면 강력한 변화, 최종적으로는 완전한 변환이 필요했다.

이런 성격의 실험을 최초로 제안한 과학자는 성격이 온순하고 다정한 미생물학자였던 울프 비슈니악Wolf Vishniac이었다. 미생물을 연구하는 이 분야에 발을 담은 사람은 비슈니악 가족 중에 또 있었다. 『뉴요커The New Yorker』 잡지에서 "의심의 여지없이 세계 최고의 미생물 사진가[27]"라고 묘사한 그의 아버지는 자신의 직업에 대해 거의 메시아적인 관점을 가지고 있었다. "자연, 신, 혹은 우주의 창조자를 무엇이라고 부르던 간에[28] 현미경을 통해서는 명확하고 강렬하게 다가온다. 인간의 손으로 만들어진 모든 것은 확대해 보면 끔찍하다. 거칠고, 정제되지 않고, 대칭적이지도 못하기 때문이다. 하지만 자연 속의 것은 생명의 모든 조각이 사랑스럽다. 확대를 하면 할수록, 더 작은 세부적인 모습을 볼 수 있지만, 이럴 때 조차도 모든 것은 완벽히 형성되어 있다. 마치 박스 속에 작은 박스들이 끝없이 들어 있는 것처럼"이라고 말하기도 했다.

비슈니악은 베를린에서 살던 어린 시절 집에서 조류藻類를 키워 민물 새우에게 먹이고, 이 민물 새우를 다시 해마에게 먹이며 컸다[29]. 1940년 그는 가족들과 다른 유대인 난민들과 함께 아메리카 엑스포트 라인즈America Export Lines의 증기선을[30] 타고 미국으로 건너왔다. 영어를 잘 못했지만, 이듬해 브루클린 칼리지에 진학할 수 있었고, 이후 스탠퍼드대학에 갔다. 예일대학에서 교수직을 얻은 젊은 비슈니악은 광합성에 대한 세부 기제[31]와 미생물이 유황을 에너지원으로 사용하는지[32]를 연구하다가 로체스터대학으로 자리를 옮겼다.

서로 다른 학문적 경향에도 불구하고, 비슈니악과 세이건은 절친한 친구가 되었다. 그들이 전문가가 된 과정은 매우 달랐다. 세이건은 천문학자로서 카메라와 분광기를 가지고 연구를 했다면, 비슈니악은 생물학자로서 슬라이드와 시험관으로 연구를 했다. 비슈니악은 기계 수리를 좋아했고 공학 쪽에도 소질이 있었지만, 세이건은 이쪽으로는 영 서툴렀다[33]. 둘은 성격도 달랐다. 비슈니악은 천성적으로 조용한 사람이었다[34]. 지역 키와니스 클럽 Kiwanis Club 모임이나 경찰서, 혹은 여러 종류의 오찬 사교 모임 같은 곳에서 늘 강연을 하고 다닌 세이건에게는 세상 전체가 연단이었다. 하지만 이 둘은 각자의 방식대로 풍부한 상상력이 있었으며, 화성 연구에 지대한 공헌을 하게 된다.

1959년[35], 세이건이 박사 후 과정 펠로십을 버클리대학에서 시작할 무렵, 비슈니악은 자신의 이름을 흉내 낸 "울프 트랩Wolf Trap[36]•"이라고 이름 붙인 연구 프로젝트 자금으로 4,485달러를 제공받았다. 화성에서의 생명체 탐색을 위한 개념 연구로, 미생물체가 자라면서 주변 환경을 바꾼다는 아이디어에 기반한 것이었다. 비슈니악은 토양 샘플을 땅에 노즐을 꼽아 빨아들인 뒤, 영양분이 풍부한 물에 넣으면, 화성의 미생물체가 배양기에서 측정 가능한 변화를 일으킬 것이고, 지구의 과학자들도 무슨 일이 일어나는지 알 수 있을 것이라 생각했다. 산성도의 변화는 pH 수치로 알 수 있을 것이고, 미생물의 급격한 성장은 배양액을 혼탁하게 할 것이므로 광학 센서로 감지할 수 있었다. 다른 측정 결과들과 함께 독립적으로 이뤄진 실험 결과는 교차로 확인시켜 줄 수도 있다고 생각했다. 만약 변화가 급격히 이루어진다면, 미생물이 풍부하게 존재한다는 것을 의미한다고 볼 수 있었다.

그로부터 2년 내에 비슈니악은 울프 트랩의 운전 모형[37]을 제작했다. 과학계의 쾌거였으며, 이스텍스에서 이 문제로 깊은 고민을 한 뒤, 놀랄 만큼 짧은 시간 안에 이룬 성취이기도 했다. 하지만 모두가 깊은 인상을 받은 것은 아니었고, 비슈니악의 장인어른도 열광하지 않았다. 박사 후 과정생 기간에 비슈니악은 20세기 고생물학 및 진화생물학 분야에서 가장 영향력이 있던[38] 과학자의 딸 헬렌 심슨Helen Simpson과 사랑에 빠져 결혼했다. 그녀의 아버지는 외계 생명체 탐지에 대해서는 관심이 전혀 없었다. 아버지 심슨은

• '늑대 덫'이라는 뜻. 비슈니악의 이름도 Wolf이다.

심지어 우주과학의 첫 번째 임무가 외계 생명체를 찾는 것에 있다는 주장에 동의하는 생물학자들을 공개적으로 조롱했다[39]. 소위 "우주생물학이라 불리는 외계 생명체를 찾는 새로운 과학 분야는 흥미롭다. 이 '과학'이 연구 대상으로 삼는 것이 존재한다는 것을 보여야 하다니!" 라며 비웃었다.

하지만 비슈니악은 집요하게 연구를 계속해 나갔다. 이 과정에서 화성의 생명체를 찾기 위해 실험실에서 수행할 수 있는 실험을 소형화할 새로운 방안을 고민하고 있던 다른 미생물학자와 생화학자들과 함께하게 되었다. 울프 트랩 이후, "걸리버Gulliver"라는 기구[40]가 고안되었는데, 이 이름은 『걸리버 여행기Gulliver's travels』 속에서 릴리퍼트Lilliput의 난쟁이들을 찾은 작가 조너선 스위프트Jonathan Swift에 대한 오마주로 붙인 것이었다. 위생 공학자가 설계한 걸리버[41]는 수영장, 바다, 식수에서 분변계 대장균과 같은 오염 물질이나 다른 미생물을 탐지하는 가장 흔한 방식을 이용한 것이었다. 기본적으로 탄소-14 추적자를 이용해 이산화탄소 거품이 형성되는 것을 모니터링 할 수 있다는 생각을 바탕으로 만든 기구였다. 초기 설계에서는 조그마한 작살 같은 것을 사용해 작은 박격포처럼 착륙선의 바닥에서 발사시키고, 7.5미터 정도 되는 연실[42] 같은 줄로 연결하게 되어 있었다. 연실 부분은 실리콘 그리스를 발라 토양의 알갱이들이 붙을 수 있게 했고, 이렇게 하면 분석 기기로 실을 되감기에도 편했다.

1960년대 초반, NASA에서는 약 스무 개[43]의 생명체 탐지 기구와 관련한 연구 기금을 대고 있었지만, 이 중 어느 것도, 심지어 현미경 관측을 최우선 순위에 놓은 비슈니악이 고안한 기구조차도, 사진이나 영상을 만들도록 설계한 것이 아니었다. 표본을 준비해서 유리 슬라이드로 변화를 찾고, 그것을 전송하는 작업에 필요한 데이터 양이 너무 많았던 것이다[44]. 현미경 관찰법을 포기해야 했다. 현미경 관찰을 포기하면서 생명체 탐지를 위한 노력은 분기점을 맞게 된다. 처음으로 생명체는 꼭 눈으로 볼 수 있지 않아도 되며, 행성 간 실험을 통해 측정할 수 있으면 된다[45]는 접근을 하게 된 것이다.

1965년, 매리너 4호 탐사선이 새로운 발견을 전송하기 시작했을 때, 신생 학문이었던 우주생물학의 학자들도 지구의 다른 사람들만큼이나 놀랐다. 극도로 건조하고 춥고, 저기압인 화성의 상황에 비추어 봤을 때 생명체가 살아남을 수 있는 가능성에 대해 의심을 품을 수밖에 없었다. 어떤 이들은 시간 낭비를 하고 있는 것이라는 생각을 하게 되었다. 우주생물학자들이 정주 불가능해 보이는 장소에서 생명이 살아남을 수 있다는 것을 증명하지 않는 한, 이 모든 힘든 일이 헛수고가 될 수 있었기 때문이다.

자연스럽게, 세이건과 비슈니악이 행동을 개시했다. 분화구가 가득한 이미지에 대한 대응으로, 비슈니악은 상원의 항공 우주과학 위원장에게 감동적인 편지를 썼다[46]. "생물의 군체 형성에 유리한 생태학적 틈새를 창조해 내는 환경의 다양성"에 분화구가 기여한다는 논리였다. 분화구에서는 생물체가 좀 더 깊은 지질학적 구조로 들어갈 수 있고, 그늘에서 방사선으로부터 스스로를 보호할 수도 있으며, 그러면 필수적인 원소를 확보할 기회도 있을 것이기 때문이다.

그동안 세이건은 수백 장의 지구 사진을 면밀하게 조사하여[47] 매리너호의 조사 결과가 꼭 생명체 존재의 증거를 배제하는 것이 아니라는 점을 보여 주려 했다[48]. 세이건은 처음에는 기상 위성을 확인했다. 티로스TIROS 1호와 님부스Nimbus가 이제 막 우주 공간에서 원거리 감지를 사용한 기상 관측의 시대를 열었던 때였다. 픽셀당 1,000미터 해상도여서 뉴욕이나 모스크바, 파리나 베이징에서도 길이나 건물, 직선의 패턴이나 생명체 같은 것은 보이지 않는 것을 세이건은 확인했다. 세이건은 아폴로와 제미니 우주 비행사들이 찍은, 해상도가 열 배 정도 좋아 픽셀당 100미터인 사진 1,800장의 지구 스냅 사진을 모았다. 하지만 아직도 사람의 흔적 같은 것이라도 보이는 사진은 몇 장 없었다. 세이건은 무엇을 찾고 있는지를 알아야 한다고 주장했다. 경작지이든, 길이든 지구의 생명체에 익숙하지 않은 관찰자에게는 아무런 의미를 가지지 않을 것이라고 하면서. 지구를 모르는 이에게는 인간의 활동이 보이지 않을 수 있으며, 1,800장의 사진을 보고서도 지구에는 생명체가 없다는 잘못된 결론을 내릴 수 있다는 것이다. 우리의 감각으로는 우리가 물리학적 세계에 각인한 영향력이 깊다고 생각하겠지만, 이것은 매우 잘못된 일이다. 화성에 생명체가 존재한다면 지금쯤 우리가 발견했을 것이라고 가정하는 일도 잘못이었다. 우주 공간에서 인간을 감지할 수 없다면, 화성의 생명체도 우주에서 감지할 수 없을 터였다.

세이건이 생물학자는 아니었고, 그리고 그는 당시 분광학과 영상 분야에 집중하고 있었지만, 이미 생명과학에 조금씩 발을 담그기 시작하고 있었다. 샌안토니오 근처에서 수행했던 거의 알려지지 않은 실험[49]을 바탕으로 세이건은 사람이 살 수 없는 화성의 표면과 대기를 모방한 작은 방을 건설하고 "화성 단지Mars jars"라고 이름 붙였다. 그는 단지 안을 지구 미생물로 채우고 자정엔 섭씨 80도, 정오엔 0도로 온도를 설정하고 자외선을 쬐었다. 세이건 자신도 실험 결과에 놀랐다. "산소를 필요로 하지 않는 지구 생명체들이 항상 꽤 많은 종류가 나왔다[50]. 온도가 너무 떨어지면 가게 문을 닫듯이 활동을 멈추는 것들도 있고, 자외선을 피해 자갈이나 얇은 모래 층 아래에 숨는 것들도 있다"고 기록했다. 물을 아주 소량 넣은 실험에서 미생물이 실제로 자라는 것을 발견하고 세이건은 매우 기뻐했다. 그는 "만약 지구 생명체가 화성 환경에서 살아남을 수 있다면, 화성 자체의 미생물은 존재하기만 한다면, 화성에서 훨씬 더 잘 살아남아야 한다"고 결론지었다.

당시 NASA는 이와 별개로 생명체가 가혹하고 추운 조건에서 살아남을 수 있는지 평가하고 있던 중이었다. 소속 과학자들을 남극에서 얼음이 거의 없는, 조그마한 은빛의 사막 지역인 맥머도 드라이 밸리McMurdo Dry Valleys로 보내 지구에서 그나마 화성과 비슷한 조건에 있는 토양의 샘플을 채취하게 하고, 생명 감지 기기를 설계하는 연구원들이 테스트용으로, 그리고 정확도를 높이는 용으로 사용하도록 하고 있었다. 사람들이 폭스 테리어를 닮았다고 묘사했던[51] 노먼 호로비츠Norman Horowitz라는 과학자는 샘플 토양에서 생명을 배양하기 위해 온갖 시도를 해 보았지만, 화성과 같은 조건에서 자라나는 박테리아는 단 하나도 없었다. 호로비츠는『사이언스Science』지에 1969년 이 내용을 담은 논문을 게재하였다[52]. 춥고 척박한 드라이 밸리에 생명체를 구성하는 벽돌과도 같은 유기

탄소 분자가 상당량 존재하지만, 이곳의 넓은 면적은 여전히 생명체가 없는 상태로 남아 있었다. 남극에서도 살아남지 못하는 생명체라면, 어떻게 화성에서 살아남는다는 말인가?

호로비츠는 마음속 깊이 우주생물학에 연대감을 느끼고 있던 사람이었고[53], 이 발견에 누구보다도 놀랐다[54]. 그래서 그는 다른 콘셉트의 생명 탐지기기를 막판에 구상하게 되었다. 호로비츠는 걸리버의 생명 탐지 원칙을 그대로 끌어와 썼는데, 다만 걸리버는 토양에 물기를 더했고, 울프 트랩은 물에 완전히 흠뻑 적셔 썼다면, 호로비츠는 완전히 건조한 상태로 실험했다. 실험이 이루어진 방에는 자그마한 전구를 놓았다. 조류처럼 단순한 생물이라도 실험 공간 속 탄소-14 추적자를 자신의 몸 속으로 끌어당길 수 있다면, 나중에 실험 공간 속 기체를 모두 제거한 후 샘플의 온도를 높이게 되는 경우[55] 명백히 보일 것이었다.

호로비츠의 새로운 실험 방법은 바이킹 탐사선에 실린 네 가지의 기기 중 하나에 반영되게 선정되었다. 걸리버의 개조된 버전[56]과 울프 트랩, 그리고 "치킨 수프"라고 별명이 붙은[57] 마지막 기기는 반스 오야마Vance Oyama가 운용했다. 이 장치는 화성의 미생물체가 더 많은 섭취를 하게 된다면, 그 결과를 더 많이 측정할 수 있을 것이라는 생각에 기반했다[58]. 오야마의 기기에서는 많은 양의 물과 다양한 영양소—즉, 치킨 수프—를 더했고, 대사 작용의 결과로 야기되는 기체 조성의 변화를 측정했다. 하지만 기기 선택이 끝났을 때, 드라이 밸리에서의 실험 결과를 본 호로비츠는 화성에서 생명체를 발견할 가능성은 너무 낮다고 생각하게 되었다. 사실 그는 우주선을 소독할 필요가 없다고까지 주장했다[59]. 그가 만든 기기와 다른 세 개의 기기가 미션에 실패할 가능성이 훨씬 높다고 보았기 때문이다.

학계에서는 점점 더 이 모든 작업에 대해 의심을 품기 시작했다. 이스텍스와 웨스텍스는 당시 거물 과학자들을 많이 끌어들이긴 했지만, 이들은 이미 각종 상을 받고 요직을 차지한, 경력을 많이 쌓은 사람들이었다. 우주생물학은 노벨상 수상자에게 그저 무난한 게임 같은 것이었다. 하지만 아직 젊은 과학자들이 경력 전체를 이 분야에 건다는 것은 매우 위험한 선택이었고, 그런 면에서 세이건과 비슈니악은 어려운 길을 굳이 택한 것이라 할 수 있었다.

칼 세이건은 1960년대 초반 하버드대학에 조교수로 자리를 잡게 되고, 요건이 까다롭긴 했지만 자신의 종신 재직에 대해 의심할 이유가 없었다. 이미 세이건은 우주생물학뿐 아니라 다른 분야에서도 동료 심사를 거치는 실험을 수 년간 수행해 왔기 때문이다. 세이건이 개척한 금성 대기 조성[60]에 대한 연구는 극도로 뜨거운 온도가 온실 가스 효과 때문이라는 생각을 바탕으로 한 것이었는데, 매리너 2호가 1962년 금성에서 보내온 데이터에 따르면 전반적으로 정확한 것으로 밝혀졌다. 또한 세이건은 NASA의 지원을 받은 연구 논문을 이미 수십 편 쓴 상태였다. 하지만 바이킹 탐사선 계획이 착수[61]된 시점인 재직 5년째 그는 학교 측으로부터 종신 재직권이 부여되지 않을 것이라는 통보를 받았고, 이후에도 별다른 설명을 듣지 못했다.

이 결정에 대노하여 세이건은 도시 다른 쪽에 있는 라이벌 대학교인 MIT에[62] 종신 교수직 가능성을 타진한다. 처음엔 MIT 지질학 및 지구물리학과[63] 측에서 따뜻한 반응을 보였으나 어찌된 일인지 갑자기 그쪽에서도 열정이 사라진 듯했다. 세이건도 우주 생물학의 입지가 아직 견고하지 못하다는 것을 알고 있었다. 비슈니악의 장인어른도 하버드대학 교수였고, 세이건의 동료 천문학자들 중에도 원로 학자들의 회의적 평가에 동조하는 이들이 많았다. 이들은 학교에서 삼삼오오 모여 커피를 들고 복도를 지나면서 우주생물학의 "추측은 관측이나 실험으로 확인될 수도 없고[64], 그러니 과학도 아니야. 데이터가 없어. 그냥 과학처럼 들릴 뿐이지"라며 수군거리곤 했다. 하지만 세이건에게 지지자가 없는 것도 아니었다. 그의 이력서는 훌륭했고, 연구비 지원은 끊이지 않았다. 도대체 무슨 일이 일어나고 있었던 것인가?

세이건이 모르는 사이 그의 명성은 희미해지고 있었는데, 그가 가장 믿고 있었던 멘토인 원로들로부터 버림받았기 때문이었다. 세이건의 학부 논문 지도 교수인 시카고대학의 해럴드 유리는 하버드대학과 MIT에 세이건의 종신 재직과 관련한 참고 서한을 보냈는데[65], 제자의 연구 성과를 폄하하는 내용이었다. 유리는 "칼 세이건은 이런 활동에 오랫동안 참여해 왔다. 길고, 장황한 논문들을 썼지만, 양에 비해 가치는 거의 없었다. (…) 수많은 글들이 꽤 쓸모가 없었다"고까지 묘사했다. 유리는 세이건을 그저 행성과학 애호가쯤 된다면서 "행성의 모든 분야, 생명체, 생명체의 근원, 대기, 그 외 관련 모든 분야"에 관해 성급하게 일단 쓰고 보는 사람이라고 특징지었다. 세이건의 멘토였던 시절을 돌이켜보며, 그는 쐐기를 박는다. "개인적으로 나는 애초에 세이건의 연구 결과에 대해 불신했다. 세이건이 똑똑하고, 같이 이야기를 나누면 재미 있는 사람인 것은 맞다. 아마 귀 대학에서 가치 있는 교수가 될 수도 있다고 생각한다. 하지만 내 자신에겐 오랫동안 그의 연구 결과가 거슬렸다……."

세이건은 유리가 자신을 '애호가' 정도로 치부한다는 사실에 대해 까맣게 모르고 있었고, 이후에도 몇 년간은 모르고 지내다가 코넬대학에 자리를 확보하고 나서야 알게 된다. 이 소식은 사과의 형태로 갑작스럽게 우편물로 도착했다. 1973년 9월 17일 자 편지에 유리는 "내가 완전히 틀렸었네. 나는 자네가 해 온 일들과 열정적으로 분투해 온 사실에 감탄하고 있네"라고 쓰면서 세이건의 용서와 변치 않는 우정을 부탁했다[66]. 세이건은 넓은 도량을 보이는 답장을 썼다. 하지만 세이건은 그가 믿었던 멘토가 자신이 모르는 사이 경력을 망치려 들었다는 사실이 당연히 달갑지는 않았다.

유리는 세이건의 과학적 성과의 가치를 알아보는 데 너무 둔하고 느렸던 것 같다. 세이건의 일부 논문이 두서가 없는 것은 맞는다 치더라도, 세이건은 피곤한 줄 모르고 열정적으로 일하는 과학자였고, 그의 연구 결과는 학계에 중요한 기여를 했다. 유리는 이것을 알아보는 첫 번째 사람이 되어야 했지 마지막 사람이 되어서는 안 됐다. 학부 논문 초고에 대한 유리의 신랄한 비판을 바탕으로 세이건은 꼼꼼히 모든 작업을 다시 한 적도 있었다[67]. 매리너 9호가 발사되기 몇 년 전인 박사 과정 때, 세이건은 '검은 물결'에 대해 용기 있게 논문 지도 교수와 맞선 적이 있었는데, 데이터를 무시해서가 아니라 받아들였기 때문이었다. 세이건은 그때까지 알려진 증거는 먼지가 부양했다가 가라앉는 것을 보여 주는 것이라고 주장했는데[68] 옳은 주장이었다. 세이건의 지도 교수는 흔한 과학자 중 한 사람이 아니라, 당대 행성과학 분야의 최고 권위

자로 꼽히던 제러드 카이퍼였다. 해럴드 유리가 세이건이 과학을 대하는 헌신적인 태도나 재능의 깊이를 알아보지 못한 것은 긴 세월이 지난 후에도 세이건을 참담하게 했다. 그것이 새로운 과학 분야를 개척하고, 그것을 널리 알릴 때 수반될 수 있는 위험이라 할지라도 말이다. 긍정적이었던 것은 세이건이 자리 잡은 코넬대학에서 비슈니악이 재직 중이던 로체스터대학까지 그리 멀지 않았다는 것이다. 그들은 서로 자주 만날 수 있었고, 뉴욕주뿐 아니라 도쿄, 바르셀로나, 레닌그라드, 콘스탄츠 등 세계 어디서든 만났다. 관심사를 공유한 친구들 사이의 우정이었다. 바이킹호의 생명 탐지 미션에 대한 흥분도 나누었다. 부정적인 결과가 가지는 과학적 가치를 인정하면서도, 둘은 화성 표면이 생명체로 뒤죽박죽인 상태가 아니라[69] 인류가 임의로 작업을 할 수 있다는 점이 오히려 좋다고 생각했다. 둘은 당연히 바이킹호의 성공을 기원했고, 생명체가 확실히 발견되지 않는다면, 적어도 그 흔적이라도 바이킹호가 밝혀내길 바랐다.

바이킹호의 공학적 과제는 어마어마한 것이었다. 1970년 초반, 바이킹호 프로젝트 예산으로 이미 수백만 달러가 투입된 상태였고, 시간이 이제 다 가고 있었다. 이 프로젝트에서 "역사상 가장 위대한 실험[70]"이라고 이름이 붙은 생물학 분야가 가장 뒤처져 있었다. 기계화된 실험을 설계하는 것이 극도로 어려웠다. 4만여 개의 부품이 있었고[71], 그중 절반이 조립되어야 하는 트랜지스터였으며, 작은 오븐도 있었고, 영양분이 들어 있는 앰플은 명령에 따라 깨져야 하는가 하면, 방사성 가스가 든 병, 가이거 계수기와 태양을 모방하는 제논 램프도 포함되었다. 기구들과 샘플 전달 시스템은 16킬로그램의 박스에 모두 들어가야 했고[72], 우유 박스 정도의 크기가 되어야 했다. 어딘가에 헬륨, 크립톤, 이산화탄소가 든 용기가 있어야 했고, 15미터 길이의 스테인리스강 튜브, 히터, 냉각기, 테스트 공간, 폐기물 공간, 온도 조절 장치, 캐러셀도 넣어야 했다.

나쁜 소식은 비슈니악에게 일찍 찾아왔다. 애초 비슈니악이 생물학 팀을 이끌도록 임명이 되었으나, 모두가 발언권을 갖게 하는[73] 그의 성향이 한몫해서인지 가혹할 만큼 빠듯했던 기한을 맞추는 것이 불가능해졌다. 결국 비슈니악은 훨씬 권위적인 성격의 다른 사람으로 교체되었다. 그런 다음, 별다른 통보 없이 바이킹호에서 울프 트랩 전체를 빼기로 결정이 났다. 원래 생명 탐지 실험 패키지를 제작하는 데 추정된 비용은 1,370만 달러였지만, 눈덩이처럼 불어나 5,900만 달러에 이르게 되었다[74]. 생물학 관련 탑재물이 단순화되어야 한다는 것은 이제 명백해졌고, 적어도 한 가지 기구는 빼야 했다. 생물학 팀에서 선택한 것은 비슈니악의 발명품인, 빛 산란 실험 도구였다. 꼭 미생물이 확산해서가 아니라 미세한 토양의 알갱이가 퍼져도 흐릿함이 생길 수 있었고[75], 다른 모든 기구들은 증식하지 않는 동안에도 대사 활동을 탐지할 수 있던 반면, 울프 트랩은 미생물이 성장하는 조건[76]을 필요로 했다. 울프 트랩은 너무 복잡했고, 제작이 정해진 일정에 너무 뒤처져 있기도 했다. 이 결정의 배경에는 호로비츠가 있었다. 호로비츠는 울프 트랩은 치킨 수프처럼 화성의 생명체를 익사시킬 것이라 주장했다.

이 소식을 들은 비슈니악은 절망했다. 10년 넘게 그의 과학적 경력은 화성에서의 생명 탐지와 그의 동료들이 쓸데없는 일로 치부했던 바이킹 탐사선에 초점이 맞춰져 있었다. 이제 비슈니악은 비판가들이 틀렸음을 증명할 기회조차 가지지 못하게 될 처지에 놓이게 된 것이다. 비슈니악은 바이킹 팀 일원으로 남아 있었지만, NASA에서 더 이상 연구비를 받지 못했으며, 국립보건연구원 National Institutes of Health이나 국립과학재단 National Science Foundation에서 지원을 받기 위해 동분서주해야 했다. 그는 "바이킹 팀에서 나의 지위의 변화가 가져온 여파는 재앙적이진 않았지만 광범위했다", "학계에서 어떤 종류이든 일정한 지위를 다시 확보하는 것이 꼭 필요해졌다"고 바이킹 탐사 프로젝트의 과학자에게 말했다.

시간을 확보하게 된 비슈니악은 1972년과 1973년 직접 남극에 가는 모험을 하기로 결정한다. 비슈니악은 누구보다 결의에 차 있었다. 태어날 때 다친 탓에 팔이 약했고[77] 움직임에도 제한이 있었지만, 그럼에도 10대에는 동계 스포츠에 빠지기도 했었다. 또한 말을 더듬었지만[78] 공개 강연을 하는 교수가 되었다. 남극으로 가기 전에 해군에서 받은 신체검사 중 포도당 부하 검사에서 기준에 못 미치는 결과를 받았지만 "해당 검사의 화학적 원리에 대해 조금 알았기 때문에[79]" 두 번째 검사에서 통과하는 방법을 찾아냈다. 비슈니악은 호로비츠가 틀렸음을 증명하고 싶었고, 생명체가 극심하게 척박한 환경에서도 존재할 수 있다는 것을 보이려 했으며, 종국적으로는 바이킹 탐사 프로젝트가 완전히 가망 없는 일을 하기 위한 것은 아니라고 말하고 싶었다.

1973년 남극 탐사를 시작한 후, 비슈니악은 영양분을 바른 유리 슬라이드를 조심스럽게 아스가르드산맥 흙에 집어넣었다. 아스가르드는 바이킹 신화에서 신들의 고향이니 우연의 일치지만 이름부터도 잘 맞는 탐사였다. 이 실험 자체는 칼 세이건의 화성 단지와 비슷한 측면이 있었지만, 통제된 실험실이 아닌 자연 속에서 그것도 지구상에서 화성과 가장 비슷한 곳에서 수행된 실험이었다.

한 달 뒤, 크리스마스를 2주 앞둔 시점에 비슈니악은 슬라이드를 다시 회수하기 시작했다. 12월 남극에서는 해가 지지 않긴 하지만, 비슈니악은 이 작업을 자정이 다 되어서야 했다. 그의 동료 제디 보웬Zeddie Bowen은 보급기를 기다리느라 캠프에서 대기 중이었다. 비슈니악과 보웬은 "항상 날씨가 좋았고[80] 정해진 루트를 정해진 시간표에 따라 다녔기 때문에" 혼자서 나가는 일이 많았고, "루트는 위험하지 않았다". 하지만 열두 시간이 지나도 비슈니악은 돌아오지 않았고, 보웬은 걱정이 되어 그를 찾아 나섰다. 그가 상상할 수 있는 최악의 상황은 비슈니악의 발목이 부러진 정도였다. 하지만 보웬이 "마음속으로 생각한 것은 비슈니악이 무언가 새로운 발견이나[81] 관찰을 하느라 거기에 정신을 빼앗기고 있는 모습이었다". 보웬이 찾은 것은 150미터짜리의 경사진 절벽 바닥에 놓인 싸늘해진 비슈니악의 주검이었다. 아마도 비슈니악은 "호기심을 좇아" 정해지지 않은 루트를 가다가 발을 헛디딘 것 같았다. 해군이 헬리콥터를 이용해 비슈니악을 남극에서 데려와 로체스터로 이송했다[82]. 아내 헬렌, 아직 십 대였던 두 아들은 물론, 비슈니악의 실험 기기를 포기하라고 종용받았던 바이킹 탐사선 생물학 팀 모두 깊은 절망에 빠졌다. 비슈니악의 장례식[83]은 추운 겨울 뉴욕에서 이들이 모두 모인 가운데 치러졌다.

계속해서 늘어나는 초과 비용과 공학적 문제에 더해 비슈니악의 비극적인 죽음까지 겹치면서, 바이킹호의 생물학적 기기들이 발사 시점에 맞추어 모두 제작된다는 것은 기적에 가까운 일이 되었다. 울프 트랩이 포함되지 않는 것은 이제 명백해졌고, 생물학 팀은 다른 작업을 마치기 위해 안간힘을 쏟았다. 사실 울프 트랩이 예정대로 탑재되었더라면, 비슈니악은 남극에 가지 않았을 것이고, 프로젝트를 마무리하는 데에도 큰 도움이 되었을지 모른다.

결국 두 착륙선에 탑재될 두 개의 생물학 기기가 완성되었다. 1975년 3월 7일 NASA의 랭리연구센터Langley Research Center에서 바이킹 프로젝트 부서와 계약 업체에 서한을 보내, 간소화된 생물학 관련 기기들이 모두 완성되어 배달될 준비를 마쳤다고 알렸다[84].

플로리다에 모든 기기가 전달되었을 때, 케이프 커내버럴에는 매일같이 폭풍우가 몰아치기 시작했고, 또다시 탐사 팀은 시간에 쫓기게 되었다. 호로비츠가 지구의 미생물이 자라나고 번식해서 화성을 오염시킬 수도 있다는 걱정이 바보 같다고 이야기한 적이 있었지만, 과학자들은 어찌 되었든 착륙선 용융 방열판 아래쪽을 완전히 봉했고, 조금씩, 조금씩 오븐에 밀어 넣어 40시간 동안 뜨거운 질소 가스 속에 두어 멸균시켰다[85]. 발사 직전까지 조립과 테스트 작업은 계속되었고, 1975년 8월 20일, 쌍둥이 탐사선 중 바이킹 1호가 먼저 타이탄 III E로켓에 실려 발사되었다. 3주 후 바이킹 2호가 뒤따랐다.

대대적인 축제 분위기 속에서 첫 착륙선은 미국 건국 200주년에 화성 표면에 연착륙할 예정이었다. 한때 거대한 계곡으로부터 흘러나온 물로 가득 찼을 것으로 여겨지는 매리너 계곡 입구에 깊게 파인 곳이 설정된 착륙지였다. '황금빛 평원'이라는 뜻의 크리

바이킹 1호가 촬영한 화성 표면 사진

세 평원Chryse Planitia은 고대에 여러 개의 강줄기가 합류했던 지점으로 추측되는 곳이었다. 이 지점은 화성 표면의 평균적인 지점보다 고도가 많이 낮았는데, 이 말은 눈, 얼음, 혹은 높은 기압에서는 쉽게 증발되지 않는 액체 상태의 물이 지났던 흔적[86]이 남아 있을 수도 있다는 의미였다.

화성 반대편에는 바이킹 2호의 착륙 지점이 있었다. 시도니아 Cydonia는 화성 북극 분지의 아래쪽 끝에 있는 곳으로, 얼음과 가까운 지점이었다. 결과적으로, 대기는 조금 더 습할 것으로 예상이 되었고, 미생물체가 지나가는 구름[87]의 수분을 섭취할 수도 있을 것이라는 가설도 세워졌다.

두 지점 모두 매리너 9호가 보내온 사진에서는 표면이 매끄럽게 나왔기 때문에 선택된 곳이었다. 분화구와 계곡 사이에 착륙지로 맞아떨어지는 곳으로 보이는 지점이었는데, 1976년 6월[88] 궤도선이 보내기 시작한 컬러 사진 속에 나온 이 지점들은 발사 팀이 예상한 것과는 전혀 다른 모습을 하고 있었다. 바이킹 궤도선은 착륙선이 분리되기 전, 발사 팀이 착륙지를 평가하는 데 도움을 주는 사진을 전송하기로 설계되어 있었는데, 사진들에는 둥근 바위 덩어리들, 가파른 경사지, 숨은 작은 분화구들이 갑자기 초점에 잡힌 것이다. 발사 팀은 1971년의 거대한 모래 폭풍이 잦아들었지만, 공기 중에 남아 있는 연무가 매리너 9호의 사진에 필터처럼 작용해서 사진의 콘트라스트를 줄이고[89], 땅이 부드럽고 낮아 보이게 하는 효과를 만들어 냈음을 깨달았다.

"아마 우리가 화성을 전혀 이해 못하고 있었던 것일지도 모르겠다.[90] (…) 하지만 우리는 착륙할 곳을 찾아야만 한다. 내 생각에는……"이라며 탐사 팀의 프로젝트 매니저가 제트추진연구소 전체에 공포감을 전달했다. 건국 200주년을 맞는 날 탐사선이 화성에 충돌하는 그림은 그리 좋지 않다고 대체로 의견 일치를 본 탐사 팀은 일단 7월 4일 말고 다른 날을 착륙일로 잡으려고 시도했다. 하지만 시간이 너무 없었다[91]. 두 탐사선의 착륙 일정이 아주 가까이 잡혀 있었고, 통신 네트워크도 압박을 받을 것으로 예상되었다.

따라서 그다음 2주 동안[92] 궤도선이 경로를 바꾸며 화성 표면을 비행하면서 안전한 지점을 찾도록 했다. 착륙선에는 제작할 수 있는 최대 크기였던 너비 16미터[93]의 낙하산이 있었는데, 이것은 내려가는 동안 공기를 최대한 머금어 속도를 낮추기 위함이었다. 착륙 지점은 이 거대한 낙하산을 펼치고 내려갈 거리가 확보될 만큼 지대가 낮아야 했다. 하지만 이 지점이 궤도선과 커뮤니케이션 가능한 범위를 넘어서는 안 되었고, 탑재된 기구들을 작동하기에 너무 추워서도 안 됐으므로, 고도가 높은 넓은 지대도 제외되었다. 또한 착륙 지점은 평평해야 했는데, 그렇지 않으면 착륙선이 비스듬히 땅에 닿아 로봇 팔이 표면 위에서 속수무책으로 흔들릴 것[94]이 분명했다. 딱딱한 용암 지대도 피해야 했는데, 착륙선의 분석 기기가 채취할 토양이 없었기 때문이다.

마침내, 첫 번째 착륙선을 위한 지점이 선택됐다. 이 지점도 크리세 평원 안쪽이긴 했지만, 과거 여러 개의 강의 겹쳐 지나가던 지점은 아니었다. 7월 20일, 바이킹 1호는 분리되었다. 마치 포탄처럼 착륙선과 이를 보호하는 방호막이 쏜살같이[95] 화성 표면으로 탄도 궤도를 따라 강하했고, 궤도선은 계속해서 둥글게 돌았다. 시속 900킬로미터의 속도로 강하할 때, 지표에서 6킬로미터를 남

바이킹 1호가 로봇팔을 뻗은 모습

겨 두고 낙하산이 펼쳐졌다. 지표에서 1.5킬로미터 상공에서는 보호막이 떨어져 나갔고, 다리가 펴지기 시작했으며, 낙하산이 잘려서 역추진 로켓[96] 엔진이 점화되었다. 수 초 안에 딱정벌레처럼 생긴 착륙선이 사뿐히 표면에 앉았다. 제트추진연구소에서 환호성이 울려 퍼졌다. 모조지와 노트 패드만 사용해서[97] 다른 행성에 우주선이 착륙할 수 있게[98] 만든 것 자체가 기적적인 일이었다.

바이킹 궤도선에서 본 착륙 지점의 모습은 매리너 9호가 찍어 보내온 이미지보다 확연히 개선된 것이었다. 매리너 9호는 촬영을 15킬로미터 상공에서 했기 때문에 로스앤젤레스에 있는 로즈 볼 Rose Bowl 스타디움보다 작은 것[99]은 화면에 담지 못했다. 바이킹 궤도선들은 훨씬 더 넓은 영역을 찍을 수 있긴 했지만, 너비 100미터[100] 보다 큰 것들만 보이는 정도의 해상도였다. 화성의 표면이 실제로 어떨 것인지 아는 사람이 없었다. 첫 사진은 땅이 딱딱한 것을 보여 줄 수 있는 착륙선의 발 사진이었다.

다음 사진은 밝고 푸른 하늘 아래 암석이 많은 땅의 모습이었다. 이것을 본 한 과학자는 제트추진연구소의 복도를 돌아다니며 "푸른 하늘, 두 다다다……"라며 즐겁게 노래를 흥얼거렸다[101]. 칼 세이건을 포함한 탐사 팀의 많은 이들이 사실 화성에서 본 하늘은 검은색일 것이라 생각했다. 화성의 대기가 매우 옅으므로 머리 위에는 그냥 검은 하늘이 보일 것이고, 더 많은 대기를 통과해 보이는 수평선 근처는 조금 밝은 푸른빛이 도는 검은색일 것이라 예상했다. 하늘이 너무 밝은 것이 이상했다.

영상 처리 실험실에서는 햇빛의 각도, 고르지 못한 그림자, 곡선의 왜곡 등을 보정하는 역할을 했는데, 대기의 모습을 부정확하게 만들었다는 것을 서서히 깨닫기 시작했다. 착륙선 팩시밀리 카메라의 색상[102]을 조절해야 했는데, 컬러 다이오드는 적외선에 매우 민감했기 때문에, 색을 수치로 조정해 다시 만들어 내야 했다. 엔지니어들은 곧 화성의 하늘이 빛나는 파란색이 아니라는 것을 발견하게 되지만[103] 이상하게도, 어두운 파랑이나 검은색도 아니라는 것을 알게 된다. 화성의 하늘은 빛이 공기 중의 미세한 먼지 입자에 반사되면서, 밝은 오렌지색, 버터스카치 같은 색을 띠고 있었다.

바이킹호의 사진은 신속히 수정되었고, 추가적인 이미지가 전달되자, 낙관주의에 들뜬 칼 세이건은 열렬히 들여다보았다[104]. 카메라는 화성 생명체의 존재를 단 한 번의 관측으로 증명할 수 있는 유일한 도구였다. 세이건은 바이킹호의 착륙 지점을 "정말 지루한 곳으로 골랐지만[105] 희망을 걸 수는 있지"라고 말하며 탄식했다. 결국, 사진에서 가장 흥미로운 부분은 '빅 조Big Joe[106]'였는데, 몇 미터 정도 떨어진 바위 덩어리였다. 탐사 11일째 열린 기자회견에서, 세이건은 모여 있는 기자들에게 "적어도 아직까지는 돌들이 들여 올려져[107] 다른 곳으로 옮겨진 흔적은 보이지 않는다"고 농담했다.

화성 지표면은 고요했지만, 생물학 실험 결과는 크리세 평원에서 매우 흥미로운 일들이 일어나고 있었음을 암시했다. 최초에 채취한 표본 토양은 '그림자shadow'라는 이름이 붙은 바위[108] 앞에 있는, 아무것도 없는 맨땅에서 로봇 팔로 떠올린 것이었다. 이 표본은 "전기 기차에 놓인[109] V자형 용기 같은" 작은 양동이에 옮겨진 후, 착륙선 내부로 서서히 보내져 세 개의 생명 탐지 기구를 비롯해 화학적, 광물학적 기구가 분석을 하게 되어 있었다. 탐사 팀은 몇 날 며칠이고 실험 기기에서 결과가 나올 때까지 기다릴 준비가 되어 있었다. 기적적으로 오야마의 '치킨 수프' 실험에서 단 몇 시간 만에 갑자기 가스의 분출이 일어났는데, 잠재적으로는 엄청난 물질 대사의 결과라고도 볼 수 있었다. 개량된 걸리버 기기에서 방사성 물질이 포함된 이산화탄소도 감지되었다. 탐사 팀은 그야말로 황홀경에 빠졌다. 분석 기기 팀을 이끌었던 과학자는 "우리 모두 너무 흥분해서 사람을 내보내 샴페인과 시가를 사 오게 했었다[110]"고 회상했다. 분석기 담당자들은 자신들이 하고 있는 일의 무게를 잘 알고 있었고, 데이터 출력물을 인증하려 진지하게 자리를 지켰다[111]. 이들은 마음속으로는 이미 탐사선의 분석기들이 생명 탐지 요건을 만족했다고 보고 있었다.

하지만 갑자기 실험이 잘못되기 시작했다. 표본 안에 생명체가 너무 많은 것 같더니 불현듯 생명체가 아예 없는 것처럼 보이기 시작했다. 분석기 반응으로 불이 깜박이는 듯하더니 불이 사라졌다. 탐사 팀은 곧 치킨 수프 실험 중 영양분이 투입되기도 전에 가스 분출이 급격히 일어났고, 지구상에서 가장 비옥한 토양보다도 더 빠른 반응이 나타났다는 것을 깨달았다. 그러고는 혹시 실험을 위해 투입된 물이 강력한 화학적 연쇄반응을 일으킨 것이 아닌지 의문을 품기 시작했다. 생명체가 아니라 토양에 화학적 침식이 일어났던 걸까?

탄소가 포함된 유기 화합물을 측정할 수 있는 가스 크로마토그래프/질량 분광기 분석[112] 결과가 쐐기를 박았다. 분석 결과가 나오기까지 며칠 동안 지체가 되었는데, 토양 표본으로 관이 잠깐 막혀 버렸기 때문이다. 하지만 결국에 실험은 수행되었고, 유기물이라고는 아예 검출되지 않았다. 우주에서 떨어지는 혜성이나 운석 때문에 생명체가 없는 달에서도 약간의 유기 화합물은 나오기 마련인데, 화성에서는 이조차도 나오지 않은 것이다.

몇 주가 지나고, 비슷한 검사 결과가 크리세 평원에서 5천 킬로미터 정도 떨어진, 바이킹 2호 착륙지인 유토피아 평원Utopia Planitia에서 전송되었다. 생물학 팀은 생각해 낼 수 있는 모든 방안을 시도해 보았다. 실험 과정을 짧게도 해 보고, 길게도 해 보고, 조합을 다르게도 해 보았다. 하지만 결국 거의 모든 팀원들이 최초의 실험 결과는 거짓 양성이었다고 결론을 내리게 되었다[113]. 생명체의 구성 요소인 유기 화합물 없이 어떻게 생명이 있을 수 있다는 말인가? 생명이 살 수 있는 행성은 우리 은하에서 지구뿐임이 "거의 확실"하다며, 이제 화성도 극도로 척박한 것을 확인했고, 호로비츠는 "이제 우리는 꿈에서 깨어났다"고 선언했다[114]. 그의 관점으로 보자면, 바이킹호는 화성에 생명이 없다는 것을 보였을 뿐 아니라, 왜 생명이 없을 것인지도 보여 주는 듯했다. 화성에는 물이 없고, 우주선cosmic ray이 퍼져 있기 때문에 이 두 가지 요소만으로도 충분히 생명이 살기 힘들어질 수밖에 없었다. 호로비츠는 수십 억 년 동안의 강렬한 방사선에 노출된 결과 과산화수소 같은 산화제가 토양에 전체적으로 섞여 있다고 결론 내렸다. 부식성의 활성 산소가 짝지어지지 않은 전자와 반응성 원자나 분자 형태로 어디에나 퍼져 있어, 화학적으로 늘 공격받는 상태였던 것이다.

예상대로, 과학계의 일부 인사들은 칼 세이건에게 화살을 돌렸다. 그들은 세이건의 말도 안 되는 낙관주의를 비난하고 그가 대중의 기대치를 너무 높여 실망감을 키웠다고 힐난했다. 세이건은 기자들에게 실험 결과상으로는 생명이 없을 수 있다고 경고한 적이 있었는데, "그동안 실험 결과와는 상관없이 화성의 생명이 착륙선 외부에 도장된 지르코늄을 아삭아삭 먹고 있을 수도 있다[115]"고 농담조로 이야기했다. 세이건은 또한 착륙선에 카메라, 미끼, 조명 시스템을 달아서 화성의 생명체를 착륙선 쪽으로 꾀어야 한다며, 뱀, 거북이 두 마리, 카멜레온이 있는 그레이트샌드듄즈 국립공원보호지역Great Sand Dunes National Monument[116]을 생각해 보라고 했다. 하지만 물론 이곳에는 실리콘으로 만든 기린 같은 로봇은 없었다. 마치 있는 것처럼 말을 하는 것은 매우 무책임한 일이었다. 비판가들은 세이건이 그저 쇼맨이나 장사꾼 같은 슈퍼스타라고 생각했고, 화를 냈다.

한 편 세이건은 바이킹 궤도선이 보낸 수천 장의 이미지를 구석구석 훑어보며 생명체의 신호를 찾기 위해 애썼다. 세이건과 학생들은 한 장씩 사진을 들춰 보고 사분면씩 나눠 보기도 했지만 별다른 것이 없었다. 탐사 결과는 칼 세이건을 다른 모든 화성 과학자들처럼 냉철하게 만들었다. "역사상 가장 위대한 과학 실험"이 실패한 것에는 이제 의심의 여지가 없었다. 칼 세이건조차도[117] 화성 표면의 움직임을 감지하기 위해 자신이 끝내 관철하여 착륙선에 포함시킨 단일 슬릿 스캐너 작동을 바이킹 탐사 팀이 중단시켰을 때 반대할 수 없었다. 바이킹호가 보내온 데이터 자체로 화성 과학과 관련된 전체 커뮤니티가 그다음 20년을 연구해야 했다. 우주 탐사선을 다시 보내기까지 그렇게 오래 걸렸기 때문이다. 우주생물학은 성냥에 붙은 불꽃처럼 타오르다가 재가 되어 버렸다.

제5장
하늘에서 떨어진 돌

2백만 년 동안 비가 내리지 않고 색이 바란 듯 보이는 하늘 아래 남극의 얼어붙은 땅에는 어린이나 개가 뛰어노는 모습은 볼 수 없다. 울프 비슈니악은 여기서 화성 지질에 대해 그때까지 알려진 것과 그가 지구의 생물에 대해 아는 것들을[1] 연결시켜 극한의 조건에서 살아남는 미생물을 이해하려 했다. 위안이 되는 것은 아니지만, 비슈니악은 죽기 전 자신이 찾아 헤매고 있던 것을 발견했음을 알았다. 바로 "생명이 없는" 토양에서 사는 생명체[2]였다. 비슈니악이 아스가르드산맥에서 뽑아 낸 현미경 슬라이드에는 놀라운 생명의 별자리가 보였다. 빛에 비추어 보면 작고 반짝이는 은하같이 보였다.

슬라이드에 들어간 세포들은 비슈니악의 동료가 가진 페트리 접시에는 없었는데, 왜냐하면 비슈니악은 미생물을 그대로 둬서 자연 상태와 비슷한 상태에서 자라게 했기 때문이다. 비슈니악이 죽고 나서 그의 물품들은 아내 헬렌에게 보내졌다. 헬렌은 이 슬라이드에 수백 개의 세포와 미생물은 물론 진핵생물3도 포함되어 있는 것을 발견했다.

비슈니악의 유품 중 또 다른 하나는 차가운 사암 덩어리들이 든 가방이었다. 비슈니악은 가방에 "임레 프리드먼Imre Friedmann을 위한 표본4"이라고 써 놓았다. 프리드먼은 플로리다주립대학에 있던 동료 미생물학자였고, 오랜 기간 바위 안에 살아남는 생명체를 보고 싶어 했지만, 남극에 답사를 갈 연구비를 확보하는 데 번번이 실패했다. 그래서 프리드먼은 비슈니악에게 남극에서 돌을 주워 달라고 부탁했고, 헬렌에게 받은 가방 속 돌에서 획기적인 발견을 하게 된다.

1976년, 프리드먼은 청록색 단세포 지의류가 사암의 구멍 속 공기를 정복하고 있었고, 작은 돌 구멍을 집처럼 자신을 보호하는 데 쓰고 있다는 연구 결과를 『사이언스』지에 발표했다5. 달리 말해 생명체는 얼어붙는 추위에 사막에서뿐 아니라, 차가운 돌 속에서도 살 수 있었다.

이러한 발견들은 바이킹 1호가 1982년 크리세 평원의 서쪽 경사면에서 보낸 미약한 전파를 기점으로 중단되었던 외계 생명체 탐색의 새로운 국면을 열었다. 1970년대에 꿈에 부풀어 있던 대학원생들 중 일부가 화성에 대한 논문을 쓰곤 했지만, 이 젊은 과학자들에게는 근거로 삼을 데이터가 매우 부족했기에 1980년대와 1990년도에 지구로 눈을 돌렸다. 그 결과 극한성極限性 생물을 연구하는 새로운 분야가 탄생했다. 과학자들은 지구상에 있는 틈새를 조사하면서 생명체의 한계에 대해 더 잘 이해하고자 했다.

바닷물보다 몇 배는 염도가 높은 물, 메탄으로 과포화된 환경,

주방 세제와 비슷한 pH 수치를 나타내는 호수 등에서 곧 미생물이 발견됐다. 어둠 속 심해를 들여다보던 과학자들은 생명체를 찾았을 뿐 아니라, 복잡하고 풍요로운 생태계[6]가 조성되어 있다는 사실을 알게 되었다. 유독한 황화수소 가스가 있고, 납을 녹일 수 있을 정도로 고온이며 열수 분출공이 있는 곳에서도 미생물 군락으로 가득했다. 긴 것은 길이가 2미터나 되는 갯지렁이tube worm 종류가 덤불처럼 모여 인간의 팔처럼 흔들리고 있었다. 잠수정으로 해저를 가로지르며 불빛이 비춰지면 지렁이 끝에 달린 붉은 깃털 같은 것이 가장 먼저 보였다. 이 생물들은 햇빛이 닿지 않는 깊은 곳에서 생명체가 감당해 낼 수 있다고 누구도 생각하지 못했던 기압 환경에서 살아남았다. 이런 환경에서 생명체의 물질 대사 방법은 광합성을 에너지원으로 삼는 방법과는 다를 수밖에 없었다.

옐로스톤국립공원Yellowstone National Park의 온천 구역에 이상하게 거품이 나는 물에는 부드럽고 소금이 껍질같이 앉은 퇴적암이 있는데, 여기에서도 미생물은 발견되었다. 옥토퍼스 스프링Octopus Spring에는 분홍색 머리카락 같은 호열성 박테리아Thermus aquaticus[7]가 있었는데, 이들은 매우 온도가 높은 환경에서도 생식이 가능했다. 슈도모나스 배티세트Pseudomonas bathycetes 세균[8]은 마리아나 해구에서 발견됐고, 데이노코쿠스 라디오두란스Deinococcus radiodurance[9]는 원자로 폐기물에서 검출되었다. 생명체는 어디에서나 살 수 있는 듯 보였다.

일련의 연구 팀이 남극의 앨런 힐Allan Hills이라는 곳에서 감자 같은 모양을 한 작은 돌을 찾으러 갈 준비를 완료했다. 1984년 크리스마스 이틀 뒤, 로비 스코어Robbie Score라는 젊은 과학자는 아스가르드산맥에서 200킬로미터 남쪽에 있는 대륙 빙하에서 작은 어두운 지점[10]을 발견했다. 스코어는 남극 운석 탐사 팀의 연구원들과 함께 스노우모빌을 타고 있었다. 그녀는 자신의 설상 스쿠터 속력을 높여 이 어두운 지점을 더 자세히 보고 동료들에게 손짓했다. 마치 금속성의 흰색 바탕을 배경으로 녹색에 가까워 보이는 물체였다. 연구원들은 사진을 충분히 찍은 다음 투명한 비닐 가방에 조심스럽게 돌을 넣고, "ALH84001"이라고 레이블을 붙였다. ALH는 알란 힐, 84는 1984년도, 001은 그해 처음 발견한 것이라는 뜻이었다.

남극 운석 탐사 팀이 설립된 이유는 남극에서 운석이 그 어느 곳보다 많이 발견되기 때문이다. 다만 운석이 남극에 많이 떨어져서 그런 것은 아니고, 운석이 더 잘 보이는 것일 뿐이다. 사실, 남극의 특정 부분에서는 눈에 보이는 돌의 거의 대부분이 운석일 정도다. 느리게 흐르는 얼음들이 거대한 남극 대륙 안으로 운석을 모으기도 한다. 빙하들은 슬금슬금 비탈길로 내려가 바다에 빠지거나 산맥에 부딪히게 된다. 이때 진행하던 방향에서 막히게 되면, 갇혀 있던 얼음이 제거되면서[11] 얼어 있던 운석이 표면에 노출된다. 남극 대륙의 척추와도 같은 남극 횡단 산지Transantarctic Mountains의 측면에는 지구상 어느 곳보다 축적된 운석이 집중적으로 모여 있다. 마치 하얀 도자기 위에 있는 후추 부스러기처럼 눈으로 발견하기도 쉽다.

남극의 여름 끝자락에 ALH84001[12]은 그 시즌에 발견된 다른 물품들과 함께 실내 온도 조절기가 있는 컨테이너에 실려 미국으

ALH84001 사진. 얼핏 보면 그저 그런 돌덩어리처럼
보이는 이 암석이 한때 과학계에 일으킨 파장은 실로
엄청난 것이었다.

로 배송되었다. 1985년 초, 휴스턴의 청정실로 옮겨진 이 바위를 NASA에서는 0.5그램 정도로 쪼개서 스미소니언국립자연사박물관Smithsonian National Museum of Natural History에 분류 요청을 보냈다. 스미소니언의 젊은 큐레이터는 이 운석을 디오제나이트diogenite•로 분류했는데, 화성과 목성 사이의 베스타Vesta 소행성대[13]에서 왔을 가능성이 높다고 보았다. 이 돌에는 철 성분이 풍부한 이상한 갈색 탄산염이 드문드문 있었는데, 큐레이터는 지구에서의 풍화 작용 때문일 것이라고 대수롭지 않게 생각했다.

7년 동안 ALH84001은 NASA존슨우주센터Johnson Space Center의 안전 금고에 보관되어 있었다. 1992년, 혼란스러워하던 과학자 한 명이 31번 빌딩 근처[14] 복도를 배회했다. 그는 베스타 소행성대에서 지구로 온 파편들에 대한 체계적인 연구를 하고 있었는데[15], 탄산염이 있는 디오제나이트가 여기 어떻게 있는지 알 수가 없었다. 그는 데이비드 맥케이David McKay의 연구실에 들렀다.

맥케이는 구부정한 자세로 급히 걷곤 하는 지질학자였다. 맥케이는 동글동글한 뺨 위에 금속 테의 안경을 썼고, 격의 없는 사람이었다. 고향은 펜실베니아주의 티투스빌인데, 6학년 때 케와니 정유회사에서 회계 일을 하던 아버지를 따라 오클라호마주 털사로 이사했다. 그런 다음 텍사스주의 휴스턴으로 터전을 옮겼다. 맥케이는 모교인 휴스턴의 라이스대학에 지질학 박사 과정으로 다시 들어오기 전까지 이 일 저 일을 했었는데, 처음에는 해양 석유 굴착 일을 하기도 하고, 사막에서 혼자 조사 일을 하기도 했었

• 석질 운석의 한 종류

다. 그는 1962년 존 F. 케네디 대통령이 라이스대학 미식축구 경기장에서 미국이 1970년까지 달에 가기로 했다는 연설을 했을 때 그 자리에 있었다. "왜 이것이 우리의 목표인가?[16] 혹자는 묻습니다. 우리는 1970년 전까지 달에 가기로 했고, 다른 우주 사업도 할 것입니다. 그것들이 쉬워서가 아니라 어려운 것을 알고 있기 때문입니다. 이 목표들은 우리가 가진 최선의 능력과 기술을 종합하고 가늠해 보는 척도가 될 것입니다. 이 도전을 우리는 기꺼이 받아들일 것이고, 지체하지 않을 것이며, 끝내 이기게 될 것입니다." 연설을 듣고 깊은 감명을 받은 맥케이는 휴스턴 남쪽 염생초 지대에 생긴 존슨우주센터에 자리를 구했다.

1990년대 초반, 맥케이는 ALH84001이 베스타 소행성대에서 왔을 것이라 생각하고 조사를 하고 있었지만, 근원을 찾아내고 싶어 견딜 수가 없었다. 과학자들은 수백 년에 걸쳐 자신들이 찾은 운석들의 근원을 알아내고 싶어 했으니 당연한 일이었다. 돌덩어리가 하늘에서 뚝 떨어진다는 생각은 한때 조롱의 대상이었다. 18세기 유명한 광물학자는 "우리 시대에는 그런 동화 같은 일[17]이 일어날 수 있다고 생각한다는 것 자체가 용서할 수 없다"고 한 적이 있었다. 어떤 이들은 화산이 분출할 때 작은 폭탄처럼 이상한 물체들이 날아올라 떨어진다고 보기도 했고, 우박이 가득 찬 구름 속에 응결된 돌 덩어리가 있다고 생각하기도 했으며, 번개에 맞은 돌이 튄다고도 생각해서 '뇌석[18]'이라는 이름을 붙이기도 했다. 아이작 뉴턴의 연구에는 행성 간 우주 공간에서 작은 물체들이 존재하지 않는다는 것을 시사했고, 이러한 생각에 대해 19세기까지 누구도 의심하지 않았다. 19세기 초, 한 독일 물리학자가 최초로 운석이 우주 공간에서 떨어지면서 불덩이처럼 되는 것이고, "다른 세상의 조각[19]"일 수 있다고 말해 비웃음을 샀다.

맥케이는 ALH84001이 소위 말하는 SNC 운석[20]의 종류가 아닐까 궁금했다. SNC 운석은 "스닉"이라고 부르기도 하는데, 셔고타이트shergottite, 나클라이트Nakhlite, 샤시나이트chassignite를 묶어 부르는 말이다. 각각 인도의 셔고티[21]에서 1865년 발견된 운석, 이집트의 엘 나클라에서 1911년 발견된 운석, 그리고 프랑스 샤시니에서 1815년 발견된 운석을 기준으로 삼은 것이다. 이 세 운석이 떨어질 때 어마어마한 폭음이 들렸다고 하고, 나클라이트의 첫 조각은 강아지 위에[22] 떨어졌다는 말이 있다. 작은 마을에 떨어진 세 바위가 다른 바위들과 구분되는 흥미로운 특징을 가진 것은 명백했지만, 대체 이것들이 어디에서 왔을까?

SNC 운석 군과 비슷한 부류의 바위가 세월이 가면서 많이 발견되고 이들의 기원에 대한 궁금증도 커져 가던 중, 1983년에 바위 속 작은 주머니 같은 공간에 공기가 있는 것을 발견하게 된다. 운석 안에 공기가 갇혀 있다는 것 자체만으로도 매우 놀라운 일이었다. 혜성, 소행성, 달, 수성 같은 기체가 아예 존재하지 않는 것들이 자동적으로 운석 기원의 후보지에서 제외되고, 대기가 있는 화성 같은 행성만 남게 되기 때문이다. 이들 행성의 대기 조성 성분의 화학적 특성을 모두 정리해 놓고, 운석 속 공기를 분석했더니, 조성 성분이 지구에서 분광기로 분석한 화성 대기 성분뿐 아니라 바이킹 착륙선이 직접 분석한[23] 화성 대기 성분과도 완전히 일치했다. 추가적으로 어떻게 이런 파편이 화성 표면에서 녹거나 증발되지 않고서 떨어져 나갔는지에 대한 새로운 가설이 제기되었다.

어떤 측면에서 보면, ALH84001은 데이비드 맥케이가 보기에 다른 화성 운석들과도 비슷했지만, 명백하게 다르기도 했다. 첫째, ALH84001이 다른 화성 운석보다 적어도 세 배는 나이가 많았다. 맥케이의 동료 과학자 한 명이 ALH84001이 화성 표면을 끊임없이 강타하고 있는 우주선에 얼마나 오랫동안 노출되어 있었는지를 분석했는데, 결과는 놀라웠다. 태양계가 형성된 후 겨우 5천 만년 뒤에 형성된 것으로 나왔는데, 이 말인즉슨 ALH84001이 지구를 포함해서 그때까지 발견된 모든 다른 행성의 돌들보다 오래된 것이라는 말이었다[24]. 1600만 년 전[25] 화성에 큰 충돌이 있었고, 거친 지표 환경으로부터 보호되고 있던 아래쪽까지 틈이 생기고, 여기서 나온 돌이 우주 공간으로 내던져져서 지구를 향해 왔던 것이다. 우주선 노출량으로 보았을 때, ALH84001은 남극에 1만 3천 년 전에 떨어졌을 것으로 추정되었다. 농경 시대가 시작되거나 문명이 발생하기 전이다. ALH84001은 마지막 빙하기가 끝나는 시점, 즉 지구에 넓게 확장되었던 빙하가 줄어들던 시기에 떨어졌다. 주먹만 한 이 돌은 땅 속에서 그 긴 세월 얼어붙어 바람, 폭풍, 햇빛으로부터 보호되고 있었던 것이다.

맥케이는 연구실에서 종종 밤늦게까지 일하는 동안 천상의 목소리를 가진 아일랜드 가수 엔야Enya의 노래를 듣는 것을 좋아했다[26]. 돌을 들여다보는 동안 오렌지빛의 탄산염 혹[27] 같은 것들을 발견했는데, 뒤이어질 여러 건의 기이한 발견들 중 하나였다. 이 탄산염 혹들은 극도로 이상했는데, 마치 올빼미 눈처럼 동그란 반지 같았다. 운석 속 탄산염의 비율은 1퍼센트 정도였는데, 이것은 뜨거운 화산체가 식어서 형성된 암석에서 찾을 수 있는 탄산염의 양보다 훨씬 더 많았다. 지구상에서 탄산염은 북미 지역을 광활하게 덮고 있는 석회석을 비롯하여 물이 있는 곳, 혹은 물이 액체 상태로 있는 기온을 가진 곳이면 어디든 존재한다. 바위 속 탄산염의 존재는 화성이 한때 물에 덮였던 곳이라는 사실을 암시했고, 이 바위가 형성되었을 당시에는 생명체가 살 수 있는 환경이었을 수 있다는 뜻이기도 했다.

곧 맥케이의 동료인 케이티 토머스-케프르타Kathie Thomas-Keprta가 미묘하게 자철석 결정이 탄산염 속에 마치 실에 꿴 구슬 같은 모양으로 있는 것을 발견했다. 이것도 예상치 못한 것이었다. 지구에서 미생물은 결정질 구조를 생산하는데, 주변을 미끄러지듯 움직일 때 작은 컴퍼스[28] 같은 역할을 한다. ALH84001 속 자철석 결정들은 유난히 순도가 높았다[29]. 보통 자연적으로 지질학적 과정을 거치게 되는 경우, 자철석은 마그네슘, 칼슘, 철을 함유한다. 하지만 미생물은 자성이 강한 철이 든 자철석을 선택하는 경향이 있다. 자연 조건 하에서 자성이 있는 광물은 탄산염과 다른 pH 수치를 가지기 때문에, 탄산염과 자철석 결정이 같이 있는 것은 드문 일이었고, 잠재적으로 생명체가 존재한다는 신호일 수 있었다. 수십억 년 전에 미생물이 화성의 바다에서 고대의 자기장을 따라 흘러 다녔던 것일까?

만약 그렇다면, 이 바위 속에는 생명체의 구성 요소인 유기물의 흔적이 자철석 구조와 함께 있어야 한다고 맥케이와 동료들은 생각했다. 이 가설을 검증해 보기 위해, 맥케이는 운석의 표본을 채취해 스탠퍼드대학의 저명한 레이저 화학자에게 보냈다. 몇 주만에 다핵 방향족 탄화수소polycyclic aromatic hydrocarbons, PAHs가 모여 있는 것을 탐지했다. PAHs는 석유, 석탄, 타르 혹은 숲이 타고 탄화된 남은 부분, 혹은 불에 구운 스테이크의 검은 잔여물 등에서 발견되는 것이다.

맥케이와 그의 팀은 아직 머뭇거렸다. PAHs가 결정적 단서는 되지 못했다. PAHs는 흔히 지구에서 세포가 부패하면서 생겨나는 부산물로 형성되기도 하고, 새로운 별이 생겨날 때도 만들어진다. 그렇다 해도, 맥케이는 화성에 유기체가 있다는 진정한 최초의 단서를 찾은 것 같았다. 최소한 PAHs는 화성에서 어느 시점에 존재할 수도 있었던 생명체에게 이로운 화학적 조건이었다고 말할 수 있었다. PAHs는 또한 바위의 안쪽으로 갈수록 농도가 높아졌는데, 외부 오염으로 검출된 것이라는 주장에 반박할 수 있는 또 하나의 증거였다. 뿐만 아니라, ALH84001에 있는 PAHs는 정확하게 탄산염과 자철석 결정들이 모여 있는 곳에 같이 있었다.

맥케이는 ALH84001을 존슨우주센터에서 계속 조사하고 있었고, 운 좋게도 최신 기술을 사용한 주사전자현미경을 사용할 수 있었다. NASA가 우주선에 쓸 하드웨어의 작은 균열과 흠집을 탐지하기 위해 얼마 전 들여왔던 것이었다. 맥케이는 이 현미경을 사용하면 전에 없던 해상도로 운석의 광물 구조를 볼 수 있다는 것을 알았다.

1996년 1월 어느 날, 맥케이와 동료 한 명은 운석에 있는 작은 얼룩에 맞춰 빔을 켰다. 마치 처음 보는 대륙 전체를 보는 것처럼 눈앞에 뭐가 이상한 것이 갑자기 나타났다. 맥케이와 동료는 미동도 않고 가만히 앉아 있었다. 가장자리에는 오렌지 빛의 둥근 탄산염 방울이 마치 언덕을 기어 올라가는 벌레 같은 모양으로 있었

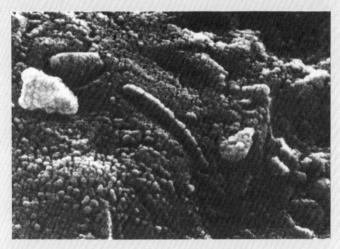

전자현미경으로 ALH84001 암석에서 촬영한 탄산염 모습. 마치 원시적인 미생물 조각처럼 보인다.

는데, 마치 기어가는 중간에 화성의 폼페이 화산 폭발 속에 중단된 것 같았다. 밧줄처럼 생기기도 한 이 방울은 50에서 100나노미터의 너비였고, 꼭 원시적인 미생물 조각 같아 보였다. 이 모양은마치 나노박테리아 화석, 즉 생명체의 실제 화석같이 보였다.

맥케이는 너무도 흥분하여 이미지를 출력해 열세 살짜리 딸이찾도록 내버려 두었다. 딸이 출력한 이미지를 발견했을 때, "이게뭐 같이 보이니?"라고 아무렇지도 않은 척[30] 물으니 딸은 선선히"박테리아요."라고 대답했다.

이 현미경 이미지를 보고 맥케이는 조사 결과를 발표해야겠다는 결심을 굳혔다. 그의 팀에서 분석한 ALH84001의 모래알만 한표본들에서 탄산염, 자철석, PAHs가 모두 검출되었다. 이 세 가지특징들도 생명체의 존재를 암시하는 것이었다. 그리고 맥케이가 본현미경 이미지 속 구조는 시각적으로 생명체의 잔존물일 수도 있었다. 각각의 특징들에 대해 그럴듯한 설명이 모두 가능했으나 이 모든 것을 함께 고려했을 때, 특히나 이 모든 것이 같이 존재한다고 했을 때, 맥케이는 놀라운 결론이 나온다고 보았다. 그의 팀이 화성에서 원시 생명체의 증거를 최초로 발견했다는 것이다.

맥케이와 그의 팀원들은 논문의 초고를 준비하여 『사이언스』지에 제출했다. 게재 여부를 결정하는 검토 위원은 9명이 있었는데, 칼 세이건도 포함되어 있었다[31]. 그보다 2년 전인 1994년에 칼세이건 자신이 논문을 썼었는데, 그때까지 하늘에서 떨어진 돌에서 미생물체가 발견된 적이 없다는 내용이었다. 그는 책상에 놓인맥케이 팀의 초고를 읽고는 말문이 막혔다. 골수병을 앓고 있는지금에서야 ALH84001로 평생 자신이 공들인 일들이 드디어 결실을 맺는 듯 보였다.

논문은 심사를 통과했고,『사이언스』지 다음 호는 8월 중순에 나오기로 되어 있었다. 언론의 열광적인 반응을 예상한 NASA는 이 소식이『사이언스』지의 공식 출판일까지 밖으로 새어 나가지 않도록 단속했다. 맥케이는 남은 2주 정도 숨을 돌리고 역사상 가장 유명한 과학자가 될 준비를 할 수 있게 되었다.

맥케이는 가족과 함께 프리오강Frio River으로 캠핑을 갔다. 이곳은 주립 공원이고, 수억 년 전 흐름을 바꾼 바다 가장자리에서 생성된 무른 돌들이 있는 곳으로 지질학적으로는 매우 신나는 곳이다. 모래와 단층이 밀어 올리면서 생긴 석회암 고원 곳곳에 선사 시대 동물들이 자취를 남겨 놓은 장소였다. 그들은 사이프러스나무 아래 백악기에 만들어진 바위 위 구불구불한 길을 운전하여 올라갔다.

맥케이처럼 나도 바위에 둘러싸여 있을 때 편안함을 느낀다. 내가 어렸을 때, 아버지는 언니와 나에게 고속도로를 내기 위해 땅을 잘라내 아스팔트를 깔 자리를 만들어 놓은 도로 절단면을 보여 주려고 운전을 하고 교외로 나가곤 했다. 켄터키주 동부의 할머니 댁으로 가는 길에 있는 마운틴 파크웨이를 따라 절단면이 만들어져 있었다. 할머니는 강인한 분이셨는데, 나이가 드시면서 더 강인해지셨다. 할아버지가 돌아가신 후에 엑스선 촬영 보조 일을 그만두셨지만, 동네 여자 분들에게 파마를 해 주었고, 원목 패널로 꾸민 시끄럽고 어두운 주방에서 수프를 끓이곤 했다. 아버지는 차를 종종 세워 이 지역 암벽에서 이끼류, 완족류, 땅딸막한 삼엽충, 갑주어, 고대 바다나리, 해저에 붙어 다니는 해수 동물들의 화석을 찾아 나서기도 했다.

켄터키의 해저드로 향하는 길 중간 즈음에 뻗어 있는 공원 도로를 달리는 동안에는 세월이 수천만 년씩 지나간다. 팬케이크처럼 쌓여 있는 암석들은 나아갈수록 연대가 어려진다. 척박한 대륙으로 향할수록 생명체의 역사가 연대순으로 정리되어 있다. 양서류가 한때를 장악했다면, 그다음엔 곤충들이 나오고, 이윽고 등에 돛 같은 것이 달린 파충류들이 나온다.

언니와 나는 차 뒷좌석에 앉아 있고 아버지는 운전을 하며 커피가 든 보온병을 열곤 했는데, 우리 자매는 커피 냄새를 참을 수가 없었다. 우리는 뒤척거리면서 신음을 내며 숨을 쉬지 않고 창문을 얼른 열었다. 우리가 숨 막히는 척을 하는 동안 아버지는 커피를 한 모금씩 드셨다.

아버지는 슬레이드 가까이 다다르면 기다란 회색 쉐보레 자동차를 가드레일 쪽으로 방향을 틀어 세웠다. 내리막인 공원 도로가 켄터키 동부 석탄 광산 끝에 있는 급경사면에 닿는 곳이었다. 아버지가 차에서 내려 우리 자매를 불러 신선한 공기를 마시라고 하면서 지질학 수업을 시작하면 어머니는 옆에서 한숨을 쉬기도 했다.

이럴 때 친구와 같이 있었다면 조금 부끄러웠을 수도 있었겠지만 나는 언니와 있었고, 마치 모범생처럼 언니의 손을 잡고 아버지가 우리를 기다리는 곳으로 쿵쾅쿵쾅 달려갔다. 아버지는 암석의 층을 가리켜 보이면서 어떻게 암석층들이 내려갔다 뒤틀리고 없어지는지 설명해 주었다. 언니 에밀리는 그러면 고개를 끄덕였다. 언니는 나보다 두 살 많았는데, 다운증후군이 있었기 때문에 나는 일고여덟 살 즈음에 언니의 키를 따라잡았다. 언니는 아버지가 가리키는 곳을 자기 손가락으로 따라 짚으며 아몬드 색의 귀여운 눈으로 아버지를 올려다보며 웃었다. 나는 쭈그리고 앉아서 암석에서 화석을 찾아내려고 애썼다.

나는 땅에 비밀이 있고, 생명체가 암석에 미라처럼 남아 있다는 사실에 매혹되었지만, 그렇다고 말하고 다니기는 수줍었다. 그곳의 스케일은 어마어마했다. 암석층은 수 킬로미터에 걸쳐 형성되어 있었다. 돌들은 새가 공기 중에 날아다니기 전부터, 형형색색의 꽃이 피어나기 전부터, 바다가 낮았을 때, 켄터키가 적도에 있을 때부터의 역사를 모두 품고 있었다.

나는 ALH84001을 처음 보았을 때, 고향의 공원 도로 근처 암석층에 보존되어 있던 바다나리 화석을 떠올렸다. 오랫동안 나는 바다나리가 기어 다니는 생물이라고 생각했는데, 모습이 꼭 비가 오면 길 바닥에 늘어져서 기어가는 지렁이 같았기 때문이다. 나는 돌 안에 있는 곡선의 형체가 주변에 있는 암석의 질감, 색상과 어우러져 있는 모습을 보는 데 익숙했다. 이런 특성들은 벌레가 진흙에 남긴 자취였지만, 바다나리가 남긴 것은 아니었다. 바다나리는 구불구불하지 않았고, 부드러운 몸체를 가졌지만 기어 다니지 않았다. 아버지가 돌을 바라보던 나를 이해시키기는 힘들었지만, 얇은 뼈 무더기 층은 불가사리의 친척뻘되는 이상하고 아름다운 고대의 바다나리 촉수가 석회화된 것이었다.

대부분은 그저 사라졌지, 라고 아버지가 설명해 주던 기억이 난다. 견고한 것들만 남아 있고, 나머지 것들은 부서지고 씻겨 내려 갔다고.

맥케이는 고대의 해저 지형이었던 텍사스 힐 컨트리로 떠나면서 혹시 무슨 일이 생길까 봐 호출기를 가방에 넣어 갔다[32]. 며칠이 지나도 아무도 그를 찾지 않았고, 그는 이것이 슬슬 마음에 걸리기 시작했다. 8월 6일, 맥케이는 캠핑장에 있는 가게 옆에 있던 공중전화로 사무실에 그저 확인 차 전화를 한 번 걸어 보기로 했다. 맥케이의 기대와는 달리, 그의 돌 이야기는 이미 다 퍼져 있었다[33]. 호출기는 휴스턴 시를 벗어나서는 통신이 불가능했던 것이다. NASA는 그야말로 난리통이었다. 아내와 세 딸은 어쩔 줄을 몰라 하며 맥케이를 일단 샌안토니오 공항으로 데려가 워싱턴행 비행기를 타게 했다. 다음 날 맥케이는 NASA 본부 강당의 밝은 조명 아래에서 수백 명의 기자 앞에 섰다.

두 시간 반짜리 기자 회견이 시작됐을 때, 백악관에서는 빌 클린턴 대통령이 남쪽 잔디밭에 마련된 연단에 서서[34] 데이비드 맥케이의 발견을 전 세계에 알리고 있었다. "오늘, 84001번 바위는 수십억 년을, 수백만 마일을 뛰어 넘어 우리에게 말을 걸었습니다. 우리의 발견을 확정할 수 있다면, 인류의 우주과학이 이제까지 밝혀낸 것 중 가장 놀라운 통찰력이 될 것입니다. 이 바위에서 발견한 것은 우리가 상상할 수 있는 한, 가장 원대하고 장엄한 일이 될 것입니다……."

줄무늬 셔츠를 입고, 우주 테마 무늬의 넥타이를 매고 있던 맥케이는 NASA 본부 기자 회견장에서 소개를 받을 때 언론의 집중적인 관심에 정신이 없는 표정이었다. 연단 앞에는 ALH84001의 조각이 유리 케이스 속 검은 벨벳 위에 놓여 있었다. 남극의 앨런힐에서 12년 전에 발견된 4파운드짜리 원래 바위에 비하면 매우 작은 1.3온스의 파편이었다. 그는 케이스를 앞으로 내밀었고, 초조한 모습으로 턱을 당기며 수십 개의 카메라 플래시가 한 번에 터지면서 유리에 반사되는 빛을 보고 있었다.

미국국립과학재단 의장, 국립보건연구원장, 전미과학공학의학 한림원장이 모두 맨 앞줄에 앉아 있었다[35]. 맥케이는 NASA 국장이 "믿을 수 없는 날[36]"이라고 말하며 대통령이 그해 가을 포괄적인 우주 탐험 회의를 요청했다고 재차 이야기하며, "우린 이제 천국의 문 앞에 와 있습니다. 정말 살아 있는 보람이 있는 시대군요."라고도 했다.

뒤이은 몇 시간 동안, ALH84001은 전 세계 언론의 헤드라인을 장식했다. 며칠 내에 약 백만 명의 사람이 『사이언스』지가 막 개설한 홈페이지와 웹 알림 서비스에 접속해 논문을 읽었다. 경매장에서 운석의 가격은 치솟아 올라 1그램당 가격이 200달러에서 2,000달러가 되었다[37]. 의회에서는 청문회 날짜를 잡았다. 존슨우주센터 복도에는 뉴스 기자들이 벌 떼처럼 모여들었다. 수백 년간 관측 후에, 그리고 수십 개의 탐사선을 보내고 나서, 화성 생명체의 존재에 대한 질문의 답이 나왔고, 그 답은 말 그대로 하늘에서 떨어졌을 뿐이었다.

ALH84001은 1만 3천 년 전에 남극에 떨어졌지만, 발견된 후 몇 년의 짧은 기간 동안 모든 것을 바꿔 놓았다. ALH84001이 바이킹 탐사선 프로젝트가 진행 중일 때 발견되고 분석되었다면, 과학자들은 의미 있는 분석이 가능할 만큼의 큰 충격이나 흥분을 하지 않고 운석이 지구에 떨어진다는 것, 그리고 미생물체가 극도로 척박한 환경에서 살아남을 수 있다는 것을 믿지 않았을 수도 있다. 어찌 되었든 맥케이가 1990년대에 쓸 수 있었던 최첨단 기구는 당시에는 없었다.

1990년대 즈음에 우리는 생명체의 한계를 이해하는 데 비약적인 진보를 이룬 상태였다. 하지만 ALH84001에 있는 화석만큼 작은 미생물을 본 과학자는 없었다. 맥케이는 매우 조심스러운 과학자로 정평이 나 있었다[38]. 그가 묘사한 운석의 특징들에 대해 아무도 의문을 제기하지 않았지만, 이것의 의미에 대해서는 곧 반론들이 제기되었다. 비판들 중 가장 눈에 띈 것은 전미연구평의회National Research Council의 보고서였는데, 절단된 조각들이 생명체 존재의 생화학적 필요조건을 갖추고 있기에는 충분히 크지 않다는 것이었다[39].

곧 맥케이 팀에 합류하도록 초청받은 적이 있던 젊은 영국 연구자가 ALH84001 속 유기물이 사실 지구에서 비롯된 것일 수 있다는 신호를 발견하게 되는데, 남극의 해빙수가 스며들었을 수도 있다는 것이었다. 얼마 지나지 않아, 존슨우주센터에서 맥케이의 동생 고든[40]이 이끄는 다른 연구 팀은 거의 똑같아 보이는 탄산염 결정줄들이 실험실에서 만들어질 수 있음을 보였다. 맥케이는 곧바로 인공적으로 순수한 시재료가 이런 실험에서 사용됐지만, 자연 상태에서 이 정도의 순도는 관찰된 적이 없다고 고든에게 반박했다. 맥케이는 여전히 생물 기원적 해석이 가장 상식적이라고 생각했고, 이 해석이 "다른 화성 기원 운석들에서 발견된 풍부한 (화석과 같은 구조)의 존재로 더 뒷받침된다[41]"고 했다. 맥케이의 비판가들은 그가 형태학적 접근을 했다고 맞섰다. 모양이 눈을 속인다는 것이다.

몇 달이 그렇게 지나고, 맥케이는 이제 비판들을 인신공격으로 받아들일 수밖에 없었다. 비판은 온갖 곳에서 쇄도했고, 고든은 심지어 기자들에게 형이 "약간 짜증스러워지고 있다[42]"면서 농담을 하기도 했다. 맥케이는 하루 종일 연구하고 밤늦게 낡은 쉐보레 밴을 타고 집으로 후퇴했다. 범람원 위에 직접 지은 집 벽에는 일본 지질학 조사를 가서 샀던 기모노가 걸려 있었다[43]. 스트레스가 쌓였지만, 맥케이는 의견을 고집했다. 논문 발표 1년 뒤에 그는 심장 관상동맥 4우회술[44]을 받게 될 것은 모른 채로.

칼 세이건이 경력 초반에 했던 말인 "특별한 주장은 특별한 증거를 필요로 한다[45]"는 논란이 생길 때마다 사람들의 입에 회자되었다. 클린턴 대통령이 백악관에서 우주 탐사에 대한 회의를 소집했던 시기에 세이건은 참석은 말할 것도 없고, 서 있을 수도 없었다. 그는 화성에 대해 의기소침한 소식이 나올 때마다 옹호자로 남았고, 변함없는 낙관주의자였고, 예언자였다. 하지만 시애틀에 있는 치료 센터에서, 숨을 거두기 직전 그는 "화성 생명체의 증거는 아직 충분히 특별하지 않다[46]"고 말했다. 다른 이들도 동의했다. ALH84001이 화석의 흔적을 가지고 있다는 주장은 대체로 버려졌다.

그 몇 주간은 마술 같은 시간이었고, 사람들은 눈을 떼지 못했다. 거의 동시에 생물학의 세계에서 숨 막히는 혁명이 일어난 것은 그야말로 믿기 힘든 우연이었고, 발견의 속도도 빨라지기 시작했다. 인간과 훨씬 더 단순한 생물의 게놈 지도가 거의 완성되었다. DNA 가닥들은 전 세계에서 차례로 배열을 할 수 있게 되었다. 모든 종류의 살아 있는 생물은 계통수系統樹에서 분류할 수 있었고, 극한성 생물들은 지구의 뿌리로까지 거슬러 올라가야 했다.

ALH84001에 대한 발표가 있은 지 몇 주 후, 게놈 데이터가 공개되면서 생명체의 새로운 범위, 고세균류가 밝혀졌다. 극한의 조건 하에서 살아남을 수 있는 원시 미생물체는 이전 과학계에서는 알려진 적이 없었다. 이 발견으로 생물학의 다섯 개의 구분[47]—즉, 동물, 식물, 원생생물, 균류, 박테리아—가 무너졌고, 지구에서 단세포 생물[48]이 얼마나 널리 퍼져 있고 다양한지를 인정하는 분류 체계[49]로 대체되었다. 그즈음에 복제양 돌리[50]가 탄생했다. 또한 유전자 조작 옥수수와 콩이 널리 재배되어 슈퍼마켓에서 살 수 있게 되었다. 제약회사들은 세계 곳곳에 손을 뻗어 생명을 구할 수 있을 만한 진귀한 생물체를 찾아 나섰고, 샘플을 가지고서 신기한 화합물을 발견하고, 특허를 출원하고, 상업화했다. 흥분되는 시대였다. 생명체의 미스터리를 풀어 줄 수 있는 바위가 갑자기 나타난 것과 어딘지 잘 맞는 시대이기도 했다.

ALH84001은 가능성이 넘쳐흐르는 미래를 보여 주었다. 화성의 생명체가 지구의 생명체와 완전히 다르다면? 우리가 아는 모든 생물은 분자 수준에서 그냥 같았다. DNA를 기반으로 하고 코딩하여 RNA를 생성하고, RNA를 코딩하여 아미노산을 생성하고, 아미노산이 단백질이 되고, 단백질이 세포를 이룬다. 화성의 세포가 만약 이와 완전히 다른 생화학적 체계를 가지고 있다면? 아마도 답은 운석 안에 있을 것이다. 운석 안에는 근본적이고 구조적인 생명체의 본질을 밝혀 줄 무언가가 있을 수도 있었고, 완전히 다른 생명 발생의 기원 증거가 있을 수도 있었다. 만약 세포가 근본적으로 지구 생명체와 유사하다면, 그것은 그것대로 물리학이나 화학처럼, 우주 보편적인 생물학 법칙을 의미할 수 있는 것이었다. 이런 방식으로 ALH84001은 지구에 떨어지면서 과학의 본질적인 부분을 전환시킬 수 있는 풍요로운 발견의 직전 단계로 인류를 이끌었다.

가능성은 여기서 끝나는 것이 아니었다. 만약, 예를 들어 다음 행성에서 감기를 옮듯, 조상이 연결되어 있는 식으로 화성의 생명체가 지구 생명체와 완전히 같다고 하더라도 이것은 이것대로 무언가를 드러낼 것이다. 운석에 히치하이킹을 한 미생물은 진화의 본질에 대해 많은 것을 설명해 줄 수 있고, 그 과정을 되돌아볼 수 있게 할 수도 있으며, 생물 계통에 있어서 무작위로 갈라지는 지점이나 적응적인 지점을 고쳐 쓸 수도 있다. 화성의 생물이 지구에서는 어떻게 다르게 되었을지 보여 줄 기회가 될 수도 있다. 화성의 계통발생학에서도 생명체가 따뜻하고 작은 연못에서 시작되었다고 볼 수 있을 것인가? 화성인을 찾을 것도 없이 우리가 화성인이나 다름없는 것은 아닐까? 두 행성의 발생 초기에는 끝없이 많은 ALH84001과 같은 돌[51]들이 서로를 오갔을 것이다. 그리고 태양계 행성과 파편들은 태양계에 끌려 움직이기 때문에, 지구에서 화성으로 운석이 날아가기보다는 화성에서 지구로 많이 날아왔을 것이다.

결국, ALH84001은 데이비드 맥케이가 원하던 것은 아니었다[52]. 하지만 잠시 동안 우리는 손에 너무나 오랫동안 찾고 있던 것을 잡고 있었다. 생물학의 로제타석 말이다.

제6장
횡단

첫 행성 탐사 로버는 여행 가방만 한 크기[1]를 하고 화성의 옅은 대기를 1997년 빛을 내며 뚫고 들어갔다. 우리가 화성에 마지막으로 간 지 20년이 지났고, 이제 새로운 로봇의 시대로 접어들고 있었다. 패스파인더Pathfinder 탐사선은 로버가 2억 킬로미터 떨어진 탐사 통제실의 원격 조종을 받아 어떻게 화성 표면을 굴러다닐 것인지 테스트하도록 설계되었다. 로버는 탐사 자체의 오래된 역사만큼이나 오래된 문제에 대한 해결책으로 제안된 것이었다. 그토록 멀리 떨어진 것을 어떻게 연구할 것인가? 실행 계획의 복잡성은 탐사선의 여행 거리에 기하급수적으로 비례하여 복잡해졌다. 어떤 기기를 싣고 갈 것이고, 어떤 것을 조립할 수 있을 것인지, 이렇게 해서 무엇을 완수할 수 있을 것인지에 대한 제약이 더해지기 때문이다. 비유하자면 점심을 주방에서 먹는 것은 쉽지만, 산꼭대기에서 점심 먹는 것은 더 정교한 계획이 필요하다. 바이킹 호를 발사했을 때만큼 과학 분야에서 이 문제가 두드러졌던 적은 없었다. 화성 표면에 도달하는 문제를 해결하는 데 너무 많은 에너지와 노력이 들어갔지만, 그 긴 세월의 기획 단계를 거쳤어도, 착륙선에 탑재된 기기는 바로 앞에 놓여 있는 것만 조사할 수 있을 뿐이었다. 결과적으로, 바이킹호의 연구 대상은 우연에 의존해야 했고, 닿을 수 있는 거리 바로 바깥에 조금 더 나은 과학적 목표물이 있는지 없는지 알 길이 없었다.

패스파인더호는 바로 이 점을 바꿀 것이었다. 로버는 과학자들이 전송되는 데이터를 즉시 이용하여 관측 사항을 반영해 횡단하면서 민첩한, 실시간 행성 탐사의 시대를 열 것이었다.

이 우주선은 NASA가 1990년대 말 "더 빨리, 더 좋게, 더 싸게[2]"라는 구호 아래 개발한 일련의 저가 탐사선 중 첫 번째 작품이었다. 이 계획은 전직 항공 우주 기업 임원이자 화를 잘 내는 성격을 가진 사우스 브롱크스[3] 출신의 NASA 국장 지도하에 수립되었다. 그는 우리가 화성에 다시 갈 뿐만 아니라, 바이킹 탐사선 때와 비교하여 투입되는 인력은 3분의 1로, 시간은 반으로 줄이며, 비용은 15분의 1[4]을 써야 한다고 확고히 생각하고 있었다. 이 목표를 달성하기 위해, NASA는 궤도를 천천히 돌아 연착륙하는 계획안을 버리고, 최초로 우주선이 곧장 화성 표면으로 질주하는 안[5]이 채택됐다.

패스파인더호가 화성 가까이에 다다랐을 때 화성 표면은 완전히 한밤중이었다. 착륙지는 태양과 지구로부터 멀어지게 회전했는데, 바이킹호 이후 20년 동안 화성에 돌아가기만을 기다려 온 화성 과학자들은 해가 뜨고 로버가 무사한지 파악하려면 또 기다리는 수밖에 없었다. 이들은 탐사 통제실에 모여 숨을 가다듬고, 착륙 절차

패스파인더가 촬영한 화성 영상

를 시작했다. 우주선이 표면을 향해 휘청거리면서 초음속으로 하강하는 동안 낙하산이 펼쳐졌다. 모든 것이 매끄럽게 진행된다면, 탐사선이 20미터짜리 케블라 소재 밧줄[6]을 미끄러져 내려가는 동안 보호용 에어백들이 마치 함대처럼 펼쳐져야 했었다. 그러면 탐사선은 마치 대형 비치볼처럼 높은 속도로 표면에 비스듬히 떨어지면서 튕긴 뒤 쿵하고 떨어질 것이었다.

몇 시간이 지나고 나서 데이터가 전송되기 시작했는데, 탐사팀은 패스파인더호가 표면에서 튕겨 15미터 상공까지 떠올랐다가 수차례 다시 떨어지고 튕겨 오르고를 반복하다가 신세계의 표면[7]에 착륙한 것을 깨달았다. 동체 착륙은 성공적이었다. 에어백들이 기적적으로 로버를 감싸고 있었기 때문이다.

하지만 패스파인더호가 아직 모든 위험에서 벗어난 것은 아니었다. 로버에 전원이 들어와 착륙선에서 떨어져 나와 화성 표면을 굴러다닐 때까지 이 탐사는 기술적 성공이라고 볼 수 없었다. 탐사팀은 패스파인더호가 처음으로 보낸 드라마틱한 이미지를 보고 실망을 금치 못했다. 에어백 하나가 아직도 공기 중에 부풀어 올라 있었던 것이다. 화려한 기술을 쓴 기기들은 착륙선 패널에 걸쇠로 잠겨 있었는데, 탐사선이 튀어 올라 잠시 멈춘 후 잠긴 것이 풀려야 했다. 그렇게 함으로써 착륙선이 꽃처럼 열리고 표면을 실제로 탐사할 소저너Sojourner 로버가 나올 예정이었다. 윈치*가 에어백들을 다시 당겨서 로버를 위해 길을 낸 다음 로버가 램프(경사판)를 운전해 내려가서 화성 지표에 닿아야 했다. 하지만 오작동되어 찰랑

---

* 무거운 물체를 들어올리는 기계

거리는 에어백이 로버의 갈 길을 막고 있었다.

이후 몇 시간 동안 탐사 통제실은 프로그래밍을 통하여 착륙선에서 열리는 부분 패널 하나를 들어 올렸다가 아래로 흔들도록 했다. 이렇게 하면 로버의 길을 막고 있는 에어백을 치우게 되지 않을까 하는 생각에서였다. 하지만 밤 동안, 더 심각한 문제가 나타났다. 착륙선과 로버 사이에 통신 문제가 불거진 것이다. 소저너의 로버는 거의 모든 과학 기기를 탑재하고 있었고, 착륙선 자체의 장비는 카메라와 바람 자루, 라디오밖에 없을 정도로 간소했다. 하지만 착륙선이 로버를 지구와 연결시켜 줄 수 있는 유일한 연결 고리였다. 소저너만으로는 신호를 수백 미터까지[8]밖에 보낼 수 없었다.

엔지니어들은 문제를 해결하기 위해 열두 시간 동안 라디오 기기를 주기적으로 켰다 껐다 하도록 명령어를 보냈다. 하지만 이들도 이런 기술적 문제의 원인을 꼬집어 내지 못했고, 결국 라디오 링크를 재설정하여 정보의 80퍼센트만 전송되도록 했다[9]. 드디어 까다롭게 굴던 에어백을 치울 수 있었다. 첫발을 내딛기가 너무 힘들었지만, 소저너호는 끝내 일어나 램프를 굴러 내려가기 시작했다. 보기차[10]에 걸려 있던 로버의 여섯 개의 작은 바퀴는 천천히 굴러 험준한 아레스 계곡Ares Vallis으로 향했다.

카메라가 찰칵거리고 로버는 바위가 흩어진 산등성이와 삐죽삐죽한 홍수의 잔해, 돌이 사방에 가득한 이미지를 찍었다. 탐사팀은 로버가 거대한 해협에 닿았음을 알고 있었다. 바위들은 훨씬 더 먼 곳[11]에 있을 것이라고 생각됐다. 언덕이 많은 마가리티퍼 테라Margaritifer Terra, 이아니 카오스Iani Chaos, 젠시 테라Xanthe Terra의 고원 같은 곳 말이다. 돌들은 무언가 제자리가 아닌 곳에 있는 것 같았지만, 각각의 돌이 저마다의 이야기를 들려줄지 모를 일이었다.

며칠 뒤, 화성에서의 첫 암석 화학 분석 실험에서 "바나클 빌 Barnacle Bill[12]"이라 이름 붙였던 돌의 측정 결과가 나왔고, 엄청난 격동이 있었던 화성의 과거에 대해 드러내기 시작했다. 바나클 빌은 융용 상태와 고체화 과정, 다시 융용 상태를 반복하는[13] 사이클을 갖고 있었다. 이 말은 한때 화성에는 어마어마한 열기와 내부 응력이 있었다는 것을 의미했다. 여름이 지날수록, 소저너호는 터덜터덜 다니면서 근처의 바위들을 발견했는데, "요기Yogi", "스쿠비 두 Scooby Doo" 등 화성 탐사 미션 후 만화 캐릭터[14]가 된 이름들도 있었다.

놀랍게도 전송된 사진에는 동글동글한 자갈이 화성 지표 여기저기 흩어져 있었고, 바위 안에는 동글동글한 구멍도 있었다. 이것은 한때 흐르는 물에서 굴러다녔다는 증거였다. 소저너호는 탐사를 계속하여 세로로 홈이 진 모래 더미도 발견했고, 멀리 보이는 모래 언덕의 꼭대기도 발견했다[15]. 이것은 물뿐만 아니라 바람도 화성의 거대한 지형에서 모양을 형성하고 특징적인 부분들을 만들어 내는데 큰 역할을 했다는 뜻이었다. 로버는 활동을 이어 나갔고, 탐사 결과를 연구하던 과학자들은 자신들이 눈앞에 펼쳐지는 풍경뿐 아니라, 화성의 역동적인 역사를 보고 있다는 것을 깨달았다. 당연하게도, 화성에 작용했던 힘은 한때 바위의 끝이 떨어져 나갈 만큼 컸다. 뿐만 아니라 이렇게 떨어져 나온 돌 중 가장 작은 것이라도 불가능해 보일 만큼 먼 거리를 움직이게 했다.

패스파인더의 활동을 생각하면 오래된 숲 속이 떠오른다. 그해 여름 열일곱 살이 되었고, 나 또한 새로운 존재를 찾아다니고 있었다. 성인이 되기 위한 문턱으로 나아가고 있었고, 한 조각의 파편처럼 떠오르고 있었다. 그때까지 평생을 켄터키에서 살았고, 다른 주에 가 본 적도 손에 꼽을 정도였지만, 곧 대학에 갈 예정이었다. 이미 내가 평생을 살았던, 뒷마당엔 소합향나무가 자라는 작은 벽돌집이 있던 고향을 떠나 있었다. 우유 박스에 짐을 싣고 한 시간 반을 운전해 캠프 피오밍고로 가서 해가 내리쬐는 오터 강둑에서 캠프 활동 지도원으로 여름에 일했다. 나무로 만든 오두막집 내 자리에는 2층 침대가 있었고, 매일 밤 윗침대가 아래 침대를 누르는 동안 여치와 청개구리 울음소리를 들으며 잠들었다. 나는 지도원 훈련을 감독하는 일에 배정되었는데, 이런 일을 해 본 적도 없었고, 내가 담당하는 아이들과 나이가 비슷했다. 아이들을 이끌고 동굴과 강변을 걷곤 했는데, 물뱀이 우리 다리 옆을 스치며 지나가면 몸서리를 치던 기억도 난다. 우리는 산 능선과 계곡, 보수된 등산로를 탐방했고, 도Doe 계곡 바위의 그늘 밑에서 쉬곤 했다.

패스파인더호는 독립 기념일인 7월 4일에 착륙했다. 나는 오두막집 앞에서 폭죽을 터뜨리며 독립 기념일과 나의 새로운 독립을 축하하고 있었다. 눈으로는 하늘의 빨간 점인 화성을 찾을 수 있었지만, 그때까지 내가 사는 동안에는 화성 탐사 프로젝트가 없었다. 몇 해 전 화성에서 온 돌 이야기를 읽은 적이 있었고, NASA가 기획 중인 로봇을 이용한 탐사 계획에 대해 들어 보기도 했었다. 최초의 화성 탐사가 있고 서른두 번의 여름이 지났다. 나의 아버

패스파인더가 촬영한 화성 표면

지가 「쿠리어 저널」 신문의 1면에 난 매리너 4호 기사를 읽으신 것
도 서른두 해 여름 전이었다. 「쿠리어 저널」 신문 이름만큼 큰 글
씨의 1면 헤드라인에는 우리가 다시 화성에 갔다[16]고 선언하고 있
었다.

  그 후 며칠 동안 나는 학생 식당에서 뉴스를 집어 들고 앉아
신문을 읽었다. 한때 노예였다가 자유를 찾아 탈출한 후, 저명한
노예 제도 폐지론자가 된 소저너 트루스Sojourner Truth의 이름을 딴,
돌아다니는 로버에 대해서도, 로버가 돌아다닐 바위투성이의 과
거 범람원 자리에 대해서도 읽었다. 이번 탐사에서 채택된 공학 시
스템, 소저너가 어떻게 정기적으로 멈춰 서서 '심장 박동' 메시지
를 착륙선으로 보내는지에 대해서도 배웠다.

  당시 읽은 많은 기사들 중 하나는 세인트루이스에 있는 워싱
턴대학의 한 교수의 말을 인용해 끝을 맺고 있었는데[17], 그 자신이
패스파인더호 프로젝트에 투입된 과학자였고, 내가 곧 공부할 바
로 그 캠퍼스에서 학생들을 가르치고 있었다. 나는 그분의 이름,
레이 알빗슨Ray Arvidson에 밑줄을 긋고 조심스럽게 그 기사를 찢어
서 패스파인더 뉴스를 나와 똑같이 열심히 보고 있을 것이 확실한
아버지에게 보냈다. 내가 유명한 행성과학자가 있는 대학교에 진
학하는 것을 보시고 부모님들이 터무니없이 적은 장학금으로는
충당하지 못할 내 학비와 생활비를 위해 내야 할 대출에 대해서
조금 더 확신을 가질 수 있기를 바랐다.

  진학하자마자, 나는 곧바로 레이 교수님의 강의실에 갔다. 그
해 가을 학기에 교수님은 '토지 역학과 환경'이라는 과목을 가르
칠 예정이었다. 강의실에서 실험실까지는 엎어지면 코 닿을 거리

에 있었다. 그 실험실에서 교수님은 화성과 관련된 선구적인 연구를 남기기도 했다. 레이 교수님은 쉰이 거의 다 되어 가는, 뉴저지에서 자란 스웨덴 사람으로, 겸손하고, 작은 목소리로 말하고, 널리 존경받는 분으로, 그해에 막 지구 및 환경 과학부 학장을 맡았다. 이제 희끗희끗해지기 시작한 짧은 턱수염을 기르고 있었고, 웃음을 지으면 눈가에 잔주름이 졌다. 심화 전공은 원거리 탐사 기법으로, 바로 주변 환경을 넘어 멀리서 자연의 지형지물을 어떻게 파악할 지 연구하는 분야였다.

교수님은 학생들을 향해 깜박이는 컴퓨터를 보여 주며 어떻게 가시광선을 넘어 자외선과 적외선 영역을 "보는지" 알려 주었다. 컴퓨터 기술을 발휘한 결과, 궤도상에서 보이는 광경은 사이키델릭한 컬러의 선으로 전환되어 있었다. 교수님은 디스플레이 설정을 왔다 갔다 몇 번 바꾸고는 토지 피복의 유형을 설정하여 처음에는 똑같이 보이던 것에 필터를 넣기도 하고 빼기도 한 다음 기저에 있던 복잡성을 드러냈다. 학생들은 교수님이 간단히 빛의 파장을 조절함으로서 보이지 않던 암석과 광물 수십 개를 정확히 짚어 내는 것을 보고 놀라움을 금치 못했다.

레이 교수님은 어렸을 적, 뒤뜰에서 풍선 로켓을 쏘고 놀면서 자랐다. 브라운대학에서 대학원에 진학 중일 때, 매리너 9호의 데이터를 분석했고, 바이킹 착륙선과 관련된 일을 하다가 탐사 작전 첫해에 이미징 팀을 이끌게 되었다. 나는 교수님께서 패스파인더 호에 관한 이야기를 해 주실 때가 특히 좋았다.

화성 탐사에 대한 이야기를 나누던 중, 교수님은 우리가 결국 화성에 돌아가게 되었다는 단순한 사실이 과학자들로 하여금 중

대한 변수인 화성의 관성 모멘트를 계산할 수 있게 했다고 설명해 주셨다. 관성 모멘트는 과학자들이 "화성에 대해 우리가 몰랐던 숫자 중 가장 중요"하다[18]고 생각한 것이었다. 패스파인더호의 위치를 20년 전 바이킹호의 착륙 위치와 삼각형으로 만들면서, 마치 돌고 있는 팽이 꼭대기가 흔들리듯이 화성의 자전축이 변화한 정도를 계산해 낼 수 있게 되었고, 결국 관성 모멘트를 계산하는 데 도움이 되었던 것이다. 이렇게 하여 탐사 팀은 화성의 중심부에 질량이 어떻게 분포되어 있는지를 파악하게 되고, 화성의 형성부터 시간에 따른 변화까지 식별하게 되었다. 교수님은 한 번의 착륙과 약간의 수학으로 인간은 화성 내부를 뚫고 들어갈 수 있었다고 말하곤 했다.

우리가 이 과정을 통해 배운 것은 화성은 밀도 높은 금속성의 중심부를 갖고 있다는 것이었다고 교수님은 설명했다. 이전에는 아무도 화성이 각기 다른 층을 이룰 만큼 충분히 따뜻한지 알 수가 없었지만, 이제는 과거 화성 중심부에서는 고열이 흘렀고, 이열이 지표면을 달구어 화산 활동을 일으켰음을 알 수 있었다. 화산 활동은 온실 가스를 배출하고 대기를 두껍게 했다[19]. 고온의 열이 흐른다는 것은 또한 화성에 한때 녹아 있는 중심부에서 코어 다이나모core dynamo, 즉 발전기와 같은 현상이 일어났을 수 있으며, 자기장이 형성되어 해로운 방사선으로부터 표면을 보호했을 수도 있었다. 그리고 갑자기 우리는 화성이 한때 따뜻한 표면과 두꺼운 대기층과 보호막 역할을 하는 자기장을 가진, 말하자면 생명체가 살 수도 있을 법한 장소였다는 것을 이해하게 되었다. 수업을 듣는 다른 친구들과 마찬가지로, 나는 교수님께서 말씀하시는 것을 모두 알아듣거나 과학적 설명을 전부 이해하지는 못했다. 우리는 어쨌든 기숙사에서 식당이나 찾을 줄 아는 1학년 1학기를 맞은 신입생이었기 때문이다. 하지만 우리가 있었던 곳이나 가 봤던 곳에 대해 그렇게나 많은 것을 알아낼 수 있다는 사실이 내게 깊은 인상을 남겼다.

내가 1학년을 마치고 나자, 레이 교수님은 미주리 우주 공동 연구비 지원 사업Missouri Space Grant Consortium으로 급여를 제공할 수 있는 연구실에 초대해 주셨다. 믿기 힘든 행운이었다. 레이 교수님은 당시, 새로운 이동 탐사 방식에 대한 연구를 NASA와 수행하고 있었다. 제트추진연구소의 동료들과 함께 교수님은 화성 대기의 조성 성분을 측정하면서도 궤도선보다 훨씬 낮은 고도에서 지도를 작성할 수 있는 탐사선에 탑재할 기기의 프로토 타입을 개발 중이었다. 이 '에어로봇aerobot'은 마치 기계로 만든 작은 열기구처럼 화성, 금성 혹은 타이탄 같은 행성의 하늘에서 운용되도록 설계됐다. 설계의 의도는 물론, 관측 대상물과의 거리를 좁히는 것이었다.

하늘에 떠 있는 에어로봇을 테스트하기 위해 레이 교수님은 대학 동창 한 명, 스티브 포셋Steve Fossett을 섭외해 팀을 만들었다. 포셋은 열기구로 세계 일주를 최초로 홀로 하겠다는 모험가였다. 열기구 세계 일주는 바람에 파일럿의 운명을 완전히 맡겨야 하므로 가장 힘든, 비행에서 "대망의 도전 과제20"였다. 포셋은 중국, 이라크, 리비아21를 횡단하며 맞닥뜨릴 수 있는 정치적 위험 때문에 황량히 바다가 넓게 펼쳐졌어도 차라리 남반구를 날기로 결심했다. 포셋은[22] 54세의 원자재 브로커로 시카고 거래소에서 큰돈을 벌었다. 금융계에서 은퇴한 후, 영불 해협을 헤엄쳐서 건넜는가 하면, 세계에서 가장 높은 산들도 올랐다. 아이디타로드 개썰매 경주에도 나갔다. 항해 경주에서 수십 개의 기록을 남겼고, 글라이더를 타고 성층권에도 진입한 바가 있었다.

어떤 사람들에게는 포셋의 다음 모험이 화성 과학과 연관이 있다는 것에 의아했다. 하지만 사실 행성 탐사 기술의 발전을 위해 열기구 실험을 한 것은 포셋이 처음이 아니었다. 먼저 로웰의 칠레 원정대를 이끌었던 용맹한 탐험가 데이비드 펙 토드가 있었다. 토드는 칠레에서 돌아온 후 얼마 지나지 않아 「뉴욕 타임스」지에 무선 기기를 가지고 열기구를 타고 인간이 닿을 수 있는 가장 높은 고도에 올라 화성과 통신할 계획이라고 발표했다[23]. 화성으로부터 "듣는다"는 아이디어가 당시에는 꽤 유행이었다. 무선 통신의 공동 발명자라고 할 수 있는 유명한 과학자 니콜라 테슬라Nikola Tesla나 굴리엘모 마르코니Guglielmo Marconi는 모두 화성에 매료되어 있었다[24]. 로웰이 쓴 지적 생명체에 대한 보고서를 읽은 후, 이들은 화성으로부터의 무선 통신 신호를 감지하는 방법에 대해 고민하기 시작한다. 무선 통신이 상상 이상으로 원거리에 쓰일 수 있는 잠재력이 있다는 사실에 마음을 사로잡힌 테슬라는, 화성이 무선으로부터 단 5분 떨어져 있다는 말을 한 적이 있다[25]. 하지만 토드는 한 술 더 떴다. 그는 자신이 들어갈 "가벼운 무게를 유지하기 위해 알루미늄으로 만든[26]" 금속 박스를 준비하기 위해 유명한 열기구 조종사인 레오 스티븐스Leo Stevens의 도움을 요청했다. 탄산가스를 내보내고 압력과 함께 산소를 공급하기 위한 기계에 맞아야 했다. 토드가 원한 것은 이미 복잡하게 얽힌 방송 전파들 위로 올라가 가까운 이웃과 통신할 가능성을 최대화하는 것이었다.

뉴잉글랜드의 열기구 클럽Aero Club에서 토드에게 '메사추세츠'27라는 이름의 거대한 기구를 화성 '원정'을 위해 제공하려고 했지만, 이 거대한 계획은 실행되지 못했다. 그가 지지했던 로웰의 운하 가설이 무너진 후 애머스트대학 천문학 교수진도 슬슬 발을 뺐다. 하지만 토드는 무선 통신으로 화성의 문명과 닿을 수 있을 것이라는 야심을 버리지 않았고, 미국 육군과 해군으로 하여금 1924년에 이틀간 화성으로부터의 "거대한 청취Big Listen28"를 위해 모든 무선 통신을 중단하도록 설득하기도 했다.

약 30년 뒤에, 또 다른 열기구 프로젝트 제안이 있었는데, 이것은 훨씬 더 야심 찬 실험이었다. 오두앵 돌푸스Audouin Dollfus29는 1950년대 초반 활동을 왕성히 하고 있던 몇 안 되는 행성과학자였다. 화성은 수십 년 동안 무시되어 왔지만, 돌푸스는 화성의 대기에 단순한 생명체가 존재할 수 있을 만큼 수분이 있는지 알고 싶어 견딜 수가 없었다. 그는 분광기를 완벽히 사용하여 먼 곳의 빛을 분리시킬 수 있었는데, 적외선 전파를 흡수해 수증기 같은 특징을 측정할 수 있었다. 토드처럼, 돌푸스도 가시광선을 넘어선 파장을 이용해 새로운 방식으로 화성을 이해하려 애썼다. 또한 토드처럼 지구 표면에 갇혀 있어서 발생하는 문제를 해결하고자 분투했다. 이 문제를 해결하기 위해 그도 지구의 촉촉한 대기 위로 올라가는 방법을 찾아야 했다.

돌푸스는 프랑스인으로 뼛속 깊이 모험가였고, 작고 마른 체구에 밝은 눈과 분홍빛 뺨을 가진 인물이었다. 1954년에 그는 아버지와 함께 열기구를 타고 처음으로 천문학 관측을 하는 데 성공하지만, 화성의 대기를 측정할 수는 없었다. 돌푸스는 이를 위해서는 올라갔던 것보다 배는 더 올라가 성층권에 도달해야 한다고 결론 내렸다. 그는 1피트 직경의 거울이 붙은 밀폐된 곤돌라를 설계하기 시작했다. 1959년, 그는 몇 백 미터짜리 나일론 케이블과 함께 마치 폭포같이 연결된 기상 관측 열기구 백여 개를 매달았다[30]. 그의 곤돌라의 금속 부분은 기포 고무로 단열 처리를 해 추위에 견딜 수 있게 했다.

그는 이 곤돌라 캡슐을 프랑스 공군 헬리콥터에 달아서[31] 기지로 옮겼다. 한 무리의 보조들이 돌푸스가 탈 흰색 열기구에 바람을 넣었다. 곧 불이 붙을 수도 있는 수소 기구들을 조심스럽게 긴 나일론 케이블로 세 개씩 묶었는데, 길이를 다 합치면 500미터나 되었다. 돌푸스는 기구로 올라갔고, 모든 수소 기구 묶음을 충분히 멀리 위치시킨 후, 작은 폭약을 터뜨려 기구를 고정하고 있던 줄을 끊었다. 기구는 하늘로 올랐다. 파리로 향하던 비행기에게는 스페인양파[32] 다발 같은 이상한 위험 물체[33]를 보더라고 당황하지 말라고 주의를 미리 전달했다.

돌푸스는 해질녘에 출발해 성층권까지 떠올랐고, 완벽한 수평선을 보았다. 그는 관측 일지[34]에 발아래에 있는 공기가 먼지와 함께 반짝이는데, 마치 형광색에 가까운 바다와 같다고 적었다. 보름달이 뜬 밤이었고 별자리는 반짝였지만 위로 올라와서 본 하늘은 완벽하게 순수하고 어두웠다.

돌푸스는 그날 밤 일정 시간을 1만 4천 미터[35], 즉 4만 6천 피트 상공에서 보냈다. 바람이 휘몰아쳐서 기구가 몇 개 터지고 케이블이 끊기기도 했다. 돌푸스는 당황하지 않고 차츰차츰 어둠을 뚫고 내려와 니베흐네 근처 소목장이 있는 마을에 떨어졌다. 결국, 그는 원하던 측정을 하지는 못했지만[36] 용감한 시도라 하지 않을 수 없었다. 허블 같은 우주 망원경이 발명되기 수십 년 전에 비상한 높이까지 닿은 돌푸스는 우주에서 연구하는 천문학의 문을 열어젖힌 것이었다.

나는 열여덟 살 때 이런 외계를 향한 '거대한 손짓'에 완전히 꽂혀 있었다. 포셋이 세웠던 나 홀로 탐사 계획은 대담한 모험 같았고, 앞으로 인류가 화성의 대기를 탐구하는 방법을 바꿀 잠재력이 있다고 생각했다. 엔지니어들은 에어로봇을 곤돌라에 장착했고[37], 이 곤돌라는 다시 발사 전 아르헨티나로 옮겨졌다. 세인트루이스에서는 캠퍼스 내 고성의 꼭대기처럼 보이는 키 큰 고딕 양식의 빌딩 안에 탐사 통제실이 마련되었다. 원목으로 된 문에 역시 원목으로 덧댄 벽이 있었고, 테이블에는 데스크 탑 컴퓨터, 전화기 한 무더기, 각기 다른 시간대에 맞춰져 있는 시계들, 항해 지도, 데이터 표가 널브러져 있었다. 에어로봇에는 위치, 온도, 기압, 습도, 수직 풍속을 잴 수 있는 센서가 있었다[38]. 기구에 탑재된 원격 측정 장비에서 측정한 모든 데이터, 즉 흰색 박스, 회색 환풍기, 연결된 센서로 탐지되는 모든 것은 위성을 통해 세인트루이스로 보내졌다.

포셋의 기구가 멘도자의 축구 경기장[39]에서 떠올랐을 때, 나는 통제실에서 소리를 지르며 응원했다. 포셋이 하늘 위로 올라가면서 느낄 흥분과 정복감을 상상하는 수밖에 없었다. 포셋은 GPS 기기, 팩스, 위성 전화까지 최신 기술을 총동원했다[40]. 그는 미래적인 느낌이 물씬 나는, 케블라 소재로 보강된 탄소 섬유제로 만든 캡슐에 타고 있었다. 기구는 헬륨 가스가 추운 밤에도 식지 않도록 온도를 통제하는 데 쓰이는 새로운 기술인 로지에르 설계를 했다[41]. 그는 세계 일주를 이전에도 시도해 보았지만, 이번만큼은 진정한 행운이라고 생각하고 있었다. 나도 포셋과 우리가 만든 에어로봇이 기적적으로 성공할 것이라 확신했다.

기구는 아르헨티나에서 대서양으로 빠르게 진행하여 아프리카에는 단 며칠 만에 도착했고, 수월하게 인도양 위로 미끄러지듯 나아갔다. 나는 에어로봇에서 보내오는 좌표를 참고해 대형 메르카토르식 지도에 빨간 핀으로 찍어 가며 루트를 따라갔다. 수천 킬로미터를 가면서 포셋은 아름다운 경치를 보았을 것이다. 나는 그가 초자연적으로 하늘에 떠올라 "마지막 위대한 도전"을 하며 기록을 깨는 모습을 상상했다.

기구는 환상적인 여행을 계속하고 있었고, 에어로봇에서는 지속적으로 정보를 보내고 있었다. 위치 데이터는 매 10초마다[42], 대기 측정 결과는 매분 전달됐다. 안테나는 기구의 중간에 설치되어 있었는데, 신호를 증폭시키는 데 매우 효과적이었다. 기구에서 보내는 측정 결과는 위성의 데이터와 완벽하게 일치했다. 나는 레이 교수님의 프로토 타입도 화성에서 비슷한 성공을 거두었으면 했다.

세인트루이스 통제실에서는 8시간 교대가 24시간 동안 계속되었다. 나는 에어로봇의 데이터가 통제실로 전달될 때마다 체크하는 일을 맡았기 때문에, 신호가 끊길 경우 가장 먼저 알게 되는 사람 중 하나였다. 그날 나는 기술적인 문제가 생긴 것이라 생각했다. 하지만 퀸즈랜드와 뉴칼레도니아 사이 어딘가에서, 아직 어두운 이른 아침 하늘에 뇌우가 몰려왔다. 포셋의 기구는 순식간에 날려 올라갔고, 그러면서 파열됐다.

기구는 번개를 맞아 번쩍이며 하늘에서 떨어졌고, 9킬로미터 아래에 있는 바다로 향했다. 강풍에 기구의 틈이 더 찢어지면서, 우박이 포셋에게 와르르 쏟아졌다. 포셋은 강하 속도를 조금이라도 줄이기 위해 연료 탱크를 필사적으로 밖으로 밀어냈다. 그가 탄 캡슐은 바다에 내동댕이쳐졌고, 물이 들어오면서 가라앉기 시작했다. 거의 동시에 프로판 버너가 터졌고, 불이 붙었다. 포셋은 겨우겨우 밖으로 빠져나왔지만, 상어가 득실거리는 산호해 한가운데 일렁이는 파도에 몸을 맡기고 있어야 했다[43].

그날 아침 전화를 받았고, 통제실에서 포셋과 교신하던 항로 안내 요원에게 수화기를 넘겨주기 전에 잠깐 포셋 부인의 떨리는 목소리가 들렸다. 나는 뒤에 서서 눈을 동그랗게 뜨고 요원이 통제실에서 무엇을 알고, 무엇을 알지 못하는지 설명하는 것을 듣고 있었다. 전날 밤 교대 근무를 했기 때문에 잠을 못 잔 상태였지만, 하루 종일 잠들지 못했다. 항로 안내 요원들이 로케이터 무선표지를 찾는 동안, 나는 방 뒤쪽에 앉아 있었다. 기자들이 전화를 하기 시작했고, 사람들이 사실을 확인하기 위해 통제실로 모여들었다. 어지러웠다.

포셋은 지도에 없는 암초 지역에서 거의 죽음의 문턱까지 갔다. 무선 표지를 두 번 더 활성화시키려고 했지만[44] 위성이 몇 시간 신호를 탐지하지 못하는 바람에 이것도 전달되지 않았다. 추위와 공포에 떨고 있던 그를 다행히 프랑스 비행기가 알아보았고, 열 시간 뒤 호주의 요트 조종사 한 명[45]이 포셋을 배로 끌어올릴 수 있었다.

포셋의 여정은 내가 생각했던 것보다 훨씬 더 위태로운 것이었다. 포셋은 산소 탱크에 의존했고 잠을 거의 잘 수 없었다[46]. 어떤 날은 눈썹을 태우기도 하고[47] 화장실 휴지가 떨어지기도 했다. 그와 가족들에게는 진이 빠지는 경험이었다. 구조 보트에서 그는 기자에게 언젠가 다시 날기 전에 "그냥 편히 기대 앉아 장미꽃 향기를 한동안 맡고 싶다[48]"고 말했다.

처음 바다 위를 날던 대학 2학년 어느 날, 나는 포셋을 떠올렸다. 광활하고 끝없는 바다를 내려다보니 어디까지 뻗어 있는지 가늠조차 되지 않았고, 중단되는 지점 없이 이어져 있으면서도 깊은 공허함을 믿을 수 없었다. <쥐라기 공원> 같은 영화에 나올 법한 선사 시대 익룡처럼 날아오를 만한 높이의 절벽이 있는 하와이 빅아일랜드가 눈에 들어오자 안도감이 밀려왔고, 착륙했다.

당시 나는 레이 교수님이 이끄는 화산 답사 여행에 참가하는 중이었다. 내가 들은 교수님이 가르친 두 번째 지질학 과목이었는데, 정말 흥분했던 기억이 난다. 대부분 다른 학생들처럼 나도 그때까지 집에서 그렇게 멀리 떨어진 곳에 가는 것이 처음이었다. 힐로에 착륙하니 세상이 바다에서 지상으로 바뀌었다. 우리는 렌트한 밴을 타고 킬라우에아 화산으로 향했다. 녹은 바위가 바다로 떨어진 곳 아래에 있는 체인 오브 크레이터스 로드Chain of Craters Road를 달리고 파호이호이 용암과 아아 용암 지대를 둘러 가는 동안, 나는 얼굴을 창에 눌러 기대고 있었다. 일몰 때가 되자 하늘이 불타오르듯 붉어졌고, 내가 보았던 밤 중 가장 어두운 밤이 왔다. 별자리는 늘 믿기 어려운 존재였지만, 갑자기 그간 보지 못했던 별까지 방대한 하늘에 펼쳐지면서, 모든 것이 이해가 되기 시작했다.

우리는 킬라우에어를 며칠 뒤에 떠났고 섬의 다른 쪽에 있는 휴화산인 척박한 마우나케아산 꼭대기에 올랐다. 산소가 지표와 비교해 40퍼센트 정도 적은 어질어질한 고도인 4,200미터의 꼭대기에 도달하기 몇 시간 전에 3분의 2쯤 되는 지점에 다다르자 고도 적응을 할 수 있었다. 산길을 오르면서 수목 한계선과 관목 지대를 지나고, 이끼류 지대도 넘다 보니 구름보다 높이 올라와 있었다. 모든 방향에는 회색, 붉은색, 검은색이 가득했다. 그을린 부분은 보랏빛이 어스름히 보이기도 했다. 화산재와 조각, 분석구가 있었다. 마치 견고해진 멍과 같았다.

어느 날, 모두가 점심을 먹고 있을 때, 나는 용암이 화성쇄설암과 테프라tephra가 된 멀리 있는 능선의 경관을 보려고 돌아다니고 있었다. 나도 모르게 밟고 있던 돌을 차 버렸는데, 부츠의 발끝에 닿아 있던 큰 돌이 뒤집혀 버렸다. 발을 쳐다 본 나는 깜짝 놀랐다. 단단한 검은 바위 밑에 있던 공간에 자그마한 양치식물의 초록색인 덩굴손이 바람에 흔들리고 있었기 때문이다.

황량한 고요 속에 작은 생명이 홀로 밝은 색을 내고 있었다. 나는 더 가까이 보기 위해 쪼그려 앉았다. 내가 뒤로한 세상의 한 조각이 있었다. 어린 시절의 한 조각이었다. 켄터키주 해저드에서 30킬로미터 정도 떨어진 곳에 있는 파인산에서, 매년 여름 언니와 나는 마치 경주를 하듯 오솔길을 달려 내려갔고, 칼미아와 진달래 덤불로 뛰어들곤 했다. 우리는 거꾸로 매달리듯 협곡 아래로 자라면서도 아직 죽지 않고 있던 백 년쯤 된 튤립나무의 거대한 줄기에 누군가 손수 만든 홈을 따라 계단처럼 되어 있는 부분을 따라 달려 내려가기도 했다. 눈부시게 아름다운 이 계단을 따라가면 솔

송나무가 있는 협곡이 나왔고, 여기서부터는 우뢰 같은 소리가 나는 물이 흘렀다. 그러면 마치 프랙탈fractal 하트 모양 같은 양치식물이 가득한 곳이 나왔다. 우리는 이끼가 낀 바위를 찾아 작은 몸을 앉히고는 부모님이 숨을 몰아쉬며 우리를 따라잡을 때까지 기다란 잎 사이에서 기다렸다. 우리보다 큰 양치식물이 있는가 하면, 우리 손톱보다 작은 것도 있었다. 모두 푸르른 교향곡을 연주하는 것처럼 복잡한 패턴을 가진 잎사귀를 가지고 있었다.

화산 지대서 내가 본 그 양치식물은 더 놀라웠다. 그것은 불가능할 정도로 큰 승리를 거두고 있었다. 나는 차마 발을 뗄 수도 없이 오래 바라보았고, 다른 학생들이 나를 찾으러 와야 했다. 친구들에게 그 식물을 보여 줬을 때, 아름다움이나 대단함에 대해 설명할 표현을 찾을 수가 없었다. 어쩌다 보니 바위 밑에 옹기종기 모여, 모든 불가능성에 맞서 이 식물이 우리를 맞이하고 있다고 말을 할 수가 없었다.

똑 부러지게 표현할 수는 없었지만, 지금은 확실히 알고 있는 것을 그때도 어렴풋이 눈치챌 수 있었다. 그 순간 형언할 수 없는 무언가가 나를 행성과학자로 만들었다. 그 답사 여행 동안, 우주 속에서 생명체를 찾아 나선다는 것에 대한 생각이 내 안에 자리를 잡기 시작했다. 갑자기 나는 성층권을 반복적으로 보기 시작하고, 바다에 들어가서 볼 무언가를 찾기 시작했다. 내가 찾는 것은 명성, 영광, 모험 같은 것이 아니라, 깊고 어두운 밤 속에서 가느다란 숨소리라도 발견할 수 있는 기회였다. 그렇게 하면 인간과 우주 속 다른 존재 사이에 숨어 있는 공空의 상태를 타파할 수 있을 것 같았다. 그 여행에서 나는 마치 패스파인더호처럼 닿으려는 과정 자체에서 많은 것을 배울 수 있을 뿐 아니라, 미스터리를 이해할 수 있을 것이라는 깨달음을 얻었다. 양치식물을 찾으면서 나는 자신 속에 있는 작고 연약하지만 더 발전시킬 수 있는 무언가를 찾아냈던 것이다.

하와이에서 세인트루이스에 돌아와서 가장 친했던 친구에게 화산의 덩어리를 쥐어 주었다. 친구는 돌을 모아 책상에 늘어놓고 있었다. 경석과 사암 같은 여러 종류의 돌들이 있었다. 나는 친구에게 내 길을 찾았다고 말했다. 지구와 비슷한 것이 이곳저곳에 흩뿌려져 있는 아레스 계곡과 비슷해 보이는 광경만 계속 마음속에 떠올랐다. 나는 난생처음으로, 진정한 탐험가가 된 기분을 느끼기 시작했다.

제7장
근점

대학 2학년 때 수천 명씩 참여하는 과학 컨퍼런스 한 군데에서, 마르스 글로벌 서베이어Mars Global Surveyor가 수집한 데이터를 반영한, 이전 것과 비교하면 거의 천지개벽을 거친 화성 지도를 처음 보았다1. 사람들로 꽉 찬 강당에서 다른 학부생들과 함께 자리를 잡자 마리아 주버Maria Zuber라는 MIT 교수가 걸어 들어왔다. 연단 뒤에 선 그녀는 너무도 작아 보였다. 슬라이드가 번쩍하며 들어왔고, 강연이 시작됐다.

그녀의 강연 초반에 약간 집중이 안 되었던 것이 기억난다. 휑한 강연장을 채우던 그녀 목소리를 들으며 잠깐 동안 헷갈렸다. 그러고는 이내 내 자신이 무엇에 이런 반응을 하고 있는지 깨닫고는 허리를 곧게 폈다. 여성이 하는 행성과학 강연을 처음 본 것이었다.

집중하기 시작하자 마리아가 탐사 과학에 대해 내가 들어 본 어떤 강연보다 훨씬 더 흥미진진한 설명을 하고 있다는 것을 알아챘다. 그의 자신감과 열정은 말 그대로 빛이 났고, 관중들을 사로잡았다. 남자가 가득한 강연장에 여성이라는 정체성을 공유한 것만으로도 자부심으로 가슴이 두근거렸다. 마치 그가 나를 비롯한 강연장 안에 몇 안 되는 과학자가 되기를 희망하는 여성들에게 말을 거는 것 같았다.

마리아는 이윽고 이 어마어마한 지도를 화면에 띄우더니 잠시 말을 멈추고는 지도가 자신 뒤에서 아른거리도록 내버려 두었다. 마치 그렇게 하면 어떤 효과가 있을 것이라는 사실을 아는 듯이. 그녀는 관객들이 전에 본 적 없는 지도를 찬찬히 볼 시간을 주면서 이전과 얼마나 다른지를 알아차리게 기다렸다. 늘 보던 계피색 화성 표면은 알록달록한 색으로 덮여서 지형적 윤곽을 화려하게 묘사하고 있었다. 무지개처럼 알록달록한 표면에는 협곡, 갈라진 틈, 나선형 골짜기 선으로 구분되어 있었다. 화성의 북반구는 지구의 해저에 있는 심연의 평원처럼 매끄러웠는데[2] 이곳이 고대에 바다였다고 볼 수 있을 만한, 관심을 끄는 흔적이었다. 밝은 색 토지 층과 어두운 색 토지 층이 교차하며 연속적으로 이루어진 띠가 극관의 끝까지 이어져 있는데, 이것은 계절의 변화뿐 아니라 장기간에 걸친 기후 패턴의 변화에 대한 기록이기도 했다. 우리 중 어느 누구도 화성을 이런 식으로, 마치 손 닿을 거리에 있는 장소인 것처럼 바라본 적은 없었다. 마리아의 강연은 화성 지도의 2차원적 모습에 살을 붙인 3차원의 아름다운 부조 작품처럼 보였다. 극지방에서 호를 그리며 내려오는 자오선은 알록달록한 구를 관통하도록 붙인 어두운 접착테이프 같았다. 어두운 방에서 그 지도는 교회의 창문처럼 빛났다.

사실 NASA나 마리아는 그 지도를 훨씬 더 전에 얻을 수 있었어야 했다. 데이터를 수집한 기기는 MOLA라는 이름이 붙었는데

마르스 옵저버 탐사선

'화성 궤도선 레이저 고도계Mars Orbiter Laser Altimeter'의 약자였지만, 가끔은 "기이하고 큰 바다 물고기 속의 한 종류"를 일컫는 말이기도 했다³. MOLA는 원래 1980년대 NASA의 마르스 옵저버Mars Observer 탐사 계획의 일부로 제안되었다. 마르스 옵저버호는 "행성 관측선⁴"으로는 첫 번째로 설계된 탐사선으로, NASA가 정액 계약을 통해 사용권을 확보한 상업 통신 위성을 사용하는 궤도선이었다. 계획상으로는 궤도선을 발사시키기 위해 지구 저궤도로 우주 비행사들을 실어 나르던 우주 왕복선을 사용하기로 되어 있었다.

마르스 옵저버 탐사 계획은 박사 학위를 취득한 지 얼마 안 된 마리아가 처음으로 화성 우주선 작업에 참여할 수 있는 기회로 매우 큰 행운이었다. 그녀가 자란 펜실베니아주 카본 카운티의 탄전 지역은 광업이 쇠락하면서 번영의 기운과 경제적 기회 모두가 말라 버린 곳이었다⁵. 마리아 가족 중 대학에 간 사람은 없었고, 부모님은 누구든 간에 딸이 왜 그리 학교에 오래 다니는 지 이해하지 못했다. 하지만 마리아는 어려서부터 우주에 매료되어 있었다. 마리아는 놀이틀에서 아래위로 뛰면서도 텔레비전에 나오는 로켓 발사를 가리키며 놀았다. 심지어 텔레비전에 나오는 통제실 장면을 보는 것도 좋아했다⁶.

자라면서 마리아는 <스타 트랙Star Trek> 시리즈를 수없이 보았고, 특히 우후라 중위에게 빠져 있었다⁷. 그리고 할아버지와 함께 차고에서 시간을 많이 보내기도 했다. 마리아의 할아버지는 8학년 때 학교를 중퇴했고, 탄폐증•을 앓고 난 후 남은 인생 대부분을

• 석탄을 마셔 폐에 생기는 병

실업자인 상태로 지냈다. 하지만 할아버지는 시원찮은 벌이를 하면서도 그 돈을 아끼고 아껴[8] 망원경을 하나 산 적이 있었다. 마리아는 할아버지와 지내면서 그 사실은 몰랐는데, 더 이상 할아버지가 망원경을 가지고 있진 않았기 때문이다. 하지만 할아버지는 어떻게 망원경을 만드는 지 배운 적이 있었고, 손녀에게 그것을 가르쳤다. 열 살이 된 마리아는 거울을 가는 법도 알았다. 그때쯤 마리아는 뒤뜰에 망원경을 설치해 놓고 추위에 몸을 떨면서도 서서 밤하늘을 몇 시간이고 살펴봤다[9].

　주 경찰관 아버지가 버는 돈으로 다섯 자식[10]을 키우려면 마리아를 대학에 보낼 돈이 충분하지 않았다. 고등학교를 졸업할 때가 되자 진학 상담 선생님이 펜실베니아주립대학에 장학금을 신청해 보라며 격려를 해 주었다. 대학 측에서는 마리아를 뽑은 후 진학 상담 선생님을 불러 주립 대학 대신 명문 펜실베니아대학[11]에 신청할 것을 제안했다. 마리아는 그해 가을 입학 허가를 받았고, 필라델피아의 프랭클린과학박물관[12]에서 방문객들을 위해 망원경을 작동하면서 학비를 벌었다. 1986년, 그녀는 브라운대학에서 박사 학위를 받고 졸업하면서 모교인 고등학교에서 박사 학위를 취득한 최초의 동문이 되었다.

　대학원에 재학 중일 때, 마리아는 행성의 진화[13]에 대한 이론적 모형에 대해 연구하고 있었다. 이 모형을 검증할 데이터 세트가 없었기 때문에, 그녀는 스스로 수집하기로 결심했다. NASA 고다르우주비행센터의 신입 연구원으로서, 그는 마르스 옵저버호에 탑재하는 기기 중 화성 지형의 높이와 깊이, 물리적 지형을 측정하는 레이더 고도계 담당 팀에서 일했다. 하지만 챌린저Challenger호가 일곱 명의 우주 비행사를 실은 채로 폭발하면서, NASA는 모든 우주 탐사 프로젝트를 보류했다. 마르스 옵저버의 발사는 몇 년 뒤로 미뤄졌고, 눈덩이처럼 불어나는 비용을 통제하기 위해 탑재 기기들도 하나 둘씩 취소되었다. NASA는 고도계만큼은 탑재하고 싶어 했으나 시간이 지나면서 비용을 감당하기 힘들어졌다. NASA는 공개경쟁을 통해 더 저렴한 기기[14]를 채택하겠다고 발표했다.

마리아는 로널드 레이건 대통령이 마련한 냉전 시대 미사일 방위 시스템인 소위 '스타 워즈Star Wars' 일환으로 수십억 달러를 레이저 기술에 쏟아붓고 있다는 사실을 알고 있었다. 그녀는 속임수를 써서 기밀 정보 취급 허가를 얻었고[15] 다른 젊은 과학자들과 함께 공학자들을 만나기 시작했다. 이들은 이미 전원 공급 문제와 핵심적인 문제를 해결하고, 진동으로 발생하는 문제를 안정시킬 방법도 찾아냈다. 그때까지 모든 행성 지도는 레이더를 이용해 작성하고 있었지만, 마리아는 레이저를 이용할 수만 있다면, 레이더를 사용하는 방식보다 월등하리라 확신했다.

지형 지도를 만드는 핵심은 궤도를 도는 우주선에서 화성 지표까지 거리를 재어 해당 지형의 고도를 계산하는 것이었다. 기기에서 발사된 레이저는 10억 분의 8초간 지속되고, 반사할 때도 시간을 정확히 맞추게 된다. 이 레이저는 냉장고 불빛[16]의 5분의 1 정도의 에너지를 갖지만, 기기의 설계상으로는 지형을 읽어 내는 데에는 문제 없을 뿐만 아니라 눈에 띄게 정확할 것이었다.

NASA는 결국 천만 달러 제안서를 승인했지만[17] 이 결정은 굉장히 큰 위험을 감수하는 것이었다. 사실 설계대로 기기가 작동하리라는 보장도 없었다. 금으로 코팅된 베릴륨 망원경의 끝 부분은 극도의 정확성을 보여야 했고, 타이밍은 나노초 단위로 맞아야 했다. 기기 내부에는 추위에서 표류하지 않도록 온도 통제가 되는 시계가 있어야 했다. 아주 미세한 오류라도 일단 생기면 수정하기 힘들 터였다. 장애물도 있었다. 공학자들이 과학자들을 청정실에 들여보내지 않자, 마리아는 레이저 안전과 레이저 공학 자격증을 따야 했다. 그는 탐사 팀에서 오랜 기간 일했고, 그동안 결혼도 하고 두 아이도 낳았다. 가끔은 아이들을 유모차에 태운 다음 함께 데리고 가서 회의에 참석해야 했다. 발사일에 그녀는 유아기에 접어든 첫째 아들과 아직까지 걸음마도 못 뗀 둘째를 데려갔는데, 첫째는 로켓이 우르릉거리며 발사되자 졸린 눈을 뜨고 잠깐 주변을 돌아보는가 싶더니 조용히 다시 잠에 빠져들었다.

마르스 옵저버호가 도착하기 한 달 전, 마침내 원거리 화성 사진을 처음 찍어 보내기 시작하자[18] 마리아는 나중에 보내올 데이터가 얼마나 훌륭할지 느낄 수 있었다. 그녀는 정확성에 자신이 있었고, 동료와 함께 세계에서 가장 정확한 기기를 만들어 냈다고 확신하고 있었다.

1993년 8월 하순, 마르스 옵저버호가 궤도에 들어가기 사흘 전에 마리아는 장을 보고 있었다. 마리아와 MOLA 기기 개발 팀장은 제트추진연구소를 곧 떠나기로 되어 있었지만, 마리아는 음식과 음료를 미리 챙겨 놓아 나머지 팀원들이 우주선의 성공을 축하할 수 있도록 하고 싶었다. 가게에서 돌아온 마리아에게 궤도선이 침묵하고 있다는 전화가 왔다. 대기권 진입 직전[19]에 잠깐동안 통신 두절이 예정되어 있었기 때문에 그녀는 크게 걱정하지 않았다. 그저 공학자들이 링크를 재설정하는 데 작은 문제가 있는 것 같았다.

캘리포니아행 비행기를 타면서 마리아는 컴퓨터를 리부팅하게 되면 자신이 로스앤젤레스에 도착할 때쯤 문제가 해결되지 않을까 생각했다[20]. 하지만 착륙 후 제트추진연구소에 전화를 해 보니 변한 것이 없었다. 그녀는 슬슬 걱정이 되기 시작했다. 캔버라, 마드리드, 캘리포니아의 심우주 추적 안테나로 매 20분마다[21] 새로운 명령어를 전송했고, 모두가 연락을 재개하는 데[22]에만 온 힘을 쏟고 있었다. 마리아와 동료들은 자동 통제 시스템이 계속 작동해서 로켓이 궤도선으로 안정적으로 들어갈 수 있다는 데 희망을 걸 수밖에 없었다. 우주선이 화성의 바로 근처에 있을 때 문제가 생긴 것이 아니었다면, 공학자들에게는 문제를 해결할 시간이 더 있었을지도 모른다. 하와이에서 군용과 연구용으로 사용되는 적외선 망원경을 급히 원격으로 조정해 보려 하였으나, 태평양 상공에 구름이[23] 끼는 바람에 시야가 차단되었다. 시간은 계속 흘러갔고, 매 시간마다 점점 더 절박해졌다. 한 주가 지났지만, 여전히 아무런 소식이 들려오지 않았다. 우주선은 유령처럼 사라졌다[24].

마리아는 결국 매릴랜드로 돌아왔다. 그날 마지막 남은 비행기의 마지막 남은 가장 뒷줄 중간 좌석을 구한 것이었다. 사흘 전엔 마르스 옵저버호로부터 엄청난 데이터를 받을 기대에 부풀어 있었지만, 정작 손에 쥔 것은 아무것도 없었다. 승무원이 마리아의 어두운 표정을 보고 무슨 일이 있느냐고 물었고, 우주선을 잃었다고 털어놓아 버렸다. 마리아가 비행기에서 내릴 때 승무원은 "꼭 찾으셨으면 좋겠어요[25]"라며 와인 한 병을 슬쩍 주었다.

다음 날, 마리아는 사무실로 들어섰고, 오후 내내 창밖을 바라
보며 보냈다. 아무것도 할 일이 없다는 것을 알았기 때문이다. 찾
아야 할 블랙박스도 없었고, 우주선이 항로를 벗어난 곳을 추측
할 만한 원격 측정 데이터도 없었다. NASA해군연구소Nasa Naval
Research Laboratory에서는 조사 팀을 꾸렸는데, 우주선 설계의 모든
부분에 하나하나 테스트를 한 그들로서도 우주선의 실패를 검정
할 수가 없었다. 1월이 지나고, 마리아 자신도 마르스 옵저버로부
터 신호를 들을 수 없다는 사실이라는 것을 인정한 후 한참이 지
나서야, 조사단은 마르스 옵저버호가 긴 항해 끝에 최종적으로 다
시 연료를 발화하면서 추진 시스템이 파열되었다고 결론지어 발
표했다[26]. 우주선의 열 보호막 아래에 넣은 튜브가 문제였다. 파열
된 곳으로 연료가 새어 나오면서 우주선이 걷잡을 수 없이 회전하
게 되었던 것이다.

가슴 아팠던 우주선 실종 사건이 지나고 몇 달 후, 마리아와
코넬대학의 스티브 스카이어Steve Squyres 교수는 합심해 탐사선을
다시 보낼[27] 지원비를 모금하기로 했다. 이들은 먼저 의회에서 많
은 시간을 보냈는데, 약속을 잡고 정장을 입고 와서 의원들을 설
득했다. 이들은 정부에 하드웨어 부분에 돈을 쓴 것은 맞지만, 결
국 가장 많은 예산은 인력, 그리고 아무도 어떻게 하는지조차 몰
랐던 일을 하는 방법을 고안하는 데 쓰였다고 설명했다. 마리아는
회의론자들에게 집에 가서 자식들에게 화성에서 정기적으로 날
씨 정보를 받으면 어떨지 물어보라고 응대했다. 75년 전 자메이카
산꼭대기의 관측대에서 정기적으로 편지를 썼던 윌리엄 피커링이

아마 이 장면을 보았으면 기뻐했을 것이다. 마리아는 이런 영감[28] 이 탐사선 발사로 약속할 수 있는 것이라고 역설했다.

결국 마리아와 스티브는 한 번 더 기회를 얻을 수 있을 것 같았다. NASA는 다시 화성 탐사 프로그램에 착수했고, 더 작고 비용이 덜 드는 우주선을 사용하기로 했다. 새로운 탐사선의 이름은 마르스 글로벌 서베이어로, 1996년 발사를 목표로 했다. 같은 해 발사 예정이었던 패스파인더호처럼[29] 마르스 글로벌 서베이어도 NASA의 새로운 "더 빨리, 더 좋게, 더 싸게" 구호의 대상 프로그램이었다. 마르스 옵저버보다는 가벼웠고, 질량과 크기는 절반으로 줄였으며, MOLA를 탑재할 예정이었다. 마리아는 기구 팀 내 서열 2위의 직책[30]을 맡기로 했다.

발사 직전, 기자 한 명이 마리아에게 전화를 걸어[31] 87명의 탐사 과학 팀에서 유일한 여성인 소감을 물었고, 마리아는 이 질문에 깜짝 놀랐다. 어떻게 이게 사실일 수 있단 말인가? 얼른 팀원 리스트를 스크롤해 내리면서 확인해 보았지만, 기자의 말이 맞았다. 그녀는 이런 일에 대해 오래전부터 인식을 못했을 수 있다는 것을 깨달았다. 큰 문제, 즉 화성의 지도를 높은 해상도로 제작하는 것, 행성 지도 제작 방식을 완전히 바꾸는 것에만 골몰했고, 그렇게 자신을 훈련시켜 왔음을 말이다.

마르스 글로벌 서베이어호가 1996년 11월 발사대에 올랐을 때, 마리아는 플로리다에 있었다. 두 아이들은 로켓이 발사되면 디즈니 월드로 여행 갈 것이라는 사실을 알았기 때문에 이보다 더 행복할 수 없었다. 모든 것이 계획대로 되어 가는 듯 보였다. 발사한 시간 뒤, 우주의 거대한 진공의 고요 속에서 우주선에 날개처럼 붙은 태양 전지판을 펼치려던 중 작은 레버 하나[32]가 부서졌다. 천천히 틈이 생기는 바람에 소리도 나지 않았다. 등산용 카라비너 정도 크기의 레버[33]였지만, 물리학적 우연의 일치로, 레버가 빠져나간 궤도가 우주선 이음 부분과 태양 전지판 끝 사이의 5센티미터 경첩의 바로 안에 걸렸다[34]. 레버가 경첩에 걸리자 태양전지는 태양에서 멀어지는 이상한 각도로 튀어나오게 됐고, 완전히 열릴 때보다 각도가 20도 정도 덜 열렸다[35].

하지만 운 좋게도 화성에 갈 때까지 태양열을 충분히 쓸 수 있을 듯 보였다. 문제는 도착한 후에 발생할 듯했다. 우주선은 궤도에 들어갈 때 '에어로브레이킹aerobraking[36]'이라는 급진적인 새 기술을 쓰도록 설계되었다. 이것은 화성의 엷은 대기 장애물을 태양 전지판에 맞서게 하여 우주선의 속도를 자연스럽게 늦추는 방법으로, 재추진을 하여 연료를 쓰는 방법의 대안이었다. 이렇게 하면 로켓의 비용을 다섯 배나[37] 절감할 수 있었지만, 오류의 여지는 거의 남기지 못하게 된다. 뒤틀린 태양 전지판으로 에어로브레이킹이 가능할지는 확실하지 않았다.

309일간 항해를 하는 동안, 공학자들은 전지판을 앞뒤로 조금씩 움직이고[38] 걸린 금속 조각을 빼기 위해 애를 썼지만 허사였다. 우주선이 화성에 다다랐을 때, 탐사 팀은 우주선을 화성 대기권으로 부드럽게 "걸어 들어가게" 하고 추이를 지켜보기로 했다. 이 시기 마리아는 MIT에서 종신 교수직을 제안받은 후 거부할 수 없어 매사추세츠로 이사를 간 뒤였다. MIT에서는 마리아에게 전폭적인 지원과 신뢰를 주었다. 학과장은 마리아에게 "마르스 옵저버호의 실패 후 아마 사라지셨어야 할 텐데, 그러지 않으셨죠. 이유가 있다고 생각합니다"고 말했다[39]. 마리아가 새 연구실로 이사를 다 마치지도 못했을 때 탐사 통제실에서 전화가 왔다. 스피커폰 너머로 들려오는 목소리에는 근심이 가득했다. "태양 전지판이 부러졌을 수도 있습니다[40]. 원격 측정 결과를 기다려 봐야죠." 마리아는 이렇게 말한 후 전화를 끊었다. 비서는 그것을 보고 눈을 마주치지 않고 방에서 나갔다[41]. 마리아는 깊은 한숨을 쉬었다.

하지만 쉽게 부러질 수도 있었던 전지판은 버티고 있었다[42]. 덜커덕거리더니 20도 정도 움직이고 멈추고는 완전히 열리는 것보다 더 젖혀서 과신전된 무릎 같았다. 연결 부분의 취약성 때문에 겁에 질린 탐사 팀은 우주선을 대기권 밖으로 즉시 빼내고 다른 방법을 찾기 시작했다. 테스트 결과, 패널을 지지하고 있는 스프링은 대기에서 받는 힘을 오래 견디지 못할 것으로 보였다. 이것은 큰 문제였다. 마르스 글로벌 서베이어는 계란 같은 타원형의 형체를 하고 있었지만 완전한 원형의 족적을 따라가야 했고, 급격하게 속도를 줄여야 했다. 지도를 제작할 수 있는 궤도로 들어가는 방법은 단 한 가지, 에어로브레이킹밖에 없었지만 태양 전지판을 잃을 각오를 해야 했다.

공학자들은 태양 전지판을 완전히 닫는 방안은 선택이 불가능하다는 것을 알았다. 우주선이 너무 많은 열을 받게 될 것이기 때문이다. 결국 전지판을 약간 기울여서 대기 장애물과 방향을 맞추어 공기 저항을 3분의 2 정도 줄이기로 결정했다. 그들은 전지판을 기울이라는 명령을 전송하면서, 이 결정으로 어마어마한 비용이 발생하리라는 것을 깨달았다. 원형 궤도로 들어가기 전에 추가적으로 대기를 스치면서 부드럽게 화성 주변을 수백 번은 돌아야 했는데, 매 바퀴마다 화성 표면으로 가까워져야 했다. 에어로브레이킹이 완전히 끝나서 화성이 태양과 나란히 위치할 때까지[43] 탐사선의 주요 활동을 시작조차 할 수 없었다. 1년 반을 더 기다려야 했다.

마리아는 지도 제작자가 되려고 한 적은 없었지만, 자신이 태어나기 한참 전에 그려진 것들을 포함해 화성의 지도들을 언제나 동경해 왔다. 그녀의 기준에서 볼 때 이 지도들의 해상도는 너무 거칠었고, 화성에 활력을 불어넣을 세부 사항을 포착하기엔 불가능해 보였지만, 화성 지형에 붙은 이름들만 봐도 의미를 알 수 있었다. 이시디스Isidis, 아카디아Arcadia, 엘리시움Elysium 같은 이름들은 모두 신화 속 천상의 장소였다.

이미 백여 년 전부터 화성 곳곳에 이름을 붙이는 것은 화성 표면에서 이리저리 얽힌 선을 발견한 19세기 이탈리아 천문학자 조반니 스키아파렐리[44]가 시작했다. 스키아파렐리는 이전에 아무도 이름을 붙이지 않은 수십 개의 지형적 특징을 발견했다. 마리아처럼, 스키아파렐리도 어려서부터 우주를 보며 자랐다. 그도 조용한 세계의 한 구석이었던 피에몬테-사르디니아 왕국의 대가족의 일원으로, 용광로를 만들어 생계를 일구던[45] 아버지 슬하 8남매 중 맏이였다. 스키아파렐리는 벽돌과 타일을 만들면서 힘들게 생활했지만, 어려서부터 탐구하고 탐험하는 데 많은 시간을 쏟았다. 일요일이나 겨울날 대부분을 스키아파렐리는 틀어박혀 책을 보며 보냈다. 가장 좋아했던 책 중 하나는 『귀족을 위한 지리학Geography for the Use of Princes』이었다. 그는 저녁이면 교회 종탑에 올라 망원경으로 토성의 고리를 찾아보곤 했다.

스키아파렐리가 열세 살이 된 후 몇 주가 지나, 왕은 오스트리아 제국에 전쟁을 선포했지만 다시 피에몬테의 근거지까지 쫓겨왔다. 왕은 퇴위하고, 아들은 반란 사태든, 봉기든, 모반이든, 일어나는 즉시 진압하며 통치했다. 사르디니아는 휘청거렸고, 스키아파렐리는 토리노로 떠나 열다섯에 대학에 들어갔다[46]. 국가와 가족에 대한 불확실성 속에서 그는 안정적이고, 쓸모 있고, 벌이가 좋은 공학자가 되기로 결심한다. 스키아파렐리는 55명의 학생 중 15명을 뽑는 어려운 시험을 잘 통과했고, 열아홉 살이 되던 해에는[47] 일반 건축과 수력 공학 학위를 받게 된다.

스키아파렐리는 돈이 다 떨어졌고, 장학금도 없었기에 근처 학교에서 기초 수학 교사 자리[48]를 구했다. 그는 교사 봉급을 받으며 생활비를 극도로 아껴 쓸 수 밖에 없었다. 1856년 새로 자리 잡은 김나지움 포르타 누오바Gymnasium Porta Nuova[49]에서 부모에게 쓴 편지를 보면 수건이 모자라고[50], 목초지를 걸으면서 가지고 있던 가장 좋은 신발이 찢어졌다는 이야기를 볼 수 있다. 심지어 부러진 단추를 바꿔 달기 위해 새것을 서너 개 보내달라는 부탁도 한다. 그는 허름한 방 안에서 저녁을 보내고 외국어와 천문학 책에 몰두했고, 일기도 썼다. 시와 산문을 우아한 필기체로 썼고, 이탈리아어와 점점 더 실력이 늘어간 라틴어, 불어, 그리스어, 히브리어로 바꿔 가며 쓰기도 했다[51]. 그는 배가 고픈 때가 많았고, 지치기도 했다. 가끔 하루가 끝날 때 그날 얼마나 이뤄 낸 것이 없는지 절망하며 "더 나쁜 것은[52], 내가 유용해지는 걸 상상조차 할 수가 없다는 것이다."라고 적기도 했다.

1857년, 스키아파렐리는 자신을 가르친 교수 한 명의 도움으로 천문학을 연구할 기회를 얻었다. 그는 곧바로 얼마 되지 않는 살림살이를 모두 꾸렸다. 스키아파렐리는 혜성 전문가와 베를린에서 일하게 되어 기쁨에 넘쳤다. 그의 부모는 놀랐고 걱정했지만, 샹베리, 파리, 브뤼셀, 쾰른, 베를린에 이르기까지 여정의 중간 모든 기착지에서 스키아파렐리는 편지를 쓰기로 했다. "저는 야만인의 나라[53]로 가고 있는 것이 아닙니다."라고 하며 그는 부모에게 프랑스와 독일이 "문명화된 국가들"이라고 안심시켰다.

도착하자마자 그는 곧바로 일에 빠져들었고, 철학, 지리학, 기상학[54], 물리학, 지구 자기장에 대해서도 탐구했다. 그는 프리드리히 실러Friedrich Schiller의 희곡을 걸신들린 듯이 읽었고[55], 인도학도 잠깐 시도해 보고 아랍어와 산스크리트어도 배우기 시작했다[56]. 2년 뒤, 추가적인 연구를 위해 상트페테르부르크로 건너가 풀코보천문대Pul Kovo Observatory에서 부자父子 천문학자 아래에서 일했다. 곧 일자리 제의를 받게 되는데, 밀라노의 왕립 천문대의 차석 천문학자 자리였다. 그는 금세 새로운 소행성을 발견하고는 '희망'이라는 뜻의 '헤스페리아Hesperia'라고 이름 짓는데[57], 얼마 지나지 않아 일부 유성들이 사실은 혜성들이었음을 발견했다.

몇 년이 지난 후, 스키아파렐리는 화성으로 관심을 돌렸다. 1877년 여름, 그는 브레라 궁전 꼭대기에 있는 관측대에서 본 이상한 특징들을 공책에 휘갈겨 쓰기 시작했다. 먼저, 그는 화성 전체를 거대한 막으로 남북으로 쪼개서 어둡고 밝은 지역으로 나누었다[58]. 밝은 지역을 섬 무리로 나눈 다음 서풍의 고향 제퓌리아Zephyria, 신화 속 섬인 아르기레Argyre[59], 죽은 영웅의 땅인 엘리시움Elysium 등의 이름을 붙였다. 서쪽으로 헤라클레스의 기둥Columns of Hercules60 안에는 어두운 바다가 있었고, 에르투레아의 바다 마레 티레눔Mare Tyrrhenum, 트라키아의 바다인 마레 킴메리움Mare Cimmerium, 사이렌의 바다 마레 시레눔Mare Sirenum 등으로 이름 지었다. 북쪽에는 아르카디아Arcadia, 동쪽으로는 태양의 호수라는 뜻의 솔리스 라쿠스Solis Lacus라 붙였다.

스키아파렐리는 많은 이름들을 헤로도토스, 오디세이아를 비롯해 그리스 신화 속 영웅들에서 따왔다. 예를 들면 타이탄의 신 헬리오스가 태양의 마차를 이끌고 하늘을 가로지르는 여정 같은 위대한 순간에서 따온 것이다. 화성이 지나는 길을 쫓아가며 풍경에 이름을 붙이기도 했는데, 크리세Chryse61와 아르기레Argyre는 동양의 태국과 버마에서, 마가리티퍼 시누스Margaritifer Sinus는 인도의 펄 코스트Pearl Coast에서 땄다. 성경 등 종교에서도 이름을 빌렸다. 아라비아Arabia 옆은 밝고 큰 에덴Eden이었다. 약간 슬픈 부분도 있는데, 젊은 시절의 어두운 우울감62에서 아마 따온 것으로, 세상에 대한 불편한 감정을 숨길 수 없어서 그랬을 수도 있다. 일련의 희뿌연한 땅과 검은 호수들에는 멤논이아Memnonia라 붙였는데, 탁한 회색이면서 겨울에만 가끔 하얘지는 구멍 같은 부분이었다. 또한 지구의 근대 탐험가들이 아직 찾지 못한 메소포타미아의 잃어버린 강인 파이슨Phison과 게혼Gehon 같은 곳의 이름도 빌렸다. 전체 지도는 거꾸로63 되어 있다. 망원경에는 상이 거꾸로 맺혔고, 그에게는 보이는 대로 그리고 생각하는 것이 쉬웠기 때문이다.

그가 고백한대로 "호기심 가득하고 질서 없는 방식"이었다64. 하지만 종합적으로 본다면 인류 역사를 떠올리게 하고, 화성을 우리 존재와 엮인 장소로 만들어 주며, 인간의 거대한 야망이 부활할 수 있다는 약속으로 가득 채운 방식이었다. 스키아파렐리는 화성을 세대를 거치면서 걸러 온[65], 아름다운 이름으로 뒤덮었다.

마리아도 MIT 교수직에 지원했을 때 화성 지도를 만들고 싶었다. 천천히, 하지만 확실하게. 원래는 우주 비행사로서의 경력을 고려하기도 했고[66] 지원서까지 낸 적도 있지만, 금세 취소했다. 그녀는 아이를 낳고 싶어 했는데, 특히나 챌린저호 사고 후에는 아이들을 뒤로하고 우주 비행사로서의 삶을 사는 것은 상상하기도 힘들었다. 하지만 그녀는 곧 우주를 탐험하는 다양한 방법이 있음을 알게 되었고, 사람의 손으로 제작하는 탐사선은 지구 저궤도 우주 정거장 훨씬 너머까지 자신을 데려다 줄 수 있다고 생각했다. 우주선은 매우 먼 거리에 있는 세계를 밝혀냄으로써, 인간이 상상하는 것 이상의 수많은 가능성을 열어 주기 때문이었다.

동시에 그녀는 이 분야가 고위험, 고수익을 보여 준다고 생각했다. 합리적인 정도의 자신감이 없으면 아무도 첨병에 서지 않는데다가, 우주 탐사 계획은 최첨단 기술에 운명이 좌우되기 때문이었다. 마리아는 마르스 옵저버호에 대해서도 가슴 아파했다. 하지만 어떤 종류의 데이터이든 화성에서 직접 얻는 것은 희귀한 기회였다. 따라서 에어로브레이킹이 늦어지면서 모두가 낙담하고 있을 때, 마리아는 주어진 상황에서 최선을 얻어 내고자 애썼다. 궤도가 이상적인 것은 아니었지만, 운 좋게도 몇 달간은 지도 제작을 할 수 있는 데이터를 수집할 수 있었다. 이 기간은 우주선이 대기를 통과하지 않고 안전하게 배치되었던[67], 에어로브레이킹 단

계가 아닐 때였다. 우주선이 궤도에서 행성의 근점에 닿았을 때
는 북극 위에 있을 때였다. 마리아는 자신이 설계와 제작에 참여
한 기기인 MOLA를 테스트할 생각에 흥분하고 들뜰 수밖에 없었
다. 곧 MOLA가 작동하기에 좋은 조건이 갖추어진 듯 보였다. 초
기 데이터를 가지고 마리아는 화성 북극의 아름다운 삼차원 모형
을 도출해 낼 수 있었다. 이 결과는 그해 크리스마스 기간에『사이
언스』지에 실렸다. 성취의 열매는 달콤했다.

　하지만 그녀가 열매를 한 입 더 베어 물려고 보니, 이 모든 위
험들에 대해 신경을 쓰지 않을 수 없었다. 1998년 12월에 발표된
그녀의 극관에 대한 논문[68]이 화성에 대한 뉴스를 거의 지배하다
시피 했지만, NASA는 같은 날 화성의 대기를 연구하기 위한 새로
운 탐사 계획에 착수했다. 패스파인더호나 마르스 글로벌 서베이
어호와 마찬가지로, 화성 기후 궤도선Mars Climate Orbiter도 NASA의
"더 빨리, 더 좋게, 더 싸게" 기조 하에서 저비용으로[69] 설계될 예
정이었다. 항해하는 동안 궤적의 작은 수정 사항들이 다른 때보다
많이 필요했지만, 이런 것에 놀라는 사람은 많지 않았다. 우주선이
화성에 거의 닿고 나서야 탐사 통제실에서는 무엇인가 잘못됐다
는 것을 깨달았다. 우주선이 화성 뒤쪽으로 호를 그려 도는 동안
신호가 처음으로 중단되었다. 신호 중단 예정 시간보다 49초 일찍
일어난 일이었지만, 신호는 돌아오지 않았다. 30분이 채 지나지
않아 우주선이 대기층에서 파괴된 것이 확실해졌는데, 항행 명령
전송 시에 야드-파운드 법과 미터 법을 섞어 쓴 것이 원인이었다[70].

　몇 달 뒤, 또다시 "더 빨리, 더 좋게, 더 싸게"를 적용한 화성 탐
사선이 실패를 맛본다. 이 탐사선 프로젝트에는 나도 작게나마 기

여를 했는데, 화성 표면 풍력 터널에서 태양 전지판에 내려 앉는 먼지를 평가했던 실험 결과를 반영한 것이었기 때문이다. 화성 극지 착륙선Mars Polar Lander은 화성의 남쪽 극관 근처에 있는, 활강 바람에 깎인 협곡과 어두운 모래 언덕들이 마치 꽃이 핀 것처럼 보이는 울티미 스코풀리Ultimi Scopuli71에 거의 착륙 직전이었다. 하지만 탐사선에 탑재된 컴퓨터가 착륙선 다리에서 생긴 진동을 착각했고, 착륙 때의 충격으로 해석해 강하 엔진을 끄도록 신호를 보냈다. 우주선은 40미터 상공에서 그대로 떨어졌고, 지표에 고속으로 충돌해 버렸다72.

이 분야에 발을 들였을 때 마리아는 위험이 가장 큰 과학 분야라는 것을 알고 있었다. 화성 탐사선의 절반가량이 실패했다. 마르스 옵저버를 비롯한 일부 탐사선은 조용히 화성 옆을 지나갔고, 다른 것들은 세계 충돌하여 표면에 잔해를 흩뿌리는 운명을 맞았다. 사마라Samara 계곡 모래에는73 고철 덩어리와 헝클어진 전선이 널브러져 있다. 알페우스 콜스Alpheus Colles의 서쪽에는 소련의 상징이 그려진74 삼각 깃발이 놓여 있다. 영국 천체생물학 탐사선75의 일부였던 태양광 전지판들은 마치 야외용 접이식 의자처럼 접혀서76 이시디스 평원에서 모래를 뒤집어쓰고 있다. 울티미 근처에는 미국 어린이 수백만 명의 이름이 담긴 CD-ROM 한 장이77 아마도 부서져 있을 것이다.

마르스 옵저버호는 마리아에게 마치 「뉴욕 타임스」 1면 상단에 대서특필된 자신의 실패처럼 느껴졌다. 기분이 좋은 일은 아니었지만, 결국 그녀는 경험에서 강인함을 끌어냈다. 무언가 잘못될 때는 "잘못되면 얼마나 잘못되겠어?[78] 화성 도착 사흘 전에 우주선을 잃어버리는 것보다 나쁠 리가 없잖아?"라고 생각하며 자신을 다잡았다.

마르스 글로벌 서베이어는 날개를 질질 끌며 화성에서의 밤을 보내는 위태로운 상황에 놓였다. 하지만 마리아에겐 다행히도, 이 탐사선은 인격 수양의 계기로 남을 경험으로 끝나지 않았다. 오히려 그 반대였다. 사실 마르스 글로벌 서베이어는 NASA 역사상 가장 성공적인 탐사선 중 하나로 남아 있다. 첫 2년 동안 지도 제작을 위해 MOLA를 필두로 한 기구들로 수집한 데이터는 이전에 어떤 탐사선이 수집한 것보다 많았다[79]. 매일 90만 건의 레이저를 화성 표면으로 쏘았고, 돌아온 지형 측정 결과[80]는 심지어 우리가 당시 가졌던 지구의 광범위한 지역에 대한 정보보다 월등했다. 화산, 분화구, 변형 지형부터 물과 얼음에 의한 침식과 퇴적 작용, 화성 표면에 영향을 미쳤던 수많은 현상 등, 데이터는 우리에게 모든 것을 알려 주었다.

마리아와 팀원들은 이 데이터를 총천연색 지도를 만드는데 사용했다. 가라앉은 저지대는 깊고 짙은 청색으로 표현됐고, 들어 올린 층 부분은 마치 화성 표면의 팽창된 곳에서 아직도 용암이 흘러나오는 것처럼 강렬한 빨간색과 보라색으로 표현됐다. 미로 같은 계곡과 들쭉날쭉한 균열 지점, 대들보를 이룬 듯한 산들도 있었다. 색의 향연이 펼쳐지는 듯한 매리너 계곡은 불가능할 정도로 깊어 그레이트 리프트 밸리보다 다섯 배나 깊었고, 톱니바퀴로 된 성벽 같은 녹티스 라브린투스Noctis Labrynthus로 이어졌다.

하지만 평탄한 저지대나 분화구가 가득한 고지대 어느 곳에서도, 화성이 지구처럼 판 구조[81]를 가지고 있다면 있을 법한 지진 단층이나 산지 분포 지역이 명백하게 보이는 곳은 없었다. 남반구에는 먼 과거 어느 시점에 거대한 소행성과 부딪힌 증거로 볼 수 있는 움푹하게 패인 자국이 있었다. 헬라스 평원은 연구 대상이 된 적이 있지만, 누구도 이곳이 킬리만자로산을 삼키고도 남을 만큼 충분히 깊다는 것을 알아차린 사람은 없었다. 지도상으로는 날카로운 보랏빛의 파란색으로 표현이 돼서 마치 어마어마하게 큰 동그란 눈알 같기도 하다. 높이가 1.5킬로미터나 되는 주변 바위가 있으므로, 직경이 3킬로미터쯤 되는 바위[82]가 미 대륙을 덮을 만큼 토사를 들어내야 했을 것이다. 이 정도 크기의 충돌[83]로 인해 아마 화성의 핵과 맨틀에 걸쳐 일어나는 열의 흐름은 돌이킬 수 없이 방해를 받았을 것이고, 자기장이 사라져 붙잡혀 있던 대기가 흩어져 버렸을 수도 있다.

이 정확한 지도를 가지고 마리아는 화성의 역사를 점자를 읽듯이 읽어 낼 수 있었다. 애초에 전송된 데이터에서 암시했듯, 화성의 북반구는 태양계에서 관측된 것들 중 가장 매끈한 표면[84]으로 드러났다. 화성의 땅 대부분이 아주 약간 북쪽으로 기울어진 것[85]처럼 보이는데, 과거 화성 전체에 흐르는 물의 흐름이 거대한 북쪽 바다에서 멈춘 것일 수도 있다는 것을 암시했다. 표면에 남은 자국들은 심지어 해안선[86]의 흔적일 수 있는데, 듀테로니우스 Deuteronilus海는 수천 킬로미터에 이른다. 해안선은 융기[87]된 것으로 설명할 수 있는 다양한 지형적 특징들과 거의 같은 고도에 있는데, 오래전 바다를 이루던 물이 증발되며 무게가 사라졌기 때문이라고 설명이 가능하다.

글로벌 서베이어가 촬영한 화성 모습. 선명한 화질이 인상적이다.

마르스 글로벌 서베이어는 행성을 본다는 것의 의미를 바꾸었다고 할 수 있다. 화성의 옛 지도가 그저 그림이었다면, 새로운 지도는 초상화와 같았다. 우리 눈으로 볼 수 있는 것을 너머 등고선, 구성 요소, 그리고 이제 볼 수 없는 힘에 관한 데이터를 잡아냈기 때문이다. 지형뿐 아니라[88] 자기장 신호나 광물 구성은 가시광선의 영역에서 벗어나서야 드러날 수 있었다. 추가적인 연구가 필요한 미묘한 부분들도 있었다. 우리는 화성에 갔어야 했고, 갔을 때 어떻게 보는지도 알아야 했다.

몇 년에 걸쳐 마르스 글로벌 서베이어호는 극관의 확장, 암석의 풍화, 먼지의 소실 등 화성에서 일어나는 변화를 관찰했다. 또한 피커링이 자메이카 중부 산악 지대에서 편지를 쓴 것처럼 NASA는 대중을 위해 매주 웹사이트에 불가능할 정도로 멀게 느껴지는 화성의 날씨 정보[89]를 올리게 되었다. 마리아에게 이것이 기쁜 일이었음은 말할 나위 없다. 어느 날 그녀가[90] 메사추세츠를 가로질러 운전하는 동안 라디오에서 흘러나온 두 목소리는 화성의 기온과 먼지 낀 하늘에 대해 이야기를 나누면서 지구에서 이런 정보를 알게 된 것이 얼마나 놀라운 일인지 감탄을 금치 못했다. 이들은 이것을 가능하게 한 과학자가 누구인지 궁금해했다.

탐사 활동이 끝나기 전, 마르스 글로벌 서베이어호는 다른 행성에서 지구를 찍은 최초의 사진[91]을 찍었다. 대부분의 사람들에게 이것은 그저 부차적인 것이었고, 심지어 용두사미 격으로 느끼는 사람들도 있었다. 물론, 이 사진은 유리 가가린Yurii Gagarin이 우주 공간에서 지구를 최초로 창밖으로 본 것[92]과 비교할 수도 없을 것이고, 칼 세이건이 "태양 광선에 떠 있는 티끌 하나[93]"라고 표현했던 보이저호가 태양계 끝에 가서 카메라를 들이대서 찍은 1픽셀도 안 되는 지구 사진과도 당연히 의미가 달랐다. 하지만 나는 마르스 글로벌 서베이어호가 찍은 사진을 컴퓨터로 본 기억이 난다. 검색을 해서 이미지를 드래그한 후 나는 최대한 크게 만들어 스크린을 덮었다. 지구는 믿기 힘들 정도로 멀리 느껴졌지만, 여전히 알아볼 수는 있었다. 지구는 심지어 반 이상이 어둡게 나와 초승달 같았고, 달은 같은 그림자 안에서 우리 옆에 있었다.

나는 자세히 사진을 들여다보며 파란색, 녹색, 흰색을 띤 미세한 사각형들로 된 픽셀들을 보면서, 이 사진 어디쯤 내가 있었을까 생각해 보았다. 사진은 많은 것을 포착했지만, 또한 흐릿해진 것들도 있었다. 사진이 찍힌 날, 나의 삶은 어땠는지 돌이켜 보았다. 셔터가 눌렸을 때, 내가 흰콩 수프를 끓였는지, 헝클어진 침대에서 잠들어 있었는지, 아니면 도서관의 두꺼운 유리창 밖으로 비가 오는 것을 쳐다보고 있었는지 생각해 보았다. 아니면 목련나무 아래 앉아 있었을 수도 있고, 시내 번잡한 거리를 급히 걸어갔을 수도 있다. 아마도 나는 어느 시점에 이 생각의 끈을 놓고는 문득, 내가 과학자가 되기 위해 필요한 것을 가진 사람인지, 누가 나에게 그 길을 보여 줄 수 있을지 궁금했다.

마리아도 그 사진, 다른 픽셀에 있었다. 의심의 여지없이 훌륭한 일을 하고 있었을 것이고, 나와 같은 젊은 여성들에게 어떤 영향을 끼치는지 미처 알아채지 못하고 있었을 것이다. 컴퓨터에 앉아 있던 중 초승달 모양 지구가 나온 그 사진 아래에 톨킨J. R. R. Tolkien의 명언[94] 한 구절이 눈에 들어왔고, 반복해서 이 구절을 읽었다. "방랑자라고 모두 길을 잃은 것은 아니다." 이 메시지야말로 내가 이 사진을 검색한 이유였다. 나는 화성에서 다음 번 사진이 찍힐 때 어디에 있을 것인지 생각해 보았다. 그로부터 몇 달 뒤, 대학원 진학을 위해 보스턴으로 이사를 와도 좋다는 편지를 마리아로부터 받았다. 그녀가 내 박사 논문의 지도 교수가 되기로 한 것이다.

제8장
산성의 평지

2004년 제트추진연구소 방문객 센터에서 대기하면서 우주선의 번쩍이는 포스터를 보며 감탄하는 동안, 공기는 자카란다나무 냄새로 가득 차 있었다. "우리 우주에 오신 것을 환영합니다."라고 쓰인 표지판 아래에서 차에 탄 채로 배지를 보여 주는 사람들이 지나가는 것을 보면서 나는 정말 행운이라고 생각했다. 바로 전날, 교수님 중 한 분이 다른 학생 두 명과 함께 패서디나로 오라고 초대했다. 교수님과 다른 두 학생은 이미 탐사 통제실에서 1월에 화성에 착륙한 스피릿Spirit과 오퍼튜니티Opportunity 로버와 관련해 일을 하고 있는 중이었다. 교수님은 혹시 내가 제트추진연구소에 며칠 와서 무슨 일이 일어나는지 구경을 해 보지 않겠느냐고 제안한 것이었다.

마리아 교수가 가 봐도 된다고 했을 때 나는 거의 발에 걸려 넘어질 뻔했다. MIT의 54번 건물 계단을 뛰어 내려와서 페달을 밟아 눈길을 헤치며 아파트로 돌아와서는 비행기를 잡기 위해 로

건 공항으로 달려갔다. 풀오버 하나, 청바지 몇 벌, 대학원 1학년 때 들은 '지질학 영상 해석'이나 '복잡계 역학' 같은 지질 생물학 과목 필기로 가득한 바인더가 든 배낭 하나만 매고서.

나를 초대한 교수님은 사람들이 "그로츠Grotz"로 부르는, 세계적인 지질퇴적학자 존 그로츠칭거John Grotzinger1였다. 그는 경력을 잘 조정해 화성의 퇴적층 지대를 탐사하는 때에 맞춰 행성지질학에 안착했다. 검게 그을린 피부에 키가 크고 마른 그로츠는 뭐든 캐묻고 탐구하는 성격이어서, 바위 하나를 보더라도 사냥감을 노려보는 늑대같이 굴었다2. 좋아하는 장소는 고대 바다의 흔적을 따라갈 수 있는 오만과 나미비아의 절벽 지대였다. 내가 만난 그 누구보다도 지질학을 사랑하는 사람이었고, 그가 오래된 셰일shale 한 덩어리를 집으면 돌덩이 안에 온갖 가능성이 있는 것처럼 보이게 했다.

제트추진연구소의 출입증 관리실에 나를 데리러 왔을 때, 그로츠는 엄청나게 지쳐 보였다. 화성에서의 하루인 태양일, 즉 "솔sol"이 지구에서의 하루보다 조금 길어서 과학 팀원들은 자신의 생물학적 주기를 지구가 아닌 화성에 맞추려고 애쓰고 있었다. 화성의 착륙지에서 해가 지면, 로버는 하향회선downlink으로 완성된 측정 결과와 새로운 장소에서 찍은 이미지를 전송해 왔다. 이 데이터를 바탕으로, 과학자들은 화성 시간으로 밤에 로버의 다음 이동에 대해 계획했다. 로버가 있는 곳에서 해가 뜨면, 수많은 명령어가 다시 궤도 우주선, 즉 마르스 글로벌 서베이어호나 마르스 오디세이 Mars Odessey로 전송됐고, 이것은 다시 로버의 안테나로 전달, 수신됐다3.

그로츠의 설명대로, 먼 세상과 시간대를 맞추는 것은 쉽지 않았다. 화성과 지구의 자전 주기는 비슷하긴 하지만, 화성 시간대에 맞추려면 39분 30초를 매일매일 더 깨어 있어야 했다. 그로츠가 그렇게 기진맥진한 것을 보면, 그런 식으로 조금씩 벌충한 시간들이 모여도 결국 큰 차이를 만들어 낸다는 것이 분명했다. 생각해 보면, 18일이 지나면 낮의 시작점이 밤의 시작점이 된다. 또 다음 18일 뒤에는 밤의 시작점이 낮의 시작점으로 되돌아온다. 탐사 통제실은 끊임없는 시차에 시달리며 점점 지구에서 멀어져 갔다가 다시 돌아오기를 반복했다.

이것이 얼마나 이상한 일인지 생각해 봤다. 사실 시차라는 것은 수십 년 전만 해도 존재하는 현상이 아니었다. 이제는 지구의 자전에 적응하며 살 뿐만 아니라 다른 행성의 자전에도 적응하고 있었다. 그로츠는 몬트로즈 근처[4] 시계공이 매 36초마다 1초를 놓치는 시계를 설계해서 팀원 몇 명이 이런 스케줄을 따라가도록 도와줬다는 이야기를 해 주었다. 스피릿과 오퍼튜니티는 화성의 정반대 편에 위치해 있었다. 오퍼튜니티의 활동이 제트추진연구소의 264번 건물의 5층에서 시작되면 스피릿의 활동은 4층에서 끝났기 때문에[5], 피곤에 찌든 과학자들이 한 개 층에서 모두 엘리베이터로 이동하면 다른 층이 채워졌다. 더 피곤한 일은 담당 로버를 바꾸는 일이었는데, 일부 팀원들은 주기적으로 이렇게 해야 했다. 이것은 미국에서 자고 일어나면 중국에 있는 것과 같다.

제트추진연구소를 가로질러 걸어가면서, 그로츠는 내게 탐사선 활동에 대한 최신 소식을 알려 주었다. 탐사의 목적은 화성에 한때 있었던 물의 존재를 이해하고, 암석과 흙에서 따뜻하고 습한 과거[6]의 흔적이 있는지 조사하면서 물을 따라 생명체를 찾는 것이었다. 로버들은 골프 카트 정도의 크기였고, 쌍둥이처럼 똑같았으며, 자그마했던 소저너보다 훨씬 더 많은 기능을 가지고 있었다.

부풀릴 수 있는 에어백에 고이 싸여서 로버들은 각자 화성 반대편에서 통통 튀다가 멈췄다. 스피릿이 먼저 착륙했고, 오퍼튜니티는 3주 후에 착륙했다. 스피릿이 내린 곳은 구세브Gusev로, 화성 북쪽의 저지대 끝 쪽에 있는 코네티컷주만 한 크기의[7] 분화구였다. 남쪽 고지대에서 구세브로 꿈틀꿈틀 구부러진 길은 화성에서 가장 큰 수로인 마딤 계곡Ma'adim Vallis이었다. 모든 사람들이 착륙지가 옛날 화산호火山湖에서 남은 자리이기를 바라고 있었는데, 그렇다면 화성 표면에 거대한 구역을 가득 채울 만큼의 물이 있었음을 증명할 수 있었기 때문이다. 하지만 안타깝게도, 로버가 자리 잡은 곳은 순수히 용암에서 만들어진 평원으로 끊임없이 바람과 먼지가 난타한 '현무암 감옥[8]'이었다. 수평선에는 조짐이 좋아 보이는 언덕들이 솟아올라 있었지만, 거기까지 가려면 몇 달은 족히 걸릴 터였다.

오퍼튜니티 쪽이 훨씬 나은 상황이었다. 화성에서 가장 안전한 곳 중 하나[9]라 할 수 있는 메리디아니 평원Meridiani Planum에 보내졌기 때문이다. 모든 것이 너무 매끄럽게 진행돼서 어떤 과학자들은 볼 만한 것이 하나도 없으면 어쩌나 걱정할 정도였다. 이곳도 물의 존재를 찾을 수 있을 것 같은 곳이긴 했지만, 구세브보다는 그 가능성이 낮은 것 같았다. 얼마 안 가 궤도선인 마르스 글로벌 서베이어호에서 산화철 광물 종류인 회색 적철석이 신호등 불빛처럼 빛나는 것을 발견했다. 녹에서 생긴 결정[10]이었는데, 화성

스피릿 탐사선이 바라본 화성

표면에서 물과 상호작용이 있었을 수도 있다는 흔적이었다. 물론 확실하다고는 할 수 없었다. 화산 용암 속 자철석은 물이 없어도 자철석으로 변형되기도 했다. 하지만 거부하기에는 너무도 매력적인 가능성이었다.

표면을 훑어보고 구르다가 멈춘 오퍼튜니티는 종이접기 하는 것처럼 태양 전지판을 펼쳤다. 주걱 같은 고성능 안테나가 하늘을 향해 기울어졌고, 바퀴가 탁 소리를 내며 위치를 잡기 전, 운행 카메라가 흑백 사진을 찍기 시작했다.

오퍼튜니티에서 온 첫 이미지가 제트추진연구소 스크린에 뜨자, 탐사 팀은 일제히 박수를 쳤다[11]. 하지만 마리아의 친구이자 두 로버 모두의 책임자가 된 코넬대학 지질학 교수 스티브 스콰이어스는 머릿속이 하얘졌다[12]. 사진을 보고 그는 완전히 혼란에 빠졌다. 바위는 어디에 있단 말인가? 이전에 화성 표면에서 찍힌 모든 사진들에는 크리세, 유토피아, 아레스 계곡, 고세브 할 것 없이 모든 곳에 로버가 조사할 것으로 가득 찬 돌이 널려 있었다. 지구에 전송된 첫 이미지는 거칠고 뒷면을 보고 있었긴 했지만, 어찌되었든 균질한 어두운 흙 위에 로버가 튄 자국이 난 것이 보일 만큼 충분히 선명했다. 그것이 유일한 눈에 띄는 특징이었다. 아마 메리디아니 평원에 대해 의심한 사람들이 맞을 수도 있을 것 같았다.

두 번째 이미지가 스크린에 떴다. 운행 카메라가 앞을 보고 찍은 사진이었다. 스티브는 조바심을 내며 찬찬히 사진을 바라보았다. 이 사진은 노출이 너무 적게 되어 알아보기 힘들 정도로 어두웠다. 공학자 한 명이 사진을 좀 더 알아볼 수 있도록 콘트라스트를 조절하자, 연구실이 이상할 정도로 조용해졌다.

갑자기 모자이크처럼 기반암이 뜬금없이 나타났다. 입이 딱 벌어질 만큼 아름다운 모자이크처럼 모양이 난 기반암 벽이었다. 탐사 팀원들은 모두 자리를 박차고 일어나 웃고, 환호하고, 울다가 아래위로 뛰기도 했다. 스티브는 숨을 고르기도 힘들었지만, "메리디아니에 오신 것을 환영합니다[13]. 계시는 동안 즐겁게 보내시길 바랍니다!"라고 발표했다. 화성에서 기반암을 본 것은 이번이 최초였다. 물론 다른 착륙지에도 바위들은 많았지만, 그런 바위들은 어디에서 온 것인지 알 길이 없었다. 이 기반암은 메리디아니에서 물에 의해 형성된 것이었다. 다시 말해, 지질학적 역사를 분명히 보여 줄 바위였다. 스티브에게 더할 나위가 없는 소식이었다. 사실 스티브는 물의 증거를 원했기 때문에 수백 곳의 착륙 후보지를 놔두고 메리디아니 평원을 강력히 주장했다[14]. 하지만 마음속 깊은 곳에서는 원하는 것을 발견할 수 있을 것이라고 감히 바라기도 힘들었다. 믿을 수 없는 일이었다. 그는 연구실 앞으로 휘적거리며 나와서는 "나는 그냥 과학적 분석은 지금 안 하겠습니다. 이런 세상에[15]…… 미안합니다. 나는 그저, 완전히 할 말을 잃어버렸어요."라고 했다. 누군가 뒤에서 소리쳤다. "우리가 좋은 지점을 찾은 겁니까?" 스티브는 중얼거렸다. "내가 본 것 중 가장 좋은 지점입니다."

그 순간까지 화성 표면 탐사선 중 어느 것도 물에 의한 퇴적암을 관측한 바가 없었다. 조사할 층위조차 없었다. 층이 없으니 층들의 관계를 볼 수도 없는 일이었다. 따라서 화성 지질과 기후가 시간에 따라 어떻게 변화했는지 조사할 길도 없었다. 찔러서 조사할 수 있는 퇴적암은 성배와 같았다. 마침내 우리는 축적된 시간을 꿰뚫어 볼 수 있게 된 것이다.

운행 카메라가 다른 사진을 보내왔는데, 수평선이 이상하게도 너무 가까웠고, 크기를 가늠하기가 불가능했다. 탐사 팀은 이미지를 다른 각도에서 보려고 시도하며 지금 보고 있는 것이 정확히 무엇인지 알아내기 위해 애썼다. 자그마한 충돌 분화구의 움푹 들어간 곳에 에어백들이 말려 있는 것이 분명했다. 행성 간 이동의 '홀인원16'이라고 할 수 있었고, 이 분화구의 이름은 골프에서 기준 타수보다 두 타수가 적은 '이글'이 되었다. 오퍼튜니티가 마침내 기어를 넣고 기반암 쪽으로 다가가기 시작하자 보이는 시점이 다시 바뀌었다. 조금 전까지 "만리장성"이라고 불렀던 것은 이름이 "오퍼튜니티 바위"로 바뀌었는데, 알고 보니 발목 높이17가 채 안 되는 것으로 밝혀졌다.

마르스 글로벌 서베이어가 예측한대로 메리디아니 전체에 적철석이 있었다. 이 또한 물의 증거가 될 수는 있었지만, 아무도 기대하지 않았던 형식이었다. 적철석은 표면에 볼 베어링이 뿌려져 있는 것처럼 모여 있었는데, 땅 사진을 보면 프레드 플린스톤*이 걸려 넘어질 것 같은 모습이다. 구립체들은 회색빛의 청색을 띠고 있어서 "블루베리bluberry18"라는 이름이 붙었다. 기반암 전체에 걸쳐서 퍼져 있는 모습이 블루베리 머핀과 흡사했기 때문에 완벽한 이름이었다.

처음에 탐사 팀은 "이상하고 조그마한 적철석 공19"들이 화산

---

* 만화 <고인돌 가족 플린스톤>의 등장인물

216

활동 시에 분출되었다가 얼어붙는 듯한 공기 중으로 던져진 금속 방울로, 날아오르는 동안 고체가 되어 표면에 떨어진 것은 아닌지 궁금해했다. 하지만 이 작은 구립체는 하나의 층으로만, 달리 말해 화산재로만 된 것이 아니었다. 표면 아래에도 묻힌 것이 많았고, 고르게 분포되어 있었다. 화산에서 만들어진 것이라면, 화산은 어디에 있는 것일까? 다른 주장도 나왔다. 아마도 이 일종의 '블루베리'는 집약체일 것이다. 지표 아래 적철석의 어떤 지점에서 부풀어 오른 작은 금속 덩어리일 수도 있었다. 마치 진주조개 안에서 자라나는 진주처럼 점차적으로 방울에 층이 쌓였을 것이다.

적외선 신호로 보아도 이 '블루베리'는 화산에서 유래한 것이 아니었으며, 적철석은 시원한 지하수가 존재하는 곳에서 형성됐다는 것을 시사했다[20]. 오퍼튜니티 착륙지 근처에 흩어져 있는 블루베리들은 크기가 매우 작아 말린 후추만 했고, 상대적으로 매우 균일했다. 이것은 같은 양의 지하수가 같은 길이의 시간 동안 이 지역에 존재했을 수 있다는 뜻이었다. 지하 수면이 희미해지면서, 바람이 지표를 계속 쳤을 것이고, 부드러운 주변 돌들을 침식시켰을 것이다. 그러면서 점차적으로 블루베리들이 큰 바위에서 떨어져 나와 바닥으로 굴러갔을 수 있다.

오퍼튜니티가 초기에 발견한 것은 기반암과 블루베리가 전부가 아니었다. 황산마그네슘이 곳곳에[21] 있다는 것 또한 발견했는데, 사리염을 목욕탕에 넣은 것처럼 모든 방향으로 뻗어 있었다. 마치 얕은 바다나 호수에 퇴적된 것처럼 말이다. 더 놀랍게도 다른 황화물도 있었다. 착륙 후 얼마 지나지 않아 오퍼튜니티호는 "엘 카피탄El Capitan"이라고 이름 붙인 바위로 운전해 가서 미세한 연마 바퀴로 바위 내부를 뚫었다. 데이터를 본 탐사 팀은 이것이 황산염 광물인 자로사이트[22]로 보았다. 자로사이트의 존재는 강한 산성의 조건[23]이 있었음을 뜻하는데, 이것을 두고 팀원들은 생물체의 존재를 부정하는 것이 아니라고 지적했다. 미생물체는 스페인 광산 지대인 시에라 알마그레라나 '불의 강[24]'이라 불리는 리오 틴토 같은 곳에서도 살아남기 때문이다. 더군다나 자로사이트는 물을 포함한 광물이므로, 물의 존재 없이는 애초에 형성될 수가 없었다.

고정적인 물이 있었다는 증거가 될 만한 것이 또 있었다. 암석의 겹쳐진 층이 다른 암석층 쪽으로 끼어든[25] 눈에 띄는 패턴은 한때 얕은 개울에서 밀려 내려온 석화된 모래와 퇴적물이 만들어낸 것으로, 지구상 대부분의 개울 바닥에 깔린 스마일 모양의 표시였다. 그러므로 화성에는 한때 짠 바다 혹은 호수, 그리고 개울이 있었고, 바람이 또다시 작업을 한 퇴적물이 존재했다는 증거였다. 다른 행성에서 액체 상태의 물이 존재했다는 확실한 최초의 증거를 찾는 것, 이것이 바로 화성 과학계가 탐사선을 보내왔던 이유였다. 탐사 팀은 메리디아니 평원의 노출 부분을 자세히 관찰한 결과 부드러운 돌 위에 난 잔물결 모양까지도 볼 수 있었다.

264번 건물에서 엘리베이터 문이 열린 뒤, 나는 눈을 적응시키느라 잠깐 멈칫했지만, 곧 그로츠를 따라 탐사 통제실로 들어섰다. 창문은 모두 두꺼운 검정 비닐로 싸여 있었다. 햇빛이 들지 않는 방에서 시간과 분리되어 있는 스무 명 남짓의 과학자가 옹기종기 모여 있는 컴퓨터 책상 앞 검고 푸른 의자에 앉아 있었다. 거대한 스크린에는 시계가 떠 있었고, 화성의 태양일 세부 일정도 같이 나왔다. 중간에는 길고 미끈한 책상이 있었는데, 이 책상은 길이가 3~4미터는 족히 되어 보였고, 위에는 궤도선에서 찍은 착륙지 사진들이 쌓여 있었다. 이곳은 어두운 대양을 가로질러 항해하는 호위함의 조타실 같았다.

주변을 돌아보니 내가 이름만 알고 있던 과학자를 열 몇 명쯤 알아볼 수 있었다. 학부 시절 멘토였던 레이 알빗슨Ray Arvidson은 내 쪽을 보고 웃으며 "어떻게 지냈어, 학생?"이라며 말을 걸었다. 몇 분이 지나자 스티브가 카우보이 부츠를 신고 방 앞쪽으로 성큼성큼 걸어갔다. 마이크를 잠깐 던졌다가 잡고서는 "자 이제 소그sog('축축히 젖는다'는 뜻)할 시간입니다."라고 했더니 모두가 자리에서 일제히 일어났다. 나는 무슨 뜻인지를 몰라 어리둥절했지만, 소그SOWG는 과학 작전 작업반Science Operations Working Group을 줄인 말임을 알아챘다. 사실 소그는 하루 중 가장 중요한 회의였다. 나는 계속 책가방을 들고 다른 사람들을 따라 근처 방으로 들어갔다. 복도에는 간식이 가득 들어 있는 엄청나게 속이 깊은 냉동고가 있었다. 레이는 간식과 냉동고가 그 지역 디저트 유통업체에서 온 선물이라고 알려주며 초콜릿 콘 아이스크림 하나를 던져 주었다.

탐사 팀의 두 번째 높은 책임자였던 레이는 작은 파란색 플래카드 뒤에 있던 자리에 앉았다. 레이는 그날 소그를 주재했다. 나는 뒤쪽 자리에 미끄러지듯 앉아서는 방을 훑어보았다. 사람들은 "태양일 어제yestersol", "태양일 내일solmorrow", 그리고 다가오는 "태양일 일요일soliday"에 대해 이야기하고 있었다. 아이스크림을 흘리며 이야기하는 모습이 어린아이 같다가도, 갑자기 복잡한 기술 이야기를 한참 하기도 했다. 로버가 다음으로 측정할 것은 블루베리 발견의 후속 작업으로, 화성에 있던 물의 역사에 대한 증거를 종합하는 데 결정적인 역할을 할 것이었다. 자리에 있던 과학자와 공학자들은 한 시간도 넘게 같이 일했고, 로버 운전 중 우선순위를 논의하고 어떻게 이 우선순위 사항들을 이행할 것인지 고민했다. 어떤 특정한 지시가 심우주 통신망을 거쳐 로버에게 전달되어야 할지에 대한 토론도 당연히 이루어졌다. 특별한 지식이 없는 사람들의 눈에는, 이 사람들이 암호로 이야기하는 것처럼 느껴졌을 것이다.

그러다 회의가 끝났고, 명랑한 분위기가 금세 돌아왔다[26]. 탐사 팀의 분위기는 끈끈했고 항상 나쁜 뜻이 아닌 장난이 가득했다. 어느 날 아침, 로버의 팔 부분에 있는 소형 열 방사율 평가 장치를 담당하는 미니티이에스MiniTES 팀이 자리에 왔더니 컴퓨터와 의자들이 모두 요리용 랩에 싸여 있었다. 다음 날 로버 안테나에 달린 파노라마 카메라를 담당하는 판캠Pancam 팀이 자리에 왔더니 키보드에서 M, I, N, 1, T, E, S를 제외한 모든 키가 빠져 있기도 했다.

오퍼튜니티는 인듀어런스Endurance 분화구로 가고 있었고, 그로츠는 나보고 로버가 도착할 때까지 이곳에 머무르는 게 어떻겠느냐고 했다. 나는 칼텍에 다니는 친구 기숙사에서 신세를 지기로 하고 로버가 목적지에 가까워질 때까지 매일매일 제트추진연구소에 택시를 타고 다녔다. 분화구는 미식축구 경기장만큼 컸고, 탐사 팀은 탐사 초기부터 수평선을 주시하고 있었다. 오퍼튜니티는 충격으로 지표에 생긴 구멍 하나에서 다른 하나로 가는 중이었다.

분화구 자체가 잭팟은 아니었고, 먼 과거에 대한 단서를 제공해 줄 가능성이 있는 분화구 벽이야 말로 진정한 잭팟이었다. 분화구 벽에는 마치 닫힌 책처럼 층이 이루어져 있었고, 한 시대는 다른 시대 아래에 눌려 닫혀 있었다.

엘 카피탄을 떠난 후, 로버는 구불구불하게 금이 가 있는 아나톨리아Anatolia[27]에서 멈춘 다음, 프램Fram이라고 이름 붙은 작은 충돌 분화구[28]에서 멈춰 섰다. 인듀어런스로 가는 길[29]의 땅에는 점점 모래가 더 많아졌다. 매일 공학자들은 로버를 위한 위험 예측 지도를 만들었고, 로버는 정해진 곳까지만 진행할 수 있었다.

94 태양일이 되던 날, 팀 파커Tim Parker라는 과학자가 방 저쪽 구석에서 소리쳤다. "첫 번째 운행 카메라 프레임[30] 다운받았는데 볼 사람?" 우리는 모두 그의 컴퓨터 주변으로 몰려들었고, 그가 파일을 열자 단체로 탄성을 터뜨렸다. 로버는 이미 오래전에 착륙 분화구에서 올라가 빠져나갔고, 이전에 착륙했던 어느 로버보다 멀리 화성 지표면에서 이동을 하여 이제는 인듀어런스 가장자리에서 휘청이며 움직이고 있었다. 로버의 앞 바퀴 두 개는 공학자들 예상보다 3미터 가까이 있던 분화구의 가장자리를 이미 넘어서 있었다. 오퍼튜니티는 위험 경고 신호가 계속되어 전원이 꺼질 때까지 계속해서 나아갔다[31].

파커는 이미지를 방 앞에 있는 거대한 스크린에 띄웠고, 우리 모두는 의자를 뒤로 젖혔다. 미스터리한 이 심연을 꿰뚫어 보는 것은 우리가 인류 중 처음이었고, 내가 살면서 본 것 가운데 가장 숨 막히는 것이었다. 분화구 중심을 보면서 토끼 굴에 떨어진 이상한 나라의 앨리스가 된 기분이었다. 저기가 인듀어런스 가장자리구나. 나는 눈을 크게 뜨고 '이렇게 황량한 곳은 도대체 뭐란 말인가?'라고 생각했다. 거대한 구멍이 모래 언덕으로 덮여 있었다. 천상의 고운 모래 언덕이 중간의 빈 곳을 채우고 있었는데, 내가 전에 본 적이 없는 모습이었다. 마치 계란 흰자위 거품을 매끄럽고 단단하게 해서 끝을 뾰족하게 만들어 놓은 듯했으니까. 끝부분을 감싸는 곳에는 물결 모양이 있는 노두가 있었는데, 내 키보다도 깊이 파인 멋진 줄무늬였다. 나는 며칠 내로 보스턴으로 돌아가야 하는 처지였지만, 이런 상황을 두고 떠날 수는 없었다.

나는 그때 그 자리에서 결심했다. 무슨 수를 써서라도 탐사 팀을 설득해 여기서 더 머물 수 있게 해야겠다고. 무언가를 그렇게 절실하게 원해 본 적이 없는 것 같았다. 나는 그날 밤, 태양일이 모두 지나도록 제트추진연구소에서 얼쩡거리면서, 어떻게 하면 내 작전을 성공시킬지 고민하고 있었다. 나는 학점이 미이수로 남는 것도 개의치 않고 있었다. 친구네 소파에서 자도 괜찮았고, 필요하다면 심지어 바닥에서 자도 상관없을 것 같았다. 그날 일일 점검을 마치고 플래시 데이터 저장 장치 정리를 도왔다. 나는 미세 영상 출력기에 코드를 송신하는 탑재 장치 업링크 담당자Payload Uplink Lead로 훈련을 받을 수 있을 듯했다. 내가 애원을 거듭하자 멘토들은 스티브에게 요청해 내 의견을 고려해 보도록 하겠다고 했다. 나는 뛸 듯이 기뻤다.

당시에 나는 탐사 팀을 이끌고 있는 스티브가 내 이름을 알고 있는지 확신이 들지 않았고, 어떻게 반응할지도 몰랐다. 하지만 스티브가 행성과학에 발을 들여놓은 것도 예기치 않은 우연 때문이었다. 이 이야기는 빙벽 등반용 피켈 한 쌍에서 떨어진 고등학교

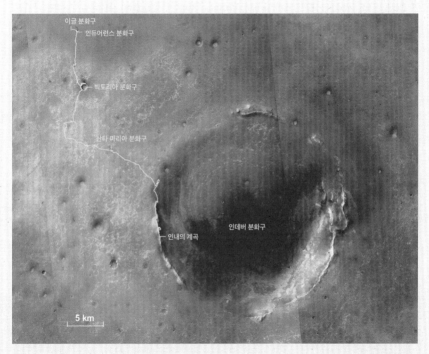

이글 분화구
└ 인듀어런스 분화구

빅토리아 분화구

산타 마리아 분화구

인데버 분화구

└ 인내의 계곡

5 km

오퍼튜니티 경로

때 친구로부터 시작된다. 스티브는 십 대 때 미국국립과학재단에서 후원하는 여름 프로그램이었던 주노 빙원 연구 프로그램Juneau Icefield Research Program에 선발되고 싶어 했고, 이때 필요한 등산 기술을 갈고 닦기 위해 빙벽 등반을 배우고 있었다. 친구를 따라 메사추세츠주 서쪽으로 갔지만, 그곳에서 친구의 손목에 금이 가고 말았다. 스티브는 부목을 대서 처치해 준 다음 안전한 장소로 옮겨 주었다. 이 친구의 어머니는 스티브를 위해 추천서를 써서 빙원 연구 프로그램 주최 측에 전달했고, 덕분인지 스티브는 최종 선발되었다.

그래서 1974년 여름 스티브는 다리에 반짝이는 빨간 각반을 차고 스키를 타고 얼음 위를 다니며 보냈다. 여기서 스티브는 광활하고 동떨어진 곳과 사랑에 빠지게 됐다. 그는 원래 해양지질학을 전공해서 일생을 바다에서 보낼까 생각했다. 아마 그랬다면 조사된 적이 없는 거대한 대양의 바닥 지도를 만들었을 수도 있었을 것이다. 그러던 어느 날, 그는 지질학과 사무실 앞에 게시된 새 지도32를 봤다. 온 지구에 힘차게 뻗어 있는 해저 능선이 나와 있고 복잡한 세부 사항까지 표현되어 있었다. 스티브는 속으로 '젠장, 바다는 누가 벌써 해 버렸어'라고 생각했다. 다음 학기에 그는 바이킹 탐사 결과에 대한 대학원 과목에 등록했다. 학기말 과제는 표면 사진 원본을 분석하는 것이었다. 어느 날 오후 '화성 방Mars Room'에 들러 15분이나 20분 정도 과제에서 다룰 주제를 정하고 나오려고 했다. 하지만 네 시간이나 머물렀던 스티브는 남은 인생 동안 무엇을 할지 깨달으며 방에서 나왔다.

당시 미국에는 지질학을 공부하면서도 꼭 지구에서 일어나는 일만 다루는 것이 아닌, 행성과학으로 박사 학위를 받을 수 있는 대학이 많이 없었다. 하지만 학부를 다닌 코넬대학에는 그 과정이 있었다. 그는 일단 코넬대학에서 학위를 '완료'하고, 나중에 새로운 대학으로 갈 수 있을 것이라고만 생각했지, 앞으로의 생애 많은 부분을 코넬대학이 있는 이타카에서 보내게 될 줄은 꿈에도 몰랐다. 지원 후 몇 주가 지나서 스티브의 '학업 완료 지원서'를 읽고 보이저 탐사 관련 일을 돕지 않겠느냐는 칼 세이건의 편지를 받았다. 세이건은 당시 코넬대학 교수였지만, 대부분의 시간을 캘리포니아에서 보내고 있었다. 칼 세이건과 스티브는 만난 적이 없었다. 하지만 두 개의 자그마한 탐사선이 최초로 외태양계outer solar system로 가는 '그랜드 투어Grand Tour'만큼 흥분되는 것이 어디 있단 말인가? 스티브는 코넬의 입학 '제안'을 받아들였다. 칼 세이건은 스티브가 대학원에 재학하는 동안 이타카에 거의 발도 들이지 않았지만[33], 이들은 제트추진연구소에서 서로를 자주 보게 되었다. 그때까지 스티브는 우주 탐사에 얼마나 많은 계획이 수반되는지 전혀 알지 못했다. 공학, 로켓 공학, 다른 모든 준비 과정, 어마어마한 비용 등 모든 것에 대해서. 스티브는 학생이었고, 연구소에 가면 사람들이 주는 데이터에 대해 굳이 질문을 할 필요가 없었다. 이미 스티브는 우주의 열쇠를 가진 기분을 느끼고 있었다.

그로츠가 내가 있어도 좋다고 이야기했을 때, 나도 그런 기분이었다. 레이는 내 신분증과 관련된 일을 처리해 주었고, 마리아는 내 대학원 과정상 관료적인 문제들을 모두 해결해 줄 것이니 걱정하지 말라고 다독여 주었다. 나는 "아, 이렇게 약간의 운과 함께 시작하는 거군!"이라고 생각했다. 그때는 몰랐지만, 스티브는 사실

로버 안의 모든 회로와 모든 폭발 장치들과 모든 전선이 어떻게 어디로 연결되어 있는지를 배우기 위해 여러 해를 보냈었다. 그는 공학자들을 모두 만나 보고, 가능한 실패 경로를 모두 고려했었다. 나는 로버가 화성에 가는 데 아무런 도움을 제공한 적도 없었지만, 스티브가 열심히 일한 덕분에 현대 행성과학의 최고 중심지에서 모든 것을 가까이 볼 기회를 얻은 것이었다. 집으로 갈 비행기를 타기 위해 짐을 싸는 대신, 항공사에 전화를 걸었다. 수화기 너머로 직원이 도착 편 비행일을 미정으로 변경했음을 재확인해 줬을 때, 입에 절로 지어지는 미소를 참을 수 없었다.

제트추진연구소에서는 재미 있는 일이 끊이지 않았다. 로버가 인듀어런스 분화구의 서쪽 가장자리 벽에서 조금 내려오니, 아래쪽으로 뻗어진 암석 전체에 적철석이 깔려 있는 것이 보였다[34]. 궤도선에서 찍은 이미지로 보면, 동일한 지질학적 형성물이 아마 수십 아니 수백 미터 아래로, 몇 킬로미터 너비에 걸쳐 있었다. 이렇게 되기 위해서는 물이 약간 있어서도 안 되고, 많이 있어야 한다.

한편, 화성 반대편에서는 스피릿이 현무암이 넓게 퍼진 곳에 섬처럼 솟아 있는 구릉지인 컬럼비아 힐스Columbia Hills[35]로 향하고 있었다. 우리는 그곳에 용암에 묻히지 않았지만, 물 속에 있었던 퇴적암이 있을 것이라 판단했다. 로버는 꽤 긴 거리를 움직이며 훌륭한 시간을 보내고 있었다. 매일 새로운 풍경을 찾아내는 이런 탐사는 전에 없었다. 스피릿이 착륙지로부터 3킬로미터 떨어진 허즈번드 힐Husband Hill의 서쪽 돌출부[36]의 맨 아래 부분에 도착했을 때는 적철석의 흔적[37]과 함께 흐르는 물에서 유래된 듯한 화학적

농축물[38]도 찾았다. 그리고 언덕의 수십 미터 위쪽에는 심지어 층이 진 흔적도 있었다.

내 일은 퇴적물이 암석으로 변하면서 플라야playa 호수가 사라진 장소로 보이는 곳에서 적철석의 크기나 분포 형태 등을 체크하며 물리학적, 화학적 변화를 기록하는 일을 돕는 것이었다. 내가 도착한 지 몇 달 지난 초여름에 그로즈는 현지 조사를 위해 나미비아에 돌아갔다. 그때 나는 그로즈가 칼텍 방문 교수 자격으로 머물고 있던 동굴 같은 집에 그로즈의 대학원생 한 명과 같이 들어가게 되었다. 나는 그때까지 그렇게 크고 빈 공간에서 살아본 적이 없었다. 내가 당시 공부하기 시작했던 판상 암석에 거푸집처럼 생긴 공간에 결정이 있다가 빠진 것처럼 집에 꽉 찼다가 비워진 듯 느껴졌다. 이런 구멍을 정동•vug[39]이라고 한다. 이 조그마한 구멍들은 속성 작용으로 나타나는 또 하나의 특징인데, 석고 같은 광물로 한때 채워졌다가, 용해되어 버린 뒤 각지고 속이 빈 공간을 남긴다. 메리디아니가 한때 젖어 있었다는 것을 알았지만, 이런 작은 정동들과 적철석들이야말로 물 포화의 시점과 순서를 이해하는 데 대단히 중요한 단서였다. 물이 사라졌다가 돌아왔는지, 얼마 동안 젖은 환경이 유지되었는지 설명할 수 있기 때문이었다.

우리는 정동에서 형성된 적철석처럼 작은 실마리를 찾는 것부터 시작했다. 우리 앞에 놓인 바위에 수십억 년 전부터 이미 매우 작게 흔적이 남아 있었고, 적철석 결정이 만들어지고 용해된 다음에야 형성되었던 것이 틀림없었다. 적철석은 매우 뚜렷한 특징이

• 정동은 구멍이 대체로 불규칙하며 비교적 큰 공간을 이룬다.

있는 환경적 조건에서 형성되며, 이곳에서 형성된 것들 중 나중에 생겨난 것[40]이라고 결론 내릴 만한 충분한 증거를 곧 찾게 됐다. 이야기가 모두 맞아떨어졌다. 메리디아니는 먼 과거에 지하 수면이 반복적으로 솟아올랐던 곳이었고[41], 따라서 물이 지표를 반복적으로 적셨다.

캘리포니아로 올 때 나는 들고 온 것이 아무것도 없었고, 도착한 후 새로 얻은 것은 출입증과 보안 토큰, 중고 서점에서 산 책 몇 권, 그리고 제트추진연구소에 고속도로로 출퇴근하기 위해 렌트한 차가 전부였다. 오크 그로브 드라이브Oak Grove Drive로 나와 따라가다 보면 북쪽으로 구불구불한 길이 소협곡으로 이어졌다. 어떤 날에 보면 새벽빛을 받은 도로는 황량하게 느껴지기도 했다. 로즈 볼 경기장에는 조깅하는 사람들도 없었고, 라카냐다고등학교 발코니에서 옹기종기 모인 학생들도 보이지 않았다. 플린트리지 승마 클럽에는 말 타는 사람도 없었다. 탐사 팀은 약간의 수정을 가한 화성 시간에 맞추어 업무를 하고 있었고, 한밤중에는 되도록 일하지 않기 위해서 업무 계획을 최대한 압축시켜서 지내고 있었지만, 바깥세상은 사라져버린 것 같은 느낌이 들었다. 제트추진연구소로 들어서면 그리스의 대문호 카잔차키스Nikos Kazantzakis가 거친 아토스산의 수도원으로 들어갔을 때 느꼈을 법한 기분이 들었다. 올리브나무와 떡갈나무 아래를 걸어서 어둡고 신성한 복도로 들어서서 동료들로 둘러싸여 있는 내 자리의 컴퓨터로 가면 터미널 윈도우가 열려 있었다. 스크린들에는 코드가 가득했는데, 이것들은 탐사 팀에서 화성으로 전송되는 명령어들로, 데이터 파일을 복구하고, 사진이나 영상을 어떤 사람보다도 빨리 모으게 하는 것이었다. 그렇게 함으로써 화성의 사막에 대한 진실을 밝힐 수 있게 된 것이다. 스크립트는 검은 바탕에 흰 글씨와 숫자가 깜박거리는 것이었지만, 마치 빛나는 것처럼 보였다. 모든 0에는 중간선이 들어가 있었는데, 마치 금박으로 입힌 글자처럼 보이기도 했다. 연구실에 있는 것만으로도 성스러운 느낌이 들었고, 나는 그때까지 살면서 그 어떤 것에 헌신했던 것보다 탐사선에 대해 헌신적으로 임했다. 시간이 어떻게 흐르는지 모르고 지내 그냥 없어지는 것 같았다. 그저 큰일들이 선명한 초점을 맞춘 듯 기억에 남아 있을 뿐이다.

하루는 LA다저스 경기를 보러 오라는 초대를 받았고, 약간 허를 찔린 기분이었다. 스티브는 경기를 보러 같이 갈 사람의 이름을 모자에서 뽑았고, 나와 몇 명이 더 나왔다. 경기장으로 들어서니 "프리 게임 게스트"라고 파란색으로 적힌 야구공 모양 스티커를 누군가가 주었다. 재킷에 그걸 붙이고 스티브를 따라 들어갔다. 우리는 손바닥 크기만 한 로버 모형을 가져왔고, 나는 경기장이 꽉 차기 전에 선수 몇 명에게 모형을 보여 주기도 했다.

국가가 울려 퍼지기 직전에 경기 관계자가 손짓으로 투수 마운드에 갈 시간임을 알렸다. 푸른 잔디는 짧게 깎여 있었고, 내 발 밑에서 튀어 오르는 것 같았다. 경기장을 가로질러 걸어가자 머리가 천천히 숙여졌다. 깃발이 날리고 있었고 멀리 야자수가 보였다. 나는 잔디가 끝나고 흙이 시작되는 부분에서 살짝 발을 헛디디긴 했으나 거대한 경기장의 한 중간에 있는 마운드 옆에 똑바로 섰다.

장내 아나운서가 탐사선에 대해 소개를 했고, 통계를 열거하며 성공을 알렸다. 그다음에는 칼스쥬니어 레스토랑 광고 위에 있는 대형 전광판에 애니메이션으로 로버가 착륙하는 장면이 나왔다. 장내에 박수와 함성이 터지는가 싶더니 모든 것이 느리게 흘러가는 것 같았다. 신고 있던 샌달 밑에 있던 갈색 먼지의 열기가 느껴지더니 발가락 사이로도 뜨거운 기운이 들어왔다. 이쯤에 내가 손을 흔들어야 한다는 것을 알고 있었지만, 나는 얼어붙은 듯 꼼짝하지 못하고 소리치는 관중들만 바라보았다. 이 자리에 있는 우리는 모두 하나의 종species이구나. 수천 명의 인간이, 수천 명의 조그마한 신체가 일어났다.

그날 밤 나는 제트추진연구소로 운전해서 돌아갔고, 출입증을 대고 회전문으로 들어가서는 연구소 안을 방황하다가 264번 건물로 가 등이 높은 파란 의자에 혼자 앉았다. 햇볕이 내리쬐는 경기장 마운드에 서 있었지만 마음은 화성에 가 있던, 마치 한 부족 같았던 우리 과학자들을 생각하려니 마음이 붕 뜬 기분이었다. 나는 탐사 프로젝트에 점점 더 빠져들었고, 보스턴에서의 생활과 나를 이어 주던 연결 고리들이 점점 사라져 가는 것을 깨달았다. 이제 은행에 가거나 양말을 사러 가는 것 같은 보통의 일은 하지 않고 있었다. 친구와 가족과도 점점 연락을 덜 주고받았다. 경기장을 가득 채운 사람들을 보고 있자니 갑자기 내가 뒤로하고 있던 인간적인 세계의 한가운데로 다시 놓인 느낌이었다. 망원경에서 한 발 물러나 타는 듯한 애리조나 사막에서 세브넬스로 돌아갔던 로웰이 나와 비슷하게 느꼈을까 궁금했다. 하늘에서 소 목장으로 떨어진 돌푸스가 그랬는지도.

우리가 화성에 가서 큰 성취를 했음은 이론의 여지가 없었다.

우주가 거대한 바다였다면, 우리는 옆에 있는 산호초를 발견한 것이라 할 수 있었다. 흩어져 있는 어둠에 싸인 섬들 사이에서 우리는 발길질을 해 나왔고, 처음 보는 땅에 발을 디뎠다. 쉬지 않고 날아다니는 작은 새처럼 우리는 바위들 사이를 오가고 있었다.

우리는 심지어 궤도선으로부터 그동안 지나온 길[42]을 희미하게나마 볼 수 있었다. 로버는 차가운 땅을 누르며 지나갔고, 인듀어런스 가장자리까지 올라갔다가 안으로 내려갔다. 분화구의 이름을 따 온 어니스트 셰클턴Ernest Shackleton의 배에 대해서 생각해 봤다. 이 배는 얼음에 갇혀 추위에 휩싸여 있었다. 방을 둘러보니 '예상되는 피로감'을 예방하기 위한 자세한 수칙이 있었다. 식사량을 줄이고, 물을 많이 마시고, 운동을 하되 잠들기 전엔 피하라는 것들이었다. 빈 의자들과 가득 쌓인 채로 가만히 있는 종이를 보았다.

탐사 초기부터 마음 한구석에 찝찝하게 남아 있던 무언가가 있었다. 처음에는 물론 흥분이 그치지 않았다. NASA는 오랜 기간 "물을 따라가라[43]"는 화성 탐사 전략을 고집하고 있었는데, 물의 흔적을 찾았을 뿐 아니라 수영장을 수천 개나 만들었을 양이 있었을 것이라고 볼 수 있었기 때문이다. 물은 화성 표면을 뒤덮었고, 플라야 호수를 채웠으며, 하늘의 모습을 비추었다.

하지만 오퍼튜니티호가 엘 카피탄에서 찾은 자로사이트[44]에 대한 생각을 떨쳐 내기 힘들었다. 우리가 알고 있는 모든 자로사이트는 호박색으로 금이 가고 틈이 생긴 땅에서 발견되었는데, 모두 산성 물에서 형성된 것이었다. 그냥 산성이 아니라, 강한 산성[45]이어야 했다. 미국 우체국에서는 자로사이트 샘플 우편배달을 거부할 만큼, 강한 부식성이다.

호주 서부 일간 대륙괴, 플라야 호수 같은 곳에서는 pH 2 이하의 강한 산성인 환경에서도 살아남는 미생물체가 있긴 하다. 하지만 지구의 물에서 유래한 생명이 이렇게 산성일 가능성은 낮다. 진핵생물[46] 같은 미세한 생물들도 그런 조건을 견딜 수는 있지만, 복잡한 진화 기제를 이용해 적응을 그렇게 한 것이었을 뿐이다. 자로사이트와 같은 광물은 황산에서 형성된다. 이런 조건에서 생명체를 기대할 수 있을까?

탐사 팀은 메리디아니의 염도와 관련된 조사를 하고 있었고, 나는 척박한 환경에 사는 미생물체 기준으로도 염도가 너무 높다고 결론 내린 이 논문이 『사이언스』지에 실릴[47] 것을 알고 있었다. 제트추진연구소 카페테리아에 있는 간장이 절대 썩지 않는 것과 같은 이치였다. 간장[48]에는 물이 많지만, 비결합수*가 충분치 않기 때문에 미생물이 자랄 수 없다.

화학이 이 모든 것을 얼마나 빨리 바꿔 놓았는지. 화성에서 물을 찾았다. 이것이 탐사선을 보낸 가장 중요한 목적이었다. 단체로 흥분에 빠졌지만, 나는 서서히 모든 물이 생명을 주지는 않는다는 것을 깨달았다. 화성의 물은 생명에 치명적일 수도 있었다.

세상에서 일어나는 일은 제트추진연구소에서 가장 한적했던 때 전해지고, 사라지곤 했다. 나도 세상 돌아가는 일에 대해 알고는 있었다. CIA가 이라크에서 대량 살상 무기를 찾지 못했음을 시인하고, 아부 그라이브 감옥에서 생긴 일 같은 것들 말이다. 이런

---

* 식품 조직 안에 물리적으로만 갇혀 자유롭게 이동 가능한 물의 상태

뉴스를 듣고 있으면 화성이야말로 지리학적 시간 속에서 안전히 머무를 수 있는 곳이 아닐까 하는 생각이 들었다.

어느 날 탐사 통제실에서 누군가 올림픽에 대해 이야기하는 것을 들었다. 2004년 아테네에서 선수 만여 명이 올림픽이 시작된 나라에서 경기를 치르고 있었다. 이것을 기념하기 위해 동료 한 명이 스피릿에 실린 암석을 긁는 도구를 이용해 올림픽 상징 무늬를 화성 바위에 그리면 어떻겠느냐고 제안했다. 사실 탐사 팀은 이미 그 도구를 이용해 패턴을 새기고 있었는데, 직경 5센티미터짜리 원들을 암석에 새겨 먼지가 쌓인 곳을 뚫고, 돌의 겉면 아래에 있는 부분을 보기도 했다. 때로는 넓게 시야를 잡아야 하는 분석 기기를 위해 원을 여러 개 새겨서 덩어리를 만들기도 했다. 우리는 그 흔적을 내버려 두었는데, 그렇게 중간에 원 하나, 주변에 원 여러 개를 그린 것들은 꽃처럼 보이기도 했기 때문에 "데이지"라고 불렀다[49].

때로 데이지들은 밝은 먼지와 대비되어 매우 어둡게 보이기도 했다. 다른 때에는 바위보다 밝게 보였다. 데이지들은 당연히 측정 작업에 매우 중요했다. 하지만 의도와는 다르게, 로버들이 뒤로하고 떠난 비옥한 땅을 연상시키기도 했다. 8월 어느 날, 우리는 클로비스Clovis라고 이름 지은 암석에 원래 하던 작업을 멈추기로 결정하고, 원 세 개를 위에, 두 개를 아래에 겹치게 그렸다. 로버의 카메라가 다른 행성에 새긴 최초의 인류 상징물 사진을 찍었다.

나는 오스트리아 천문학자가 1800년대 초반에 사하라 사막 모래에 거대한 도랑을 팔 것을 제안했다는 이야기를 떠올렸다[50]. 이 도랑들을 수학 기호 모양으로 파서 석유로 채우고, 사막의 어두운 밤이 오면 불을 붙여 화성에서도 볼 수 있게 만든다는 이야기였다. 얼마 후 독일에서는 시베리아 툰드라에 완전한 직각삼각형으로 밀밭을 만들고 양 옆쪽 가장자리에는 정사각형으로 소나무 밭을 만들자는 제안이 있었다. "바보라도 알 수 있는" 피타고라스 정리를 나타내는 것이었다. 또 얼마 후, 프랑스 사람 한 명은 대형 거울 일곱 개를 유럽을 관통하여 잘 놓으면 북두칠성 모양으로 빛을 낼 수 있을 것이라고 주장했다.

한밤중에 타오르는 불, 소나무 밭, 반짝이는 빛 모두 얼마나 친절한 일인가. 얼마나 친절하고, 또 얼마나 덧없는 일인가. 우리도 이제 여기에 동참한 것이었다. 우리가 표시한 장소는 지구가 아니었지만, 그리고 우리가 덧없는 글씨를 새긴 곳은 무언가를 새긴 곳 중 가장 건조하고 오래된 암석이긴 했지만 말이다.

우리가 그린 오륜기는 어찌 보면 아름다운 몸짓이었다. 마치 트위펠폰테인 황토색 암벽에 눌려진, 다마랄랜드의 암면 조각에 있는 평원의 영양을 떠올리게 했다. 지금은 사라지고 사하라 사막 모래 속에 묻힌 호수지만 리비아 사막에 있는 길프 케비르의 다이버 벽화 동굴Cave of Swimmers51도 생각났다.

하지만 데이지, 오륜기, 아테네의 선수들이 창을 던지던, 빨리 달리던, 지구를 둘러싼 차가운 물로 다이빙을 하던 이 모든 것이 무의미한 것이면 어떻게 해야 할까? 공허한 우주를 배경으로 이 중 어느 것이라도 중요한 것이 있을까?

여름에서 가을로 넘어가면서, 나는 마침내 보스턴으로 돌아왔다. 비행기가 로건 공항에 가까워지면서 도시의 스카이라인과 작은 건물들이 눈에 들어왔다. 착륙하고 터미널을 걸어 나와 택시를 잡았다. 택시 기사가 "여행 가방 없어요?"라고 물었다.

택시가 스토로우 드라이브를 따라 속도를 내자, 나는 머리를 창문에 기대고 강에 세워진 요트가 까딱거리는 것을 보았다. 택시가 비컨 스트리트 안쪽의 아파트 앞에 섰다. 모든 것이 이전과 똑같았다. 계단 두 개를 올라가 안으로 들어갔다. 침실이 있고, 창턱이 있었는데, 출발하는 날 만들어 마셨던 차가 담긴 컵이 화석화되어 놓여 있었다. 물기는 모두 증발했고, 티백에 매달린 실을 들어올리니 깃털처럼 가벼운 티백이 수월하게 컵에서 떨어졌다. 내가 내 삶에서 그렇게 쉽게 한 발 떨어져 있었던 것인지, 다시 들어오는 것은 무엇을 의미할지 궁금해서 나는 한참을 바라보았다.

제3부

경계란
모든 부분의 끝이다

제9장
영원

시베리아 콜리마 저지대는 멀리 동쪽 스텝 지대로 뻗어 있다. 잿빛 하늘이 퇴적물 위에 있는데, 미풍에 날아온 토사들이 엄청난 양의 얼어붙은 물에 의해 굳은 것이다. 방대한 땅이 확장과 수축을 반복하는 얼음 때문에 뒤집혀 흙무더기로 변했다. 이곳을 지나는 콜리마 고속도로는 건설 작업을 하다가 죽은 수천 명의 수용소 포로를 기려 "뼈로 만든 길Road of Bones[1]"이라고도 불린다. 한때 이 길 근처에서는 인간의 두개골을 매우 흔하게 볼 수 있어서, 어린아이들이 블루베리를 따서[2] 담을 때 사용하기도 했다.

1990년대[3] 과학자들은 추위에 덜덜 떨면서 코어 드릴core drill[*] 로 레나강과 콜리마강 사이에 1,200미터로 뻗어 있는 구간을 뚫기 시작했다. 약간 녹은 표면에서 깊이 들어가면, 결코 온도가 올라가지 않으면서 물을 함유한 지층이 없는, 두꺼운 얼음관이 백만

---

[*] 강철 튜브를 이용해 특수 드릴로 뚫어 코어 샘플을 채취하는 기구

년 이상 멀쩡하게 보존된 지점을 만나게 된다. 과학자들은 여기서 채취한 샘플이 오염되지 않도록 각별히 신경 썼다. 자신들의 몸에서 떨어져 나오는 세포, 도구에 묻어 있을 수 있는 미생물, 심지어 불어오는 바람에 실린 박테리아까지도. 그들은 지표에서 20미터 혹은 30미터 들어간 지점에서 천천히, 공들여서 시추액을 피하면서 표본 채취기를 돌렸고, 적변세균Serratiamarcescens으로 코어를 염색하여 오염 여부를 식별할 수 있게 했다. 그러고는 살균한 메스로 샘플의 가장 바깥 부분을 잘라 내고, 삭감한 원통형의 얼어붙은 땅 샘플을 어딘가에서 꺼낸 살균한 금속 소재 시추공 냉동기에 넣어 봉했다.

주사위만 한 정육면체[4]로 나누어진 코어 샘플들은 옥스퍼드, 코펜하겐 등 세계 최고의 고대 DNA 연구가 이루어지는 곳의 실험실로 보내진다. 연구실에서는 조심해서 포장된 부분을 벗겨 여는데, 먼 과거에 있었던 고대 식물의 뿌리에서 남은 미세한 잔뿌리들이 아직 흙을 쥐고 있어 공기에 노출되면 갑자기 탁 소리가 난다. 이 영구 동토층 덩어리 안에는 털로 뒤덮인 매머드, 레밍, 순록의 DNA뿐 아니라, 포자, 꽃가루, 고대 미생물의 흔적이 완벽하게 보존된 채로 발견되었다. 이것은 현재 세상의 일과 마치 무관한 것처럼 보이는 빙하기 생태계의 흔적이다.

제트추진연구소를 떠난 다음 나는 이 연구에 대해서 읽었는데, 섬세하게 남아 있는 분자 수준의 회복력과 데이터의 정교한 해상도에 감탄하여 꼼짝 않고 읽었던 기억이 난다. 특히 미생물에 대해서 곱씹어 보기 시작했다. 만약 생명체가 한계까지 밀리게 되면 무슨 일이 일어날까? 이 미생물들은 심토에서 얼마나 오래 살아 있었을까? 만약 베링 육교* 서쪽에서 생명체가 살아남을 수 있었다면, 화성에서도 살아남을 수 있었을 것이다. 화성에 물이 있었다는 것은 알고 있다. 비록 그 물이 얼어 있는 물[5]이고 지하에 물줄기처럼 지나갔던 것이지만. 하지만 극관뿐 아니라, 저위도 지역에서도 물은 수백만 년 동안 존재했었다. 많은 사람들에게 있어 NASA 궤도선이 2001년[6]에 이루어 낸 발견에서 흥분했던 것은, 언젠가 인간 탐험가들이 그 물을 파낼 수 있다는 기대가 있었기 때문이다. 얼음을 녹이고, 수분을 머금은 광물을 굽기도 하면서 화성을 식민지화하는 과정에서 자원으로 쓸 수 있다고 생각한 것이다. 하지만 나는 산성의 물이 닿는 곳 너머 얼어붙은 땅 깊은 곳에 생명체가 내포되어 있지는 않을까 하는 생각을 떨칠 수가 없었다.

몇 달 뒤 추운 겨울에 나는 덴마크 닐스보어연구소Niels Bohr Institute에 가 있었다. 마리아에게 얼마간 유럽으로 건너 가 최신 생물학을 접하겠다고 했을 때, 그녀는 흔쾌히 내가 학교에서 자리를 비울 수 있도록 해 주었다. 코펜하겐에 도착한 후 연구소 건물 1층에 있는 작은 방으로 들어갔다. 방에는 의자, 침대, 책상, 텅 빈 온실이 보이는 창문이 있었다. 어려서 신발 박스 안쪽에 미니 입체 모형으로 만들었던 방이 생각나는 곳이었다.

나는 아는 사람이 아무도 없는, 모든 곳이 조용한 나라에 가 있었다. 부모들은 가게 밖이 보이는 창 앞에 아기가 있는 유모차를 두고 가게에 들어갔는데, 자는 아기들의 몸은 옷가지로 싸여 있

---

* 빙하기 아시아와 북아메리카를 잇던 육교

었고 얼굴은 복슬복슬한 천으로 괴어 둔 것이 보였다. 덴마크의 차들이 눈을 뚫고 미끄러지듯 지나갔다. 자전거에 얼어붙은 얼음이 햇빛에 반짝이며 빛났다. 벽이 하얗게 칠해진 식당이나 카페에서 흔히 볼 수 있는 아름다운 식기들도 숨을 죽이고 있는 듯 보였다.

덴마크에 온 것은 고대 세포와 DNA에 대해 배우고, 세포들이 고대 영구 동토층에서, 그리고 지구상에서 가장 척박한 환경에서 살아남을 수 있는지 알아보고 싶어서였다. 이것은 시베리아에서 채취한 코어 샘플에서 찾은 미생물체의 DNA가 아마도, 잠재적으로는 고대에서 생존한 살아 있는 세포에서 유래한 것인지, 아니면 매머드처럼 오랫동안 죽어 있던 생물체에서 나온 것인지를 파악하는 작업을 돕기 위한 것이기도 했다.

운 좋게도 이 분야의 개척자라고 할 수 있는 에스케 빌레르슬레우Eske Willerslev가 새로운 작업 그룹[7]을 만들게 되면서 나는 그와 같이 일할 기회를 얻었다. 나는 그가 옥스퍼드대학에서 연구 펠로우십을 하는 동안 같은 대학에서 공부한 적이 있었고, 그 기회에 알게 됐었다. 줄담배를 피우고 흰색과 검은색 체크무늬가 있는 반스 운동화를 신는 그의 모습에서 추측하기는 힘들지만, 그는 거의 4년이나 야생으로 사라진 적[8]이 있었고, 그중 일부 기간 동안은 모피용 동물 덫을 놓으며 살았다. 그는 쌍둥이 동생과 거친 강을 카누를 타고 올라가서 툰드라 한계선을 탐험하고, 무스 고기를 먹으면서 지냈다. 훌륭한 과학자인 동시에 약간은 유목민적인 성향을 가지고 있었는데, 나처럼 그도 여행을 다닐 때 짐은 간소히 하고 다녔다.

대부분의 경우 나는 두 연구실에 번갈아 가며 들렀는데, 하나는 내가 살던 건물에 있었고, 다른 하나는 길 건너 오래된 건물 안에 있었다. 연구실 둘 모두 청정실로 고립되어 있었다. 오염 문제는[9] 흔한 문제였기 때문에 청정실을 다른 빌딩에 짓는 것으로는 충분하지 않았고, 곁방에 양압 설정을 해 두었다. 영구 동토층 샘플에 만약 생명체가 있다고 해도 어쨌든 많지는 않으리란 것을 알고 있었고, 가능한 한 조심스러워질 필요가 있었다. 들어가기 바로 직전에 샤워를 하고 새로 세탁한 옷을 입은 것이 아니라면 나는 들어간 적이 없다. 일단 안에 들어가면 장갑을 두 켤레씩 끼고, 살균 토시를 하고, 공기가 빵빵하게 들어간 타이벡Tyvek 보호복을 입고, 얼굴 마스크를 쓰고 일했다. 연구실로 들어가는 것은 우주선 안으로 들어가는 일과 흡사했다.

원하는 날, 원하는 시간이면 연구실로 갈 수 있는 가까운 곳에 사는 것이 좋았다. 지극한 고립 상태의 고요함에서 위안을 느끼기도 했다. 나는 연구실 밖을 나가는 일이 거의 없었는데, 밖으로 나가는 날에는 그냥 도시를 정처 없이 다니기도 했다. 하루는 묘비가 늘어서 있는 모습이 고적한 뇌레브로 구역 중심의 공동묘지에 갔다. 눈덩이들이 쇠렌 키르케고르Søren Kierkegaard의 묘비석[10]에 묻어 있었다. "이제 잠깐이면 / 나는 이긴 후일 것이다 / 모든 투쟁은 / 완전히 끝나리라 / 마침내 나는 휴식을 취할 수 있을 것이다 / 장미가 가득 핀 그곳에서 / 영원히 / 그리고 영원히 / 예수님과 이야기하리." 나는 자그마한 내 방으로 돌아와 웅웅거리는 발전기 소리를 들으며 키르케고르의 『두려움과 공포Fear and Trembling』영어판을 읽고 그날 저녁을 보냈다.

몇 달간 쏟아부은 꾸준하고 변함없는 노력 끝에, 흥분되는 결과,

즉 온전한 고대 세포의 증거가 나오기 시작했다. 나는 작업을 하면서, 생명체 탐지를 생각하는 우리의 방식에 대해 의미가 있는 연구가 되기를 바라고 있었다. 일단 우리는 30만[11], 40만, 혹은 60만 년이라는, 대서사시를 쓸 만큼의 기간에 걸쳐 살아남은 미세한 박테리아를 찾은 것처럼 보였다.

에스케는 조심스러운 진행이 얼마나 중요한지 강조했다. 우리는 원본 샘플의 일부를 호주에 있는 실험실로 배송하여 그들도 우리와 같은 결과를 재생산해 낼 수 있는지 알아볼 수 있게 조치했다. 만약 세포가 살아 있다면, 도대체 어떻게 살아 있는 것일까? 온기나 영양소가 없는 곳에서 어떻게 살아남는다는 말인가? 파괴적일 수 있는 시간의 흐름에 어떻게 지내는 것일까? 나는 도시 안에서 종종걸음을 치고 그래놀라를 먹으며 아침마다 생각했다. 어쩌면 생명체가 작동을 완전히 중단하고 잠복해서 휴지기 상태로 있으며 살아남는 것은 아닐까? 아니면 불가피한 손상을 회복시킬 방법을 찾아낸 것일까?

몇 주 뒤, 우리는 스웨덴의 룬드로 향하는 기차를 탔다. 그곳의 동료들과 함께 작은 스테인리스 방에서 실험을 수행하기로 했다. 영하의 온도에 세포들을 9개월 동안 놓고, 아주 작은 센서를 달아 세포가 "숨을 내쉴 때" 나오는 기체를 측정할 수 있게 만들었다. 만약 세포가 진짜 숨을 쉰다면, 그리고 게놈적 결과와 데이터가 일치한다면, 큰 발견을 이루어 내는 것이었다. 기다리는 시간이 너무 길게 느껴졌지만, 우리가 기다리는 시간은 그 세포들에게 찰나의 순간과 같았을 터였다.

그다음 몇 주 동안, 나는 추가적인 측정 결과를 모았다. 건물의 거대한 석조 벽 안에서, 나는 북극에 가까운 덴마크에서 비치는, 항구적인 우리의 별인 해에서 나오는 볕이 얼굴을 덮은 마스크와 장갑을 낀 손에 전달하던 온기를 느꼈다. 우리는 양성, 음성 통제 사항들을 모두 체크하고, 청정실에서 보조적인 실험을 진행했다. 오후 늦은 시간이 되어 해가 질 때쯤이면, 나는 차를 마시러 빠져나와서는 따뜻한 머그컵을 잡고 이곳이 어떻게 인류 과학의 역사에 기록된 가장 놀라운 발견 몇몇이 일어난 곳이 되었을까 생각하며 복도를 걸어 다녔다. 원자의 가장 기본 구조가 이 건물 방에서 밝혀졌다. 그 후, 연구소는 고전 역학에서 양자 역학으로 전환한 증인을 낳았고, 결정론적 세계를 확률적 세계로 영원히 바꾸어 버렸다. 이곳은 역동적인 지성사의 현장이었고, 견고한 석조 벽은 이런 기억을 품고 있었으며, 벽을 이루는 돌은 오래전 살았던 생물의 껍데기가 석회화된 화석을 품고 있을 터였다. 나는 잠시 서 있으면서 돌을 바라보았을 뿐이지만, 그 순간 내가 본 것은 빙하기였고, 시간을 견디도록 지어진 것들에 둘러싸여 있었던 것이다.

스웨덴에서 올 결과를 기다리면서, 다시 보스턴으로 돌아가 새 아파트로 이사했다. 나는 박사 과정 자격 시험에 통과했고 학위 논문의 내용을 정하는, 겁이 덜컥 나기도 하는 작업에 돌입했다. 박사 논문과는 별개로 DNA 논문도 같이 쓰고 있었는데, 이 작업을 하면 내 미래에서 잠시 휴식을 취하면서 과거를 돌아보는 느낌이 들었다. 마운트 오번 묘지를 통과해 조깅하고는 지하철역으로 들어갈 때에도 이 생각이 머릿속에서 떠나지 않았다. 만약 세포들이 미세한 인큐베이터 같은 공간에서 여전히 살아 있는지, 살아서 아주 조금씩 숨을 내쉬어서 스테인리스 튜브에 기체가 들어가고 있는지 궁금했다. 우리의 기구들이 이것을 감지할 만큼 충분히 민감한 것이 아니면 어떻게 하나 걱정도 하면서.

오랜 기다림 끝에 결과가 나왔다. 미생물은 살아 있었고, 거의 아닌 것처럼, 하지만 명백하게 호흡을 하고 있었다. 나는 흥분해서 소식을 전하려 마리아의 연구실로 달려갔다. 그 후 몇 달은 논문을 쓰면서 보냈다. 제출한 후, 또 기다림의 시간이 왔다. 검토자가 의견을 보내야 했고, 편집자가 우리의 답변에 또 답변을 해야 했다. 몇 주가 지나고 몇 달이 지났다. 나는 이 리듬에 빠져서 연구실 창밖으로 보이는 찰스강에서 스컬로 보트를 젓는 사람처럼 일했다. 시간이 어떻게 가는 줄 모르고 지내고 보니 케임브리지로 돌아온 지 2년이나 지나 있었다. 기러기는 봄이면 북쪽으로, 가을이면 남쪽으로 날았고, 나뭇가지들은 겨울이 되면 눈의 무게에 구부러졌다가 봄이 되면 새로 자라나곤 했다.

어느 화창한 가을날 저녁, 나는 연구실에서 집으로 돌아오는 길에 하버드 스퀘어에 있는 바에 잠깐 들렀다. 학부 때 받은 장학금 동창회가 열리고 있었고, 친구에게 꼭 들르겠다고 약속했다. 나는 코트를 입고 백팩을 매고 있었는데, 대학 도시에서는 이렇게 입으면 뭘 하든 용서가 되었기 때문이다. 접시에서 애피타이저를 하나 집어 들자, 그곳 중간에 서 있던 카리스마 있어 보이는 남자가 눈에 들어왔다. 이상하게도 나와 같은 해의 동창생인데, 이름표엔 "헬로HELLO"라고 적혀 있었고, 내가 아는 사람들과 이야기를 하고 있었다. 그를 몰라보았지만, 나의 동창생을 내가 잊어버렸을

리는 없었다. 의아해진 내가 그에게 다가가 심문을 하듯 물어보니 그가 웃었다. 그는 그냥 친구와 잠깐 들렀을 뿐이고, 친구가 아무 이름이나 쓰고 공짜 술을 마시라고 시켰다고 했다. 내 어깨에 걸쳐진 백팩을 보고 그는 미소를 지었다. 나는 가방을 벗고 몇 분 동안 그와 이야기를 했다.

그는 콜로라도 볼더에서 자랐다고 했다. 처음에 전공은 철학이었지만, 이제는 공익 변호사가 되기 위해 공부 중이었다. 나는 화성과 영구 동토층에 대한 연구 이야기를 했다. 다음 논문은 내가 처음으로 '제1저자'로서 게재할 논문이고, 곧 출판될 것이라고 자랑스럽게 말했다. 학계에서 선도적인 이론인 휴지 상태를 통한 세포의 생존 이론이 불충분하다는 점을 논문에서 보였다고 설명했다. 이론에서 예측한 바와는 달리, 가장 오래된 세포는 세포 활동의 속도를 늦추고 게놈을 복구하는 놀라운 능력을 보였다고 말해 주었다. "이 세포들은 굴복하지 않았어요. 회복하고, 느리지만 확실하게 손상된 부분을 고쳐 나갔죠."라고 덧붙였다.

추운 밤길로 나가려다 말고 뒤를 돌아보았더니 그가 나를 보며 미소 짓고 있었다. 바람이 불고 문이 내 뒤에서 닫혔다. 나는 낙엽 사이를 걸어 집으로 돌아왔다.

생존과 관련된 문제는 화성에서도 유효한 것이었다. 고대 생태계의 증거가 화성에서도 남아 있지 않을까? 극관이 있는 화성 땅이 잠재적으로 녹아서 미생물 균체가 살 수 있는 곳이 되지 않을까? 땅이 녹고 어는 과정에서 녹는 동안에는 생명체가 생존할 수 있지 않을까? 멸종되든 현존하든 어느 쪽이든지 간에 얼음과 지표 아래의 영구 동토층이 생명체의 증거를 찾기에 이상적인 장소라는 것은 합리적인 추론 같았다. 에스케의 연구 결과는 화성 과학자인 피터 스미스Peter Smith의 눈길을 끌었는데, 그의 생각도 화성으로 향하고 있었다. 생명체의 계통수系統樹 전체[12]가 콜리마 저지대에서 채취한, 내가 연구했던 바로 그 샘플로부터 재구성됐다는 점을 깨달았기 때문이다.

스미스는 나의 아버지와 동갑이었고, 아버지만큼 흰 머리가 많았다. 밀레니엄을 알리는 축하의 종소리가 울리고 얼마 지나지 않아 그는 화성의 극관 부분 땅에 착륙하는 탐사선을 보내 생물학적 가능성을 평가[13]해 보자는 제안을 받았다. 스미스는 이 탐사선을 마음에 그리면서 이름을 피닉스Phoenix로 지었는데, 잿더미 속에서 태어난 신화 속 아라비아의 새[14]처럼, 화성 극지 착륙선의 실패를 만회할 것이라는 뜻이었다. 남아 있는 부품을 합쳐서 우주선을 만들고, 하드웨어와 소프트웨어 모두 재활용[15]을 하여 빠듯한 예산 계획[16]을 맞출 예정이었다. NASA는 첫 스카우트Scout 탐사선[17]으로 피닉스호 계획을 선정했고, 스미스는 기뻐했다. 이것은 NASA의 화성 탐사 프로그램Mars Exploration Program의 주요 탐사선을 보충할, 저비용 탐사 계획이었다.

피닉스의 콘셉트는 시작부터 위태위태했다. 피닉스호는 NASA 센터가 아닌, 대학교에서—애리조나대학이었다—운용을 하는 첫 탐사 프로젝트였다[18]. 패스파인더, 스피릿, 오퍼튜니티를 안전하게 감싸서 착륙시켰던 부풀린 에어백 대신 펄스 반동 엔진[19]이 사용될 예정이었다. 어찌된 셈인지 모르겠지만, 피닉스호는 극관에서 활동할 예정이었는데, 가장 성공적인 화성 탐사선들[20]도

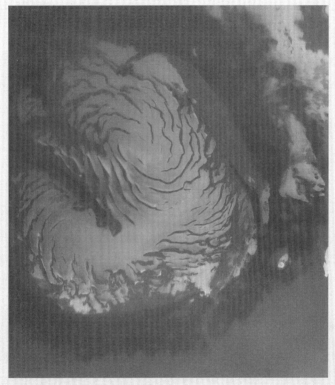

마르스 오디세이 탐사선이 찾아낸 바스티타스 보레알리스. 미스터리에
싸인 추운 장소로 지표 아래 영구 동토층에 엄청난 양의 얼음이 있을 것
으로 여겨지고 있다.

적도 근처의 좁은 대역에서만 움직인 것을 고려하면 이례적이었다. 이 경우 태양열의 한계는 기기가 사용할 수 있는 에너지의 양을 심각하게 제한할 것이었다.

스미스는 화성 극지 착륙선이 추락한 남쪽 극관 쪽이 아닌, 북쪽 극관 평원에 착륙하자고 제안했다. 지구의 위도와 비교하면 캐나다의 북서쪽 준주[21] 근처 정도 되는 곳이었다. 극관 자체에 착륙하는 것은 위험했는데, 단단한 얼음이기 때문이었다. 하지만 화성 북반구는 고도가 낮았기 때문에 우주선이 속도를 줄일 수 있는[22] 대기가 조금 더 존재했고, 따라서 착륙이 조금 더 안전해질 가능성이 높았다. 목표 지역은 바스티타스 보레알리스Vastitas Borealis로, 마르스 오디세이 탐사선이 식별해 낸, 춥고 미스터리에 싸인 장소였는데, 지표 아래[23] 영구 동토층에 엄청난 양의 얼음이 있는 것으로 파악된 곳이기도 했다.

2008년 봄, 피닉스호가 화성에 점차 다가가자 수백 명의 과학자와 공학자가 투손 교외의 두 건물에 모여들었다. 원래 이 건물들은 1층짜리 건물에 흙빛이었으나, 애리조나대학 학생들이 모여 남쪽 벽에 맹렬한 벽화[24]를 그려 버렸다. 한편, 스미스는 패서디나를 떠나 제트추진연구소에서 열릴 기자 회견을 준비했다. 사람들은 스미스에게 반복해서 탐사가 실패로 끝날 것이라고 이야기했다. 그는 과거 탐사 팀장들이 섰던 폰 카르만 강당에 마련된 연단에 섰고, 탐사선이 화성 표면에 추락했다는 내용을 공개하는 리허설을 했다[25]. 언론 대응 팀에서는 낙하산이 펼쳐지지 않는 등의 예닐곱 개 실패 시나리오를 바탕으로 한 보도 자료를 준비해 두었다. 하루하루 지나면서 스미스가 느낀 긴장감은 어렸을 때 최초로 황열병 백신[26]을 맞은 사람들 중 한 명이었던(심지어 스스로 주사를 놓았다) 바이러스 학자인 아버지에 대해 느끼는 것과 비슷했다. 스미스는 "아빠, 오늘은 몸이 어때요?"라고 매일매일 물어보았다.

착륙 일자는 메모리얼 데이 주말로 잡혀 있었다. 제트추진연구소 언론 대응 팀은 조금 즉흥적으로 트위터 계정[27]을 만들기로 결정했다. 트위터 피드를 통해 NASA가 하는 일에 흠뻑 빠진 사람들이 휴대폰으로 무슨 일이 일어나는지 쉽게 따라갈 수 있을 것이라 생각했기 때문이다. 당시 트위터는 꽤 새로운 소셜 미디어였고, 가입하는 사람이 있는지도 불확실했다. 제트추진연구소 언론 홍보 매니저인 베로니카 맥그레거Veronica McGregor의 이메일로 구독자가 생길 때마다 알림을 받기로 했다. 맥그레거는 첫 트윗에 "우주선", 혹은 "화성 피닉스" 대신 "나I"라고 썼는데, 이렇게 하면 140자 제한[28]을 더 잘 지킬 수 있다는 것을 깨달았기 때문이다. 작은 조정이었고, 의도는 없었지만, 자그마한 착륙선을 사람처럼 느끼게 하는 효과가 있었다. 메모리얼 데이가 다가오자, 『와이어드Wired』지 온라인 판에서 우주선의 당돌한 트위터 계정에 대해 언급했고, 맥그레거의 컴퓨터에선 마치 "라스베이거스의 슬롯 머신처럼[29]" 계속 딩동대는 알림이 울렸다.

착륙일이 왔고, 화성 정찰 궤도선Mars Reconnaissance Orbiter[30]은 고해상도 카메라로 피닉스호가 극관을 향해 돌진하는 엄청난 사진을 찍었다[31]. 낙하산은 예상 시점보다 6.5초 뒤에 펴졌다[32]. 결과적으로 피닉스호는 착륙 지점으로 설정된 타원형 지대의 끝자락으로 밀려났지만, 역추진 로켓은 흠잡을 데 없이 작동하여 우주선이 거대한 분화구 앞에서도 완벽히 균형을 유지할 수 있었다.

착륙선이 열리면서 피루엣pirouette33*을 하고서는 태양광 패널을 동-서로 나란히 놓아 최대치로 빛을 받을 수 있게 되었다. 트위터의 @MarsPhoenix는 "야호! 눈물! 나 도착했어요!"라고 남겼다34.

피닉스호에는 카메라가 여러 대 있었고35, 가장 작은 카메라도 표면의 모래알 구조가 보일 만큼의 해상도로 사진을 찍을 수 있었다. 카메라를 젖히면 놀라운 경치를 담을 수도 있었다. 극관 인근 땅이 끝없이 펼쳐져 있는 모습은 할머니가 정성스럽게 짠 오래된 퀼트처럼 보이기도 했다. 땅은 조각보처럼 다각형으로 교차하며36 나뉘어져 있었고, 어떤 것들은 너비가 몇 미터에 이르기도 했다. 조각난 듯 보이는 이 부분들은 지표 아래의 얼음이 반복적으로 수축과 확장을 거치며37 마모된 듯한 아름다운 기하학적 형태를 가지게 된 것이다. 탐사 팀은 이 부분의 크기는 얼음으로부터의 거리에 따라 결정된다는 것을 알고 있었다. 지표에 주름처럼 잡힌 부분은 야트막한 둔덕과 구덩이로, 궤도에서도 보이던 것들이긴 했지만 피닉스가 착륙해서 보여 준 것은 "다각형 속의 다각형 속의 다각형"으로38 서로 다른 기후 조건 하에서 형성된 것들이었다. 화성의 빙하 가장자리에 인접한 환경은 매우 복잡했고, 동시에 매우 활발한 활동이 일어난 곳이기도 했다.

태양일로 며칠이 지나고 나서, 피닉스는 로봇 팔을 펼치고 착륙선 아래 사진을 찍기 시작했다. 착륙선은 땅에 있는 조각보 부분 중 밝은 곳에 있었다. 역추진 로켓의 배기가스로 깨끗해진 부분이었는데 매끈해 보였다. 햇빛이 비치는 건지, 새하얗게 보이기

• 발레 등에서 한쪽 발로 서서 빠르게 도는 것

도 했다. 얼음인가? 아니면 소금인가? 그리고 사진 속에는 무엇인가 이상한 것이 있었다. 착륙선 다리에 뭔가 튀어나온 것이 있었는데, 동글납작한 반구 형태의 물질이 여러 개 있다가 태양일로 며칠이 지나면서 유리판에 내려앉은 빗방울이 모이듯 합쳐졌다. 미시건 대학 출신의[39] 팀원 한 명이 이 물질은 작은 물방울[40]일 것이라고 말했다. "당연히 어딘가에서 오긴 했겠지만, 우리가 탐사선을 발사했을 때 저건 없었겠죠."라고 했다. 스미스는 이 내용을 언론을 대상으로 이야기했지만[41] 그 자신도 혼란스러웠다. 화성에서의 기온은 물이 액체 상채로 응결될 수준으로 충분히 따뜻해진 적이 없었다. 섭씨 영하 25도 이상으로 올라간 적이 없었기 때문이다.

피닉스호의 로봇 팔이 땅을 파기 시작하면서, 또 다른 하얀색 조각보[42] 같은 부분을 쳤다. 흙을 뜨는 숟가락 같은 부분의 끝에 회전하며 줄질을 하는 부분에 있었는데, 여기서 밝은 색깔의 작은 덩어리들이 튕겨져 나왔다. 태양일로 나흘이 지난 후, 이 덩어리들은 사라졌다. 완전히 증발해 버린 것이다. 스미스는 "얼음임에 틀림없다.[43]"라고 선언했다. 소금이라면 그냥 사라질 리는 없었기 때문이다. 다음 구덩이에서 로봇 팔은 다시 한 번 무언가에 세게 부딪혔고, 더 이상 땅을 팔 수 없는 듯 보였다. 이 부분도 빛나는 흰색이었고, 비슷한 깊이였다. 조각보같이 보였던 하얀 부분들은 층의 일부였던 것이다. 과학자들은 이 부분이 계속해서 찾고 있던 얼음이며, 순수한 저수지 형태로 착륙선 다리에서 30센티미터도 안 되는 곳에 있다고 결론지었다.

그렇다면 이제는 분석을 할 차례였다. 화성에서 직접 물을 조사한 적은 여태껏 없었다. 두 개의 주요 기구, 테가TEGA와 메카

MECA[44]가 착륙선 데크에서 금속 상자에 담겨 올라왔다. 테가 안에는 여덟 개의 작은 화로가 있었는데, 극지방의 추위에서도 활활 타오르도록 설계되어 실험 대상의 화학적 성질을 밝힐 수 있었다. 바이킹호에 있던 '오븐'보다 훨씬 높게 설정된 '화로'의 최고 온도에 이르면, 여기서 증기가 나오게 되고, 질량 분광계가 "냄새를 맡아" 아주 소량의 유기 분자를 찾아낼 수 있었다. 샘플로 증명해 보이는 일은[45] 예상했던 것보다 힘들었지만, 마침내 측정이 이루어졌다. 테가에서 탄산칼슘이 검출됐는데[46] 이것은 소화제 텀스Tums에도 들어가는 성분이었다. 이런 종류의 광물질은 과거 물이 존재했음[47]을 시사하는 것이기도 했다.

피닉스호의 다른 주요 기구인 메카 안에는 웻 화학 실험실Wet Chemistry Lab[48]이 있었는데, 줄여서 WCL이라고 쓰고 "위클"이라고 읽었다. WCL은 각설탕 크기[49]의 흙을 용액에 담근 뒤 끓이고 젓고, 그러고 난 다음 비커의 벽에 있는 아주 작은 센서[50]들이 염분이나 산성도 등을 측정하도록 만들어졌다. 메카 실험 결과, 극관 근처의 땅은 아스파라거스를 키우는 땅처럼 약간 알칼리성[51]을 띤다는 것이 밝혀졌다. 알칼리성 토양이 화성에서 발견되었다는 말은 화성 전체가 산성 토양으로 뒤덮인 것은 아니라는 뜻이었다.

WCL은 또한 생명체에 필수적인 질산염[52] 같은 다른 화학 구성 성분도 평가하도록 설계되어 있었다. 피닉스호가 착륙하기 몇 년 전에 질산염의 존재가 지구의 매우 건조한 사막 지대에서 확인된 적이 있었고, 화성에도 있을 것이라는 가설이 세워졌다[53]. 착륙 후 태양일로 30일이 지나고 WCL 센서에서 질산염을 탐지[54]하는 첫 실험을 진행했는데, 전혀 예상치 못한 결과가 나왔다. 센서가 훨씬 더 드문 분자에 민감하게 반응하는 것으로 드러났다. 작은 반응이 나오면 질산염이 다량 있다는 것을 의미할 수도 있지만, 큰 반응이 나오면 한 가지 가능성밖에 없었다. 엄청난 양의 과염소산염perchlorate[55]이 존재한다는 뜻이었다.

심지어 과염소산염이라는 단어도 영어에서 그리 흔히 쓰이는 단어가 아니다. 스미스 또한 사전을 찾아봤을 정도다[56]. 과염소산염은 아타카마 사막처럼 척박한 지구 환경에서 흔적이 발견되는데, 헥타르당 몇 그램 정도에 불과하다. 하지만 피닉스호의 착륙지에서 몇 주먹 정도[57] 되는 흙의 양에서 몇 그램이 나온 것이었다. 바이킹호가 염소 분자[58]를 탐지한 적은 있지만, 바이킹호 담당 팀은 이것이 착륙선 데크 소독용으로 쓴 세척제로부터[59] 오염된 것이라고 생각했다. 이제 유기 분자가 있을 때 과염소산염에 열이 가해지면 생기는 흔적이 연소된 염화 유기물이라는 것이 명백해졌다. 방출된 산소는 유기 분자를 태웠다. 이것이 시사하는 바는 놀라웠다. 바이킹호의 실험이 실패가 아니었던 것이다.

나는 울프 비슈니악이 만약에 살아 있었다면 어땠을까 생각했다. 바이킹호에서 온 실망스러운 실험 결과를 생전에 보았지만 피닉스호를 볼 만큼 오래 살지는 못했던 칼 세이건과 밴스 오야마 생각도 났다. 유기 분자들은 비생물학적인 기원을 가질 수도 있기 때문에 화성에서의 단순한 유기물의 부재는 이해하기 매우 힘들었다. 어떤 유기물은 적어도 혜성이나 운석에서 유래한 것이었다. 하지만 이제 화성 과학계에서는 과염소산염이 유기물과 같이 수십억 년을 공존하고 있다가 바이킹호에 있던 오븐에서 가열되었다는 것을 깨달았다. 과염소산염은 피닉스호가 분석한 극지방 흙에서 그랬던 것처럼 유기체의 흔적을 파괴했을 수도 있었다[60]. 우리는 몰랐었지만, 채취한 샘플을 드라이클리닝하는 중이었다.

스미스와 그의 팀은 관련 문헌을 샅샅이 뒤졌다. 과염소산염은 반응성 화학 물질로 미래의 우주 비행사에게는 유독할 수 있지만, 미생물에게 꼭 나쁜 것만은 아니었다[61]. 과염소산염은 물을 녹아 있는 액체 형태로 유지시켜 주었다. 빙판 길에 과염소산염을 뿌리면 부동액 같은 역할을 해서 물의 어는 점[62]을 섭씨 영하 70도까지 낮추게 된다. 착륙선의 다리에 있었던 동글납작한 것은 실제 물이었을 것이다. 물이 약간의 과염소산염과 섞인 것일 수도 있었다. 탐사 팀은 어떤 미생물은 과염소산염을 에너지원으로 쓴다는 것도 알아냈다.

피닉스호는 2008년 여름 내내 탐사 작업을 계속했고, 트위터 피드는 지속적으로 업데이트가 되었다. 별다른 일이 없는 날은 "칠판에 손톱을 긁는 기분이 든다"[63]고 올라오기도 하고, 또 어떤 날은 "거대한 모래 폭풍 속에서 쭈그려 앉아 있었다[64]"고도 했다. 피닉스호가 점차 멈추자 "나는 휴대용이 아니니까…… 여기서 머물게. 탐사 활동은 곧 끝나겠지만 여기보다 더 멋진 곳은 상상할 수 없어", "히터가 꺼지니까[65] 엄청 난 슬픔이 밀려오네" 같이 사색적인 트윗[66]이 올라왔다.

피닉스호가 죽기 전, 실험 기구들은 눈발처럼 날리는 것을 기록했다. 얼음 결정이 높고 옅은 구름에 떠다닌 것이었다. 지구에서의 권운처럼[67] 성긴 것들이었는데, 다이아몬드 가루 같은 미세한 알갱이들을 흩뿌리고 있었다. 화성에서 눈이 올 것이라고는 아무

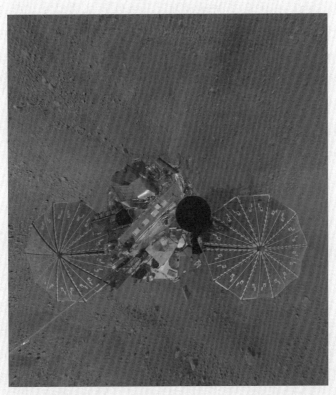

피닉스호 착륙 모습

도 생각하지 못했지만, 이제 영원히 모두 알게 되었다. 우주의 영원함의 작은 조각이 피닉스호가 보낸 마지막 선물이었다. 대부분의 경우 그것은 증발해 버렸지만, 태양일로 109일째 되던 날에는 땅에도 닿았다. 사실 이 눈에 대해서 특별할 것은 없었다. 스미스는 "만약 팬에 다 녹였더라도, 팬의 표면을 다 적시지 못했을 양이었다[68]"고 했다. 하지만 만약 화성에 있었다면, 바스티타스 보레알리스에서 위를 보고 있었다면, 반짝이는 하늘을 보기에 충분했을 양이었다.

다른 탐사선과 달리 피닉스는 돌이킬 수 없이 끝을 향해 나아갔다. 불은 약해지고, 온도는 곤두박질쳤다. 피닉스는 측정을 계속하고 외로운 업데이트를 전송해 왔다. 하지만 2008년 11월이 되자 햇빛이 태양 전지판을 충전시킬 수 없을 만큼 약해졌고, 실험 기기들도 정지시켜야 했다. 피닉스는 "라자루스 모드Lazarus mode[69]"로 들어갔는데, 새로운 명령어를 받지 않는 상태로 자동 작동 프로그램이 가동되는 상태였다. 달곰쏩쓸한 순간이었다. 공학자들은 그 후 며칠간 미약한 신호를 받았지만, 결국 피닉스는 화성 북극의 어둠에 무릎을 꿇었다. 피닉스호의 마지막 트윗은 "01010100011100100110100101110101 01101101 01110000 01101000[70]"이었는데, 이진법으로 "대승리"라는 뜻이었고, 끝은 하트 모양의 이모티콘으로 장식했다. 불과 몇 달 안에 공기도 얼어붙었고, 피닉스호는 드라이아이스에 매장되었다.

피닉스호가 겨우내 살아남을 수 있을 것이라고 실제로 희망하는 사람은 없었다. 하지만 다음해 봄, 마르스 오디세이 궤도선은 어쨌든 바스티타스 보레알리스 위쪽으로 날았고, 삐 소리가 나는지 탐지를 시도했다. 소리는 들리지 않았고, 여름이 되어 착륙선이 있는 곳에 하루 종일 해가 나 있어도 마찬가지였다. 탐사선에서 끈질기게 남아 있도록 설계된 부분이 한 군데 있었는데, 착륙선 데크 쪽에 붙어 있는 미니 CD였다.

이 미니 CD에는 문학, 예술 작품과 행성과학자들의 메시지가 실려 있었다. 벨크로 테이프로 데크에 고정된[71] 이 디스크에는 도장이 찍힌 종이 레이블이 있었는데, 친구에게 노래를 모아 CD를 구워 줄 때 사람들이 쓰는 모눈종이 프린트 용지를 사용한 것이었다. CD에 들어 있는 내용은 1996년 러시아의 화성 탐사선[72]을 위해 원래 모아 두었던 것들이었는데, 탐사선은 발사 후 불덩이가 되어 하늘을 가로질러 다시 떨어지며 실패해 버렸다. 이 아이디어는 행성과학협회장이었던 루이스 프리드먼Louis Friedman이 낸 것이었다. 디스크 위쪽에는 "지구에서 온 메시지. 우주과학자 수신[73]: 이것을 들고 갈 것"이라고 적혀 있었다. 왼쪽에는 오래된 책 그림이 있는 클립아트가 있었고, 아래쪽에는 "화성의 첫 도서관"이라고 적혀 있었다.

포함된 책과 이야기[74]는 80권이 넘었다. 화성 탐사라는 것이 아무도 지구를 떠나지 않았을 때부터 지구인들이 상상한 것이라는 사실을 통렬하게 보여 주는 이야기들이었다. 로켓선, 우주복뿐 아니라 태양열을 이용한 비행술 같은 기술적 디테일을 놀라울 정도로 잘 정리하여 연대기를 만들었다. 가상 세계에서의 조우, 텔레파시, 유토피아의 존재, 외계인 이야기, 침공, 전쟁에 대한 것들도 있었다. 어떤 것은 고전적이라 할 만한 통속 소설이었다. 칼을 휘둘러 무력한 사람들을 보호하는 영웅 이야기, 옷을 거의 입지 않은 여성 이야기, 개인적으로 늘 실망스럽던 과학 소설도 있었지만, 버트런드 러셀Bertrand Russell 같은 내가 사랑하는 철학자의 글도 있었다.

칼 세이건의 육성 녹음 파일도 있었는데, 그의 이타카 집 근처 폭포에서 화성인들을 향해 이야기를 한 것이었다. 아서 C. 클라크 Arthur C. Clarke가 새소리가 시끄럽게 울려 퍼지는 스리랑카에서 녹음을 한 부분도 있었다. 초현실주의 예술[75], 네 컷 만화, 영화 포스터, 잡지에 나오는 광고 중 화성이 나오는 것들도 포함됐다. 소설에 들어간 일러스트레이션, 로웰이 그린 지도, 궤도선에서 찍은 사진, <스타 트렉>에 나오는 엔터프라이즈 우주선 다리에 있는 현판도 들어가고, 바이킹호가 착륙하는 동안 통제실의 상황이 녹음된 것도 있었다. 1940년에 H. G. 웰스H. G. Wells와 오손 웰스Orson Welles가 나눈 <우주 전쟁War of the Worlds>에 대한 대담을 녹음한 것[76], 그 책과 방송 내용도 들어갔다.

그중 가장 최근에 녹음된 것은 피터 스미스의 목소리였다. 소개 부분에서[77] 스미스는 현대 의학, 인간 게놈의 해독 같은 놀라운 과학의 발전에 대해 이야기하고, 지구 미래의 문화, 기술, 과학 분야가 평화적으로 발전하지 않을 수 있다는 우려를 말했다. 그는 인류가 살아남을지에 대한 의문을 가지고 있다고 하고, 마치 흉노족 아틸라 왕에게 오늘날 랩탑 컴퓨터가 미지의 것이듯, 우리도 미래 기술을 모를 가능성이 높다고 했다. 그는 이 미니 DVD[78]를 보내는 아이디어가 매우 특이한 것이라며 "20년 뒤에도 일반적인 일은 아닐 것[79]"이라고 했다. 어느 용감한 영혼이 이것을 찾을 것인가? 미래의 우주 비행사? 지구에서의 급속한 부패로부터 벗어나

보호된 상태에 있는 얇은 기록용 실리카 유리가 앞으로 수백 년간 화성에서 보존되어서[80] 우리 인류 모두보다 더 오래 남아 있진 않을까?

그렇게 오랫동안 남을 것이 있다면, 우리의 말, 우리의 생각보다 더 적절한 것이 있을까? CD에 들어 있던 글 중 가장 오래된 작품 중 하나는 내가 좋아하는 볼테르Voltaire의「미크로메가스 Micromégas」[81]였다. 1752년에 쓰인 이 단편 소설에는 다른 세상에서 온 키가 12만 피트인 손님이 지구에는 생명이 없는 줄 알고 방문한다. 돌아다니며 생명을 찾아다니는데, 마침내 발트해에서 움직이는 얼룩을 발견하고서는 이것을 손가락으로 집어 들어 엄지손톱 위에 놓는다. 그는 이 얼룩이 고래인 것을 알게 된다. 또 다른 비슷한 크기의 얼룩을 발견하게 된 그는 돋보기를 들고 들여다보는데, 그것은 북극 탐험대가 탄 배였음을 깨닫는다. "……이렇게 작은 존재들에게 위로를 표한 뒤, 항상 그렇게 소멸 직전의 가련한 처지였는지, 고래가 지배하는 지구에서 어떻게 살아가는지, 행복하긴 한지, 더 크는지, 번식은 하는지, 영혼이 있는지 등등 수백 가지 질문을 했다."

나는 이 이야기에 대해 가끔 생각하면서, 12만 피트인 방문객 아래에 얼마나 많은 생명이 들끓고 있었는지, 하지만 이 방문객이 이들을 알아보려면 얼마나 집요하게 봐야 했을지 상상해 본다. 칼 세이건이 위성 사진을 돋보기 같은 것을 써 가며 도로와 들판을 찾았던 것을 상기시킨다. 우리도 생명체의 규모를 완전히 잘못 짚은 것은 아닐까? 비율로 따져 보면, 인간은 몇 가지의 크기 등급으로만 소통한다. 마이크로미터, 밀리미터, 미터, 킬로미터 등. 생명체가 얼마나 더 클지, 혹은 더 작을지 모르는 일 아닌가? 시간은 또 어떤가? 코펜하겐에서 내가 손에 쥐고 있던 세포는 내 나이의 2만 배를 살아온 것이었다. 세포는 피라미드보다도, 글쓰기보다도, 언어보다도 오래된 것일 수 있다. 인류가 나타나기 전부터, 즉 호모 사피엔스의 조상이 지구를 느릿느릿 걸어 다녔을 때도 세포는 살고 있었다. 세포는 바다가 점차 닫히면서 인류가 아시아에서 아메리카로 걸어갔을 때도 있었다. 그때 살아난 세포는 무심하게도 소련의 수용소 포로들이 눈 깜짝할 사이에 만든 "뼈로 만든 길" 아래에 묻혀 있다. 세포는 어린이가 더 이상 없을 때까지, 고속도로가 더 이상 없을 때까지, 뼈가 더 이상 없을 때까지도 웅크려 있을 수 있다.

그렇다면, 오십만 년은 지구 생명에게 어느 정도 기간인가? 거인은 콜리마 저지대에서 생명체를 찾을 수 있긴 할까? 혹시 한 발 이른, 혹은 한 발 늦은 것은 아닐까? 인식하지 못하고 찾고 있던 것을 밟아 뭉갠 것은 아닐까? 쉽게 멸종되는 고대의 세포가 영구동토층의 깊은 곳에서 숨도 거의 쉬지 않고 잠을 자고 있다면, 어떤 돋보기로 봐야 할까?

「미크로메가스」의 거인처럼, 나 또한 너무도 작은 세계를 꿰뚫어 바라보는 데 많은 시간을 썼다. 옥스퍼드대학에서 내가 수업 조교를 하던 실험실 한 군데에서는 초파리 애벌레를 보느라 몇 시간씩 보내기도 했다. 발생생물학과 유전학 학생들은 거의 예외 없이 초파리[82]를 모델 생물로 연구한다. 돌아다니는 까만 점 같은 성충, 알, 애벌레, 번데기까지 과정 모두를 말이다. 초파리는 빨리 성장하고, 자비롭지는 못하지만 유전자를 조작함으로써 과학자들은 초파리의 눈이나 다리를 키우거나, 날개를 몇 쌍 더 나게 하면서 그 과정에서 많은 것들을 배우게 된다.

그 실험실에서 나는 해부 현미경에 놓였을 때 애벌레의 기능에 대해 익숙해지라는 말을 들었다. 유리 슬라이드에 초파리의 뇌를 놓고 보통 세포 분열을 공부하고, 고환으로는 생식 세포 분열을 공부했다. 교수님이 얼른 절단을 시작하라고 재촉할 때도, 나는 미적거릴 수밖에 없었다. 애벌레의 혼란스러운 진행 경로에 설탕 조각을 조금씩 놓고 애벌레가 족집게 위로 올라갈 때 지켜보았다. 이 조그마한 생명체가 메스 앞에 놓인 환경에 대해 생각하지 않을 수 없었던 것이다. 애벌레를 죽이는 일이 잘못됐다고 느껴졌지만, 내가 의도하지 않게 죽인 생명이 얼마나 많았을 것인가? 그 날 아침 수업에 오는 길에 풀밭을 걸으면서 수없이 많은 작은 수준의 제노사이드가 이루어졌을 수도 있었다. 내 발밑에 어떤 우주가 있었을 것인가? 칼날 같은 잔디 아래에서 장수하늘소가 코끼리처럼 쿵쾅거리며 지난 자리에선 어떤 소리가 너무 작아서 안 들렸을까?

나는 초파리 애벌레가 든 슬라이드를 빼내고 실험실 가운 주머니에 넣은 후 잠시 밖으로 나왔다. 걷는 동안 슬라이드가 흔들리지 않게 잡고서는 주머니를 몇 초에 한 번씩 들여다보며 계단을 내려와 카페테리아로 갔다. 점심으로 가져왔던 바나나를 한 입 물고는 뱉어 냅킨으로 집어 동물학과 건물에 있는 고무나무 밑에 떨어뜨렸다. 연구실로 돌아와서 한 시간을 바라본 현미경 아래의 빈 슬라이드는 거대한 빈 공간이었다.

내가 무엇을 놓치고 있었을까? 작은 미생물의 관점에서, 현관

너머에 있는 세계의 관점에서, 그리고 내가 알아볼 수도 없는 행성의 관점에서 이 질문에 대해 생각해 보았다. 때때로, 나는 1950년대에 나온 얇은 『우주의 풍경, 40번의 점프로 본 우주*Cosmic View, the Universe in 40 Jumps*』라는 네덜란드 책[83]을 반복해서 떠올리게 되었다. 이 책에는 확장과 축소를 보여 주는 일러스트가 있었는데, 우주 가장자리까지 밖으로 나가며 규모의 단위를 바꿔 가며 살펴보기도 하고, 학교 마당에 놓인 의자에 앉아 있는 소녀의 손에 있는 원자 안으로도 들어가 보기도 한다. 저 멀리 떨어진 은하와 원자 수준의 소우주 사이의 어딘가의 시점에서 나는 마치 책 속의 소녀처럼 가만히 앉아 오랫동안 생각에 빠지기도 했다.

그러는 동안 로스쿨에 다니는 친구 한 명이 학교 친구 한 명과 나를 엮어 주려 했다. 처음에는 거절했다. 그냥 책에 빠져 공부하고 과학을 연구하는 것으로 만족하고 있었기 때문이다. 나는 소개팅에 나가 본 적이 없었고, 그게 그렇게 좋은 방법인 것 같지 않았다. 하지만 친구는 "걔가 널 알아."라고 하며 전혀 모르는 사람이 아니라고 우겼다. 그러다 어느 날 저녁 마지못해 나는 만나 보겠다고 동의했다. 그러고는 일주일 후, 철학과를 졸업하고 로스쿨에 갔던, 이름표에 '헬로'라고 붙이고 있었던 그 남학생이 아파트 문 앞에서 나를 기다리고 있었다. 내가 문을 열고 살며시 문 옆으로 엿보자 그는 웃었다.

나는 그가 매우 느긋하면서도 자신감이 있는 게 놀라웠다. 힘을 전혀 들이지 않고 기어를 조정해 우리 집 앞의 좁고 가파른 길을 빠져나갔다. 우리는 창을 내리고 이스트 케임브리지 쪽으로 내려갔다. 아프가니스탄에서 두 번째로 긴 강 이름을 딴 레스토랑에 그가 예약을 해 두었고, 우리는 그곳에서 아 샤크Aushak와 숄라Showla, 구워서 설탕을 뿌린 호박인 카도kaddo 한 접시를 나눠 먹었다. 이야기를 하다가 그가 너무 웃긴 이야기를 하는 바람에 내 입에서 요거트가 튀어나올 뻔한 것을 겨우 참았다.

이 관계가 어떻게 유지된다는 말인가? 그는 여름이 끝날 즈음 텍사스로 가기로 되어 있었다. 그곳에서 유명한 판사의 서기가 되기로 약속을 해 놓았기 때문이다. 그는 학생 때부터 시민권과 관련된 이슈들에 대한 공부를 열심히 했고, 이제 현장에서 배울 기회를 기다리고 있었다. 나는 매사추세츠주에 계속 머물러야 했다.

하지만 다음 몇 주간은 마치 따뜻한 촛불이 빛나는 것 같았다. 유제품으로 유명한 버몬트에 차를 타고 가 치즈와 싸구려 통조림을 샀다. 페리를 타고 하버섬으로 가서 녹색 절벽에 오르기도 했다. 실험실에서 일찍 나와 그가 어디에 있던 찾아 나서기 시작했다. 그는 종종 로스쿨 친구들과 함께 기타를 치며 놀고 있었다. 우리는 목적지 없이 길을 걷다 오래된 서점에 들어가기도 하고, 강을 따라 자전거를 타고 내려가 노을이 지며 강을 홍차 빛으로 물들이는 것을 같이 바라보기도 했다.

그는 변호사 자격 시험을 준비하고 있어야 했지만, 봄이 지나고 여름이 되면서 늘 나와 붙어 시간을 보내는 것 같았다. 걱정이 되다가도 그의 침착함에 그 걱정이 쓸려 나가곤 했다. 하지만 어쨌든 시험이 임박한 몇 주만이라도 그를 덜 봐야겠다고 생각했다. 다른 친구 한 명이 스웨덴 위쪽으로 노르웨이에서 핀란드까지의 트레킹에 같이 가자고 초대했고, 이 정도면 충분히 멀리 떨어질 수 있을 것 같았다. 친구가 준 책에서 북극 생물과 얼음, 거대한 자연 속에서 북극 탐험가들이 서로 어떻게 늘 마주치는지에 대해 읽었다. 탐험가들은 사람이 살지 않는 땅을 헤매고 다니는데, 심지어 혼자서, 계속 혼자 남을 요량으로 트레킹을 완주한다고 했다. 하지만 그들이 지나는 길은 겹치기 마련이었다. 불확실하지만, 동시에 불가피하기도 한 우연적인 만남에 대해 나는 끌림을 느꼈다. 이것은 마치 인간성을 단순히 표현한 것같이 보였다. 어떤 순간에는 완전히 고립되어 우리는 자연 속에서 똑같은 휴식을 취하고 싶어 하고, 드라마틱한 절벽을 보고 싶어 하고는, 서로를 찾는다. 오랫동안 나는 극지방의 자연을 혼자 탐험하고 싶어 했고, 대학원에 다니며 받은 생활 보조비를 모아 둔 적금을 모두 깼다. 그 길로 비행기표를 사서 트롬쇠로 갔다. 필요한 것들을 모두 구한 뒤, 동쪽으로 가는 버스에 올라타 트레킹이 시작되는 곳으로 갔다.

북방 수림이 툰드라로 변하는 곳에서 나는 무릎을 넘지 않는 키 작은 버드나무를 쿵쿵 밟으면서 「미크로메가스」에 나오는 거인이 된 기분이었다. 늪지와 개울에는 야생 순록이 다니는 길이 나 있었고, 따라가다 보니 이끼와 잡초가 바람에 날리는 수목 한계선에 다다랐다. 사람으로 착각할 만한 바위들이 여기저기 흩어져 있었다. 조금씩 떨어져 내리는 물은 너무도 깨끗해 보여 마시기 전에 요오드를 첨가해야 하는 것도 신경 쓰지 않았다.

어느 날 아침, 트레킹 코스를 반쯤 가자 배가 쥐어짜듯 아팠다. 저녁이 되자 토하기 시작했고, 비참한 기분이 들었다. 하지만 진정한 오지로 나가기 전에 아파서 다행이었다. 북극의 여름은 남극과 비교할 수 없을 만큼 상냥하게 느껴졌다. 기온은 영상이 되기도 했고, 잔디는 푸른빛이었다. 스스로에게 그냥 산책하러 나온 것이라 되뇌었다. 일주일 동안 아침에 일어나서 한 것이라고는 걷기밖에 없었다.

하지만 하루 이틀이 더 지나자, 내 몸이 완전히 모든 것을 거부하는 상태가 되었다. 나는 텐트에 드러누워 움직이지도 못했고, 검은 파리들이 머리 주변에 날아다녔다. 나는 덜덜 떨며 잠을 못 잤지만, 케임브리지에 두고 온 그 생각뿐이었다. 얼마나 그의 옆에 있고 싶었는지, 내가 길을 바꿔 되돌아가 그가 있는 곳으로 가지 않으면 얼마나 처참할지 생각했다.

어떤 인간이든, 그 아무리 내부 지향적인 인간이라도, 경계가 무너지는 지점을 가지기 마련이고, 자아의 연속성이 부러지는 지점이 있다는 것을, 그리고 다른 인간의 존재와 흐릿하게 섞일 수 있다는 것을 고열과 공포를 경험하며 천천히 깨달았다. 그는 수천 킬로미터 떨어져 있었지만, 나와 함께 있었다. 내가 고열에 헤매며 자는 동안에도, 걷는 동안에도, 거대한 수평선을 바라볼 때도 같이 있었다. 목이 타 절벽으로 휘청거리며 달려가서는 이름도 모르는 것을 붙잡고 넘겨졌다. 나는 내 자신과 사투를 벌이고 있었고, 그가 나에게 기회를 주고 있었다. 먼 황야로 나왔던 탐험가들은 놀랍게도 더 이상 자신이 혼자가 아니라는 사실을 갑자기 깨달았을 것이라는 생각이 들었다.

제10장
달콤한 물

큐리오시티 로버가 애틀러스 V 로켓에 실려 발사대에서 날아오른 것은 따뜻한 11월의 어느 날이었다. 로켓은 불과 연기를 자욱히 피우며 바나나강 석호에서 우레와 같은 소리를 냈다. 로보틱 로버로서는 네 번째로 큐리오시티는 화성의 과거 환경이 정주 가능했다는, 즉 생명체가 살기에 충분히 온화했다는 증거를 찾기 위해 보내졌다. 탐사선이 착륙할 곳은 궤도선이 보내온 데이터로 보아 저지대에 물이 고여 호수를 형성[1]했을 가능성이 있는 게일 분화구Gale Crater였다.

다음 날 나는 임신 테스트를 했는데, 희미하게 두 줄이 나타났다. 2012년 8월 5일 로버가 착륙하는 날, NASA 제트추진연구소에 있고 싶었으나 의사가 얼마 후 알려 준 나의 예정일도 8월 5일이었다. 하필이면 이런 타이밍이라니. 두 존재가 시간과 공간을 뚫고 돌진해서 동시에 두 개의 다른 행성에 도착하려 하고 있었다.

테스트 결과, 산부인과 의사의 확인 그리고 복잡한 화학적 기

애틀러스 V 로켓

제가 내 몸 안에서 시작되고 있다는 사실에도 불구하고, 나는 아직 믿기 힘들었다. 납작한 배 위로 안전벨트를 단단히 매고 찰스 강을 따라 우리 집으로 운전을 하고 있는 남편을 바라보며 눈을 깜박였다. 철학과를 나온 변호사는 소년같이 웃으며 팔을 내 어깨로 뻗었다.

발사 후 우주선은 순조롭게 항해하는 중이었다. 우주선은 상단 로켓에서 추진되어 지구 궤도를 벗어났다. 그런 다음 안정적인 기온에서 충분한 동력을 가지고 깊은 밤 속으로[2] 들어가 5억 6천 7백만 킬로미터의 궤적을 따라갔다.

이전에는 하강 단계, 여기에 수반되는 하드웨어, 열 차폐막, 커넥터 몸체 같은 로버를 둘러싼 기계적 요소에 대해서 크게 생각해 본 적이 없었다. 알고 보면 이 부분은 두 번째 우주선처럼 복잡하지만, 로버를 화성에 안전하게 안착시키는 것이 유일한 목표였다. 이제 나도 선박 같은 몸이었다. 심장에서 흘러나온 혈관의 피는 두 번째 심장으로 흘러 들어갔다 돌아오고, 두 번째 심장은 달리는 말처럼 뛰게 된다. 내 존재의 중심은 우주선의 조종실처럼 등뼈에서 눈 뒤에 걸쳐 있는 부분이 아니라 뱃속 깊은 곳이 되었다.

가족들이 크리스마스를 지내러 보스턴에 왔을 때 나는 임신 사실을 알렸다. 부모님들은 박수를 쳤다. 에밀리는 처음에 약간 확신 없어 하더니 흥분을 감지하고서는 나를 와락 품에 안았다. 그러더니 내 침대 옆에 놓여 있던 마요 클리닉에서 나온 임신 출산 가이드 책을 며칠간 열심히 읽더니 이런 책이 다 있었느냐며 놀랐다. 어떤 페이지 끝에는 아기 이름에 대한 몇 가지 아이디어도 적어 놨는데, 언니가 가장 좋아하는 배우인 팀 앨런Tim Allen에 대한 오마주도 있었다. 언니는 무언가 중요해 보이는 걸 볼 때마다 책을 들고 남편에게 와서 "매부" 하며 불렀다. 한 번은 "매부는 세라의 파트너이자 코치예요."라고 말하면서 거꾸로 나오는 아기가 다리 하나를 엄마 배 바깥으로 꺼낸 이미지를 남편 무릎 위에 올려놓기도 했다.

나는 임신에 필요한 적절한 행동을 취하는 중이었다. 연성 치즈 먹는 걸 중단했고, 화학 약품 작업도 하지 않았다. 카페인 섭취, 간접 흡연, 엑스선, 고양이 화장실, 뜨거운 목욕, 알코올을 피했다. 매일 아침 임산부용 비타민제를 DHA 보충제와 함께 먹었다. 계획했던 현장 답사 일정을 하루 줄였고, 공항에 도착해서는 보안 요원이 몸 수색을 하도록 했다. 실용적인 신발을 신었고, 걸음걸이를 조심했다. 아침에는 뛰는 대신 천천히 걷기 시작했다.

계속해서 움직이고 있던 내 뱃속 아기는 몇 주에 걸쳐서 공중제비를 돌더니 태어나기 전날 밤까지 그렇게 있었다. 예정일이 다가올 때 아들은 "불안정하게 누워" 있었고, 며칠에 한 번씩 자세를 이리저리 젖히곤 해서 탯줄이 압박을 받는 건 아닌지 의사들도 걱정하기 시작했다. 가능한 시간 중 가장 이른 일자에 수술을 진행하기로 했다. 그날 건강한 여성들에게 출산일이 가장 위험한 날이라는 이야기를 들었다. 나는 그때까지 뼈가 부러지거나 엑스선 사진을 찍을 일도 없었고, 병원에 입원할 일은 더더욱 없는 사람이었다.

예정 시간이 되자 나는 수술대로 옮겨졌고, 수술대 끝에는 레지던트가 앉아 척추골 사이에 주사를 놓아 마취제를 투여했다. 나는 밝은 빛 아래에 누워 있었고, 남편과 어머니는 내 옆에 자리를 잡았다. 그러고는 잠 못 이뤘던 밤, 병원으로 차를 타고 오던 것,

정맥 주사가 잘 안 놓여 애를 먹은 것이 모두 생각났다. 메스가 배에 들어오면서 압력이 느껴졌지만 고통은 없었다. 잠깐 후, 휙 하는 소리가 나면서 왼쪽 엉덩이 뒤쪽 수술대에 무언가 놓이는 듯하더니 아기의 작은 폐에서부터 나오는 울음소리가 카랑카랑하게 울려 퍼졌다.

언니가 예견한 바와 같이 나의 아들은 발을 세상에 먼저 내밀면서 거꾸로 태어났다. 아기는 분홍색을 띠고 떨고 있었고, 아름다운 남색 눈을 가지고 있었다. 몇 시간이 지난 후, 걸을 수도 없고 아직 진통제 기운을 못 이기고 있던 나는 마치 간호사들을 가까이 오지 못하게 하는 듯이 아들을 꽉 움켜쥐었다. 쉬고 싶지 않았고, 모유 수유 강좌에도 참여하고 싶지 않았다. 그냥 아기를 잡고 있고 싶었다. 아기의 몸이 내 몸에서 이제 막 고정되었다가 풀려났다. 간호사들이 아기를 신생아실로 데려가려고 했고, 조금이나마 나에게 유리하게 해 주길 바라는 마음에 제왕절개를 했다고 설명했다. 빛이 있는 곳으로 이렇게 빨리 끌어당겨져 나온 아기는 당연히 내 품에 있어야 했다.

큐리오시티호가 착륙했을 때 나는 간신히 집에 도착했다. 더운 여름 공기가 창에 달린 환풍기를 타고 들어왔고, 남편, 엄마, 조그마한 아들 모두 곧 잠들었다. 나는 아기를 품에 안고 랩탑으로 생중계를 보고 있었고, 스크린의 불빛이 방을 희미한 푸른빛으로 밝혔다. 우리는 책장 옆에 있는 큰 의자에 걸터앉아 있었다. 아기의 피곤한 몸은 아직 돌지 않은 젖을 기다리며 나에게 기대고 있었다.

눈을 크게 뜨고 나는 페리윙클색 폴로 티셔츠를 맞춰 입고 줄지어 있는 제트추진연구소 사람들 중에 친구들과 멘토들을 찾았다. 사람들은 행운을 바라면서 땅콩을 먹고 있었는데, 이것은 오래된 전통이었다. 큐리오시티는 첨단 기술로 만든 황새 같은 '스카이 크레인Sky Crane'을 사용해서 착륙했다[3]. 에어백으로 감싸고 바닥에 통통 튀다가 안착한 스피릿호나 오퍼튜니티호와는 다르게 무거웠던 큐리오시티호는 연착륙을 해야 했다. 큐리오시티호는 미니 쿠퍼 정도의 크기에 무게는 1톤 정도 되어서, 우주에서 떨어지는 자동차 같았다. 이전에는 이런 시도를 해 본 적이 없었다.

시간이 째깍거리자 우주선은 화성 표면으로 쏜살같이 내려갔다. 안쪽에는 착륙 단계에 사용할 조종이 가능한 네 개의 엔진이 설치되어 있었다. 착륙의 전 과정은 의사가 내 아들을 자궁에서 끌어내는 데 걸렸던 만큼의 시간인 7분밖에 소요되지 않았다. 동부 표준시로 오전 1시 30분 조금 전, 착륙용 낙하산이 펼쳐졌다. 로버는 굴레와 탯줄 같은 밧줄에 묶여 지표로 떨어졌고, 로버의 바퀴가 붉은 먼지로 가득한 땅에 닿으면서 이 두 가지는 절단되었다. 로버가 안전히 분리된 후에는 다른 부분들의 꾸러미는 전속력으로 역추진하여 착륙 지점에서 멀리 떨어진 곳에 불시착했다.

성공적인 터치다운이 확인되었다. 큐리오시티호는 표면에 안착했고, 모든 것이 계획대로 흘러가고 있었다. 폰 카르만 강당에는 남자 과학자들만 무대에 섰다. 나는 천천히 소파에서 일어나 흐느적거리며 침대로 갔다.

화장실을 지나면서 거울에 비친 나를 잠깐 보았다. 몸에는 상처가 나고 멍이 들어 여기저기 반창고가 덕지덕지 붙어 있었고, 부어 있는 내 모습을 알아볼 수도 없었다. 하지만 내 품 안에는 담요로 둘둘 말려 있는 티 하나 없는 아기가 있었다. 침실의 어둠 속에서 나는 아기를 단단히 감쌌다. 끝 부분을 더듬거리자, 아기는 작은 소리로 울음소리를 냈다. 남편이 뒤척이면서 조용히 이불을 당겨 내게 덮어 주었다. 다시 모든 것이 고요해지고 아기의 작은 숨소리만 들렸다. 아기 침대로 옮기다 보니 척추의 작은 뼈들이 만져졌다. 나는 양치식물의 돌돌 말린 덩굴손 같이 말려 있는 아기의 손가락을 만져 보았다.

큐리오시티는 알려지지 않은 땅에 착륙했다. 게일 분화구는 너비가 150킬로미터 정도 되었지만, 저 멀리 있는 협곡의 벽이 수평선을 가로지르고 있어 모든 것이 실제보다 조금 가까워 보였다[4]. 착륙 지점에서 멀지 않은 곳에는 어두운 모래 언덕이 있었고, 그 뒤편으로는 시애틀의 마운트 레니에Mount Rainier보다 더 높이 솟아오른, 숨 막힐 듯한 풍경이 펼쳐졌다. 게일 분화구가 선택된 이유는 중심부에 우뚝 솟아 있는 퇴적물이 있었기 때문이다. 마운트 샤프Mount Sharp[5]는 높이가 무려 5,500미터나 됐고, 태양계를 통틀어 가장 두꺼운 지질학적 기록물[6]이라고 생각되어 왔다. 층서학적으로 화성의 기후 및 환경적 역사가 화성이 아주 오래전 연점토로 가득 차 있던[7] 때부터 축적되어 왔었을 것이기 때문이다.

탐사 활동에는 더 없이 완벽한 장소였다. 오랫동안 NASA의 화성 탐사 목표는 한마디로 요약하면 "물을 따라가라[8]"였는데, 사실 우리는 물을 이미 찾았었다. 오래된 강줄기, 물을 포함한 광물, 도랑, 표면 바로 아래의 얼음 등의 형태였다. 큐리오시티호로 NASA는 새로운 발걸음을 뗀 것으로, 물을 찾는 것을 넘어, 정주 가능성에 대한 징후를 찾아내는 것을 목표로 했다. 큐리오시티는 맥락을 이해하기 위한 탐사선이었다. 미생물이 이곳에서 살아남았을 가능성이 있는가? 화성 안에 적절한 성분이 있는가? 얼마나 오랫동안 그런 상태가 유지되었나? 생명체가 뿌리를 내릴 만큼 긴 기간이었을까? 생명체를 구성하는 벽돌과 같은 단순한 유기체가 존재했는가?

로버는 마운트 샤프의 북쪽에서[9] 남동쪽을 바라보며[10] 멈추었다. 땅은 살굿빛을 띠고, 조그마한 자갈이 점점이 보였다. 나의 수술을 집도한 의사들처럼 공학 팀도 엄청난 일을 해 냈다. 착륙 예상 구역의 중심에서부터 2.5킬로미터밖에 안 벗어난 지점에 로버를 착륙시켰으니[11] 말이다. 마운트 샤프로 가는 길은 멀었지만, 그래도 몇 킬로미터만 더 가면 되었다.[12] 큐리오시티는 당장은 출발할 수 없었다. 모든 것은 테스트와 확정을 받아야 시행될 수 있었다. 로버에 탑재된 컴퓨터가 업데이트되어야 했다. 커뮤니케이션 연결 상태도 테스트됐다. 엔지니어 팀은 NASA 국장 찰리 볼든 Charlie Bolden의 축하 메시지를 보냈고, 사상 최초로 사람의 목소리를 다른 행성에 내보내고[13] 이것이 되돌아오는 것을 들었다. 바퀴는 앞으로, 뒤로 운전하는 연습을 거쳤다. 로버의 로봇 팔을 뻗게 하여 드릴, 브러시, 체가 제대로 작동하는지 체크했다. 실험 기구들도 모두 테스트를 거쳐[14] 화성에 가는 동안 이상이 없었는지 확인했다. 로버의 모든 작은 부분들이 안전 모드로 설정되어 화성으로 간 후, 얼어서 움직일 수 없는 것이 아닌가 하는 오해를 불러일으킬 만한 오류가 연속적으로 발생했다. 공학 팀은 잠시 공황 상태에 빠진 듯했으나 특정한 범위의 제한 사항이나 혹은 온도 제한은 엄격할 필요가 없었고, 오류를 중단시키는 코드를 작성해 전송할 수 있었다.

　보스턴에 있던 나는 정해진 일상에 익숙해져 갔고, 아들을 놓치지는 않을지, 기저귀를 갈다가 테이블에서 아들이 떨어지지는 않을지, 카시트에 아들을 두고 까먹고 내리지는 않을지, 아들이 자는 도중에 담요 때문에 너무 더울지 등등의 걱정을 이전보다 덜하게 되었다. 어떤 아기 울음소리가 안아 달라는 뜻인지, 손을 눈에 가져다 대는 것은 명백한 졸음의 표시라는 것도 배웠다. 내 자신의 탈진 상태도 점점 덜해졌고, 점차적으로 아기가 부리는 마술을 보는 즐거움이 그 자리를 대신하게 되었다. 손을 쫙 편 상태에서 목욕물을 첨벙대기도 하고, 어떤 때에는 꿈속에서 교통정리를 하는 것처럼 허둥대기도 했다. 아기는 종종 나를 그저 바라만 보곤 했는데, 눈을 크게 뜨고 천진난만하게 보고 있는 얼굴에 내가 할 수 있는 것이라고는 같이 바라보는 것뿐이었다. 새로운 인간 생명을 키워 낸다는 것은 궁극적인 실험이 아닌가 하고 느껴졌다. 나의 DNA와 내가 가장 사랑하는 사람의 DNA를 반반 섞으면 무슨 일이 일어나는가? 누가 생기는가? 어떤 사람이 될 것인가? 조그맣고 보드라운 두개골 안에서 어떻게 의식이 생겨나는가?

　생후 1년 동안 나는 아기를 연구실, 도서관, 심지어는 한두 군데의 컨퍼런스까지 데리고 다녔다. 어쨌든 세 시간마다 한 번은 같이 있어야 했다. 나는 아기 띠에 아기를 묶고 나갔는데, 아기가 내 턱 아래의 따뜻한 공간에 머리를 대고 자리를 잡으면, 우리는 하루를 향해 밖으로 전진했다. 큐리오시티가 마운트 샤프로 수 킬로미터를 나아가는 동안, 우리도 지구 위 삶의 영역에서 서성거리고 있었다. 나는 그동안 생활의 대부분을 머릿속으로 보냈는데, 아기의 손을 잡고 보내는 현실에 충실한 생활은 환영할 만한 변화였다.

멀리서 전해 오는 큐리오시티의 탐사 소식을 나도 계속 따라잡으며 바로 주변 세계와 우주 심연을 잠깐씩 바꿔 보았다. 그럴 때면 가끔 화성이 사라져 버리는 것 같은 통렬한 슬픔의 감정이 느껴지기도 했다. 기회는 가끔씩만 왔다. 행성들은 나란히 정렬했다가 다시 흩어졌다. 행성은 누구도 기다려 주지 않았기에, NASA의 다음 로버는 8년 후까지 도착하지 못할 것이었다. 나는 박사 후 과정 중에 있었지만, 그 신분에 비춰 봐서는 그다지 생산적이지는 못했다. 격렬히 노력한다 해도, 나중에 다 따라잡을 수 있을지는 미지수였다.

큐리오시티가 중대한 발견을 속속 이루면서 나는 마음속 열망을 강렬하게 느끼게 되었다. 로버는 우연히 강에 있는 둥근 모양의 돌뿐만 아니라, 노두 부분의 부서진 가장자리, 하류로 쓸려 내려온 자갈과 모래를 품고 있는 기반암 조각들을 발견했다. 이곳은 먼 과거에 게일 분화구 북쪽 가장자리로부터 구불구불 내려온 강의 바닥이었다[15]. 한때 아마 내 허리 정도 깊이로 물이 빠르게 흘렀을 것이다[16].

로버는 착륙지에서 400미터 떨어진, 마운트 샤프 방향으로 가는 길에 있는 분화구의 저점에 세 가지 다른 종류[17]의 땅이 만나는 곳 쪽으로 향했다. 이곳의 이름은 옐로나이프 베이Yellowknife Bay로, 내가 늘 가고 싶어 했던 캐나다의 옐로나이프의 이름을 딴 곳이었다. 지구의 옐로나이프와 화성의 옐로나이프는 모두 40억 년은 된 지반 위에 앉아 있다.

오래전 이곳에서 흐르던 강은 고이게 되고 암석들은 다른 특징을 가지게 되었다. 빠르게 움직이는 물의 힘이 빠지면서, 고운 입자의 알갱이들도 서서히 자리를 잡았을 것이다. 큐리오시티의 암석 분석 장치는 쉽베드Sheepbed 진흙이 거대한 호수의 바닥이었고, 아마 우리 발가락에서 철벅철벅 댔을 정도로 진흙이 있었을 것이라고 분석했다. 화성은 과거의 어느 지점에서 호수가 차오르면 부풀고[18], 증발하면 줄어들기를 반복했을 것이다. 분화구의 중심부에 있는 높은 지점은 섬처럼 떠 있었을 수도 있다[19].

큐리오시티가 착륙하고 힘겨운 탐사 활동을 하며 3년 반을 보낸 뒤인 2016년에야 나는 과학 팀에 합류할 기회를 얻었다. 그즈음 아들은 어린이집에 들어갔고, 여동생이 태어났다. 그러던 와중에 나는 워싱턴 D. C.로 이사했고, 행성과학 조교수로 임용되었다.

큐리오시티의 주요 기구 중 하나의 운용을 담당하는 기지였던 NASA의 고다드우주비행센터는 조지타운대학에 있던 나의 새로운 연구실에서 북동쪽으로 25킬로미터 떨어진 지점에 있었다. 나는 마리아가 경력을 시작한 곳이 거기였다는 것을 알고 있었고, 왜 그녀가 그곳을 그렇게 좋아했는지도 금방 깨달았다. 고다드우주비행센터에는 수재들이 넘쳐흘렀고, 화기애애한 동료애가 있었다. 매주 화요일 아침에는 "아침 식사 및 배움" 모임이 있었고, 금요일 오후에는 "맥주 공동 작업 시간Colla-BEER-ation Hour•"이라는 것도 있

• 공동 협력을 뜻하는 Collaboration의 변형

었다. 처음 시작했을 때는 많은 시간을 이곳에서 보냈고, 몇 달 뒤에는 행성환경연구소Planetary Environments Lab에 방문 과학자로 초대받았다.

연구실장은 뛰어난 화학자인 폴 매하피Paul Mahaffy[20]로, SAM이라고도 알려진 화성의 유기물 및 가스 시료분석기Sample Analysis at Mars[21]를 프랑스 과학자들의 도움을 받아 만든 인물이었다. 폴은 미국인 출신의 선교사 부모님과 함께 에리트레아에서 자랐다. 공부를 하지 않을 때[22]는 6명의 형제 누이와 함께 인제라injera를 먹거나, 전갈을 잡으러 다니거나, 동네 개와 싸우는 하이에나들을 보곤 했다. 그가 살았던 동네 근처에는 거대한 흑연 첨탑인 엠바 마타라Emba Matara가 있었다. 엠바 마타라 끝에는 건물 같은 높이의 철 십자가가 있었다[23]. 폴은 아이일 때 십자가 꼭대기까지 기어 올라가 앉아 바람 소리를 듣곤 했다[24].

이제 그는 우주 생명체에 관심이 있는 사람에게는 탐사선의 심장과도 같은 SAM을 맡고 있었다. SAM은 이제까지 만들어진 우주선 기구 중 가장 복잡한 것들 가운데 하나로, 무게로 따지면 큐리오시티에 탑재된 다른 모든 기구를 합친 것과 비슷할 정도였다[25]. 전체 로버의 차대chassis는 SAM의 도금된 박스 주변으로 설계되었다.

SAM의 주요 임무 중 하나는 동위 원소 측정이었다. 같은 원소의 다른 버전들이라고 할 수 있는 동위 원소 비율은 물과 공기가 왜 우주 공간으로 사라졌는지 밝히는 데 도움을 주었다. 레이저를 앞뒤로 쏘아 가면서, SAM은 화성 대기 속을 샅샅이 뒤져 메탄을 찾았다. 지구의 메탄은 거의 전적으로 미생물에 의해 만들어지기 때문이다. 화성 과학자들은 거의 50년 동안 화성에 메탄이 있을 것이라 믿었다. 매리너 7호 담당 과학자들은 남쪽 극관 근처에서 메탄을 발견했다고 발표했지만[26], 한 달 뒤[27] 이 결과를 철회했다. 2000년대 초반에는 칠레와 하와이에 있는 고성능 망원경 관측 결과로도 메탄이 감지되었다[28]. 성공적인 탐사 활동을 했던 유럽의 궤도선인 마르스 익스프레스Mars Express 또한 메탄의 흔적을 감지했는데[29], 그 농도는 이전의 예측들보다 훨씬 낮았다. 그런 다음 알 수 없는 일이지만 메탄은 사라졌고, 수 년 동안 전혀 감지되지 않았다.

그런데 SAM이 다시 메탄을 찾은 것이었다. 존재만 찾은 것이 아니라, 계절적인 변화[30]가 있어 여름철에 극적으로 늘어난다는 것을 알아냈다. 이것을 설명할 수 있는 가능성은 여러 가지가 있었다. 표면 아래에 있는 물 성분이나 바위로부터 온, 순수한 지질학적 과정[31]의 결과물일 수 있었다. 이미 오랜 과거에 형성이 되었다가 녹은 얼음들의 행렬[32]에 잠겨 있었던 것일 수도 있었다. 아니면 여전히 활동적인, 작은 생물계의 호흡[33]이 원인일 수도 있었다.

SAM에는 가스 크로마토그래프-질량 분광계도 설치되어 있었는데[34] 이 기기는 화학적 분석, 특히 유기 화학적 분석에 핵심적인 도구였다. 나는 이 기계를 어려서부터 알았다. 아버지는 컴벌랜드산맥 기슭에 있는 베뢰아대학에서 화학을 전공했었다. 이후 켄터키주도인 프랭크포트에 있는 의학 실험 연구실에서 기술자로 있으면서 시체 부검 과정에서 화학 성분을 특정하는 데 쓰이는 가스 크로마토그래프-질량 분광계를 수리하기도 했다. 나는 어느 날 출근하는 아버지를 따라간 적이 있었는데, 당시 주에서 재커리 테일러Zachary Taylor의 무덤을 파내서[35] 비소 중독으로 급사했다는 오래된 이론을 검증하기로 결정한 지 얼마 안 된 때였다. 나는 아버지가 문을 열 때 케즈 운동화를 신고 연구실 냉동고 앞에 타일이 깔린 곳에 서 있었다. 아버지는 내게 141년 된 발톱을 건넸다. 나는 투명한 병을 높이 들고 불에 비춰 보았다. 발톱 조직이 투명한 병에 부딪치는 소리가 들렸다. 나는 열한 살이었고, 과거 대통령의 신체 일부를 들고 있었다. 아버지의 연구소에서 검사한 바에 따르면 그는 독살된 것이 아니었다.

당시 나는 이런 기구들의 어마어마한 능력을 알고는 있었지만, 우주과학에서 어떻게 사용될 수 있을지, 그 잠재력에 대해서는 거의 몰랐다. 대학원에 진학한 후 질량 분광계를 이용해 작업할 기회가 왔고, 나는 곧장 뛰어들었다. 먼저 과학자들이 오래된 암석에서 생명체의 흔적을 찾는 과정에서 이 기구를 어떻게 써 왔는지 문헌을 샅샅이 훑었다. 환경적 조건이 맞으면, 세포막 지질과 같은 특정한 분자들은 수십억 년 동안 남아 있을 수 있었다[36]. 몇 종류의 원소가 손가락이나 발가락처럼 여기저기 떨어져 있지만, 말하자면 분자의 등뼈와도 같은 부분은 어떤 세포에서 유래가 됐는지에 대해 여전히 알려준다. 공룡 뼈를 연구해서 공룡에 대해 배우는 것과 마찬가지다. 단순한 분자들 사이의 패턴만 하더라도 생명체 존재의 강력한 지표가 된다. 패턴이 없다 하더라고, 유기물을 검출하는 것만으로도, 생명체가 살기 위한 조건을 결정하는 열쇠가 된다.

1970년대, 최초로 바이킹 착륙선에 실어 질량 분광계를 화성 표면에 보냈을 때는 유기체의 결정적인 증거를 찾지 못했다[37]. 하지만 큐리오시티는 이 목표를 위해 세 가지를 보완했다. 일단은

282

훨씬 더 복잡한 탐지 기구인 SAM이 있었는데, 해상도가 1ppb•38 수준보다 높았다. 큐리오시티의 착륙 지점에는 고운 입자로 된 진흙이 있었기 때문에 선정되었는데, 이곳에서 유기체가 갇히고 보존되어 있을 가능성이 있었다. 또한 로버가 옆으로 게걸음 치듯 움직일 수도 있었는데, 최적의 시료 채취 장소까지 움직여서 드릴을 사용해 표면 아래 보호되고 있는 암석의 내부에 접근할 수 있었다.

큐리오시티가 이암泥巖을 잘라내면서 걸어 낸 것은 녹슨 오렌지색 암석이 아니라, 부드러운 회색 가루였다. 분상화된 진흙 한 줌은 저용량 아스피린39의 반 정도 되는 크기였는데, 로버의 배 부분에 있는 체로 들어갔다. 진단 분석 결과, 이 암석은 전형적으로 중성의 pH 조건40하에서 형성되는 진흙 광물이었다. 화성 전체가 산성으로 완전히 뒤덮인 적은 없었던 것이다. 메리디아니에서와는 달리, 이암에서는 염분이 거의 없었다. 우리가 알고 있는 생명체에 필요한 6가지 성분, 즉 탄소, 수소, 산소, 질소, 인, 황, 이 모두가 이 표본에 존재하고 있었다. 이것이야말로 우리가 필요로 한 환경적 맥락이었다. 적절한 물의 종류가 적절한 장소에 있었다. 쉽베드 이암이야말로 생명체의 흔적을 찾기 위해 조사해야 하는 것이었다. 이후 있었던 기자 회견에서 탐사를 이끌고 있던 존 그로츠징거는 정주 가능한 세계가 마침내, 그리고 확실하게 발견되었다고 선언했다. 그는 "이 물이 있는 상황에서 당신이 화성에 서 있었다면, 마실 수 있었을 것이다41"고 강조했다.

더군다나, 마침내 유기 분자에 대한 반론의 여지가 없는 탐지

• 미량 함유 물질의 농도 단위로 ppm보다 작은 농도 표시에 사용된다. 1ppb는 1/1000ppm이다.

큐리오시티

결과가 나왔다. SAM 안에 있던 작은 오븐에서 채취된 표본을 가열해서 이암 속 분자들을 기체 상태로 만든 다음, 먼지 진드기 크기만큼 가늘고 긴 튜브[42] 속으로 기체를 불어 넣었다. 하나씩 튜브의 다른 끝 쪽으로 튀어나오면, 질량 분광계가 성분을 식별했다. 그 결과 화성 표면의 과염소산염과의 반응에 의해 염소화된 단순한 화합물[43]이 있었다. 그리고 이후 발견된 것은 더 복잡한 황과 결합한 분자들[44]이었는데, 이 성분들은 300ppb[45]까지 검출되었다. 이렇게 해서 화성을 둘러싼 가장 오래된 미스터리가 풀렸다. 생명체를 구성하는[46] 성분이 실재로 화성에 존재하고 있었다.

내가 과학 팀에 합류한 것은 큐리오시티호의 바퀴에 구멍이 나고[47] 드릴 마모[48]가 시작된 듯한 신호가 올 때쯤이었다. 활동을 4년이나 한 후였지만, 가장 흥미로운 단계에 진입하고 있었다. 바로 베라 루빈 능선Vera Rubin Ridge[49]에 오를 예정이었다. 베라 루빈은 우주 전체의 85퍼센트[50]를 차지하고 있는 것으로 추정되는 수수께끼 같은 암흑 물질의 최초 증거를 발견한 과학자이다[51]. 어려서 루빈은 창밖의 별이 어떻게 하늘을 가로질러 가는지를 보고 시간을 알아내는 법[52]을 배웠다. 자라서는 천문학이 아니라, 천문학적 물체를 그림으로 그리는[53] 일을 권유받았다. 하지만 루빈은 단념하지 않고 조지타운대학에서 박사 학위를 취득하고 조교수로 자리 잡았다[54]. 아직 많은 대학 천문학과가 여성에게 열려 있지 않았던 때였다[55]. 그는 사람들의 견제를 받는 것을 원하지 않았고[56], "아무도 신경 쓰지 않을[57]" 연구 분야를 하고 싶었다. 자기 자신이 부여한 이런 모호함이 우주론을 바꿔 놓았다. 우주의 거의 대부분은 볼 수 없다는 사실을 증명했기 때문이다. 나는 개인적으로도 이 사실이 늘 정곡을 찌른다고 생각했다.[58]

말년에 이르러[59] 루빈은 두 가지 목표에 있어 성공적이었다고 자평했다. 가족을 이루는 것[60], 그리고 천문학자가 된 것이었다. 루빈은 네 아이[61]—아들 셋과 딸 하나—를 두었다. 맏이는 루빈이 스물두 살에 태어나 행성지질학자[62]가 되었다. 이제는 큐리오시티 과학 팀에서 일하며 과학계에 한 획을 그은 어머니의 이름을 딴 능선의 형성 과정에 대해 이해하기 위해 고군분투하고 있었다.

루빈이 다녔던 오래된 천문대는 아직 대학에 남아 있고, 내 연구실의 맞은편 언덕에 있다. 나는 가끔 아침에 이곳을 지나가는데, 아이 한 명이 유치원 옆에 붙어 있는 연못에서 올챙이를 보는 것을 너무 좋아하기 때문이다. 언덕 아래로 돌아오는 길에 아이들은 선생님들에게 줄 솔방울을 줍거나 주머니 가득 자갈을 주워 넣기도 한다. 아이들은 눈앞에 있는 모든 것들에 대해 램프를 밝히는 것처럼 반짝이는 흥미를 보이고 온갖 질문을 퍼붓는다. 세상이 어떻게 돌아가는지에 대한 단서를 얻기 위해 모든 시간, 모든 순간을 쓴다. 그런 아이들을 보고 있노라면, 우리가 태어나서는 아는 것이 거의 없고 주변 세상의 맥락에 대해서는 모르는 것이 더 많다는 것을 새삼 기억하게 된다. 아이들은 나를 보며 설명을 해 달라고 하고, 모르는 단어에 대해 묻고, 데이터 포인트를 연결 짓는 데 도움을 요청한다. 이 모든 질문들은 "왜"로 이어진다. 왜 이렇죠? 이건 그런데 저건 왜 안 그렇죠? 이런 상황은 루빈이 말한 것을 떠오르게 한다. "내가 아는 것이 너무 없어서 미안하다[63]. 우리 모두 아는 것이 너무 없어서 미안하다. 하지만 이것도 재미있다. 그렇지 않은가?"

아이들의 자그마한 손가락을 내 손에 끼우고 시간을 멈추고 싶을 때도 있다. 느리게 걷고 주변 사물들을 탐구하기 위해 계속해서 멈춰서도, 우리는 항상 어느 새인가 도착한다. 아이들은 작은 친구들을 보자마자 내 품에서 달려 나간다. 나는 점심 도시락을 유치원 사물함에 넣어 놓고 창틀에 손가락을 짚고 조금 더 아이들을 보면서 얼쩡거리기도 한다.

하지만 결국 나도 유치원에서 걸어 나온다. 내가 깨닫기 전에 나는 큐리오시티가 다니고 있는 화성에 와 있다. 가끔은 로버가 제대로 가게 하기 위해 도와야 한다. 이 당시 나는 SAM을 담당하고 있던 고다드우주비행센터의 과학 및 행성 작전 통제 센터 쪽으로 운전해 가기도 했다. 여기는 <스타 트렉>의 스팍Spock 등신대가 복도에 놓여 있었다. 아니면, 그냥 조지타운대학 내 연구실에서 원격으로 제트추진연구소에 접속하기도 했다. 심우주 통신망의 거대한 안테나로 받은 이미지를 공유받아 전용 소프트웨어를 사용해 보기도 한다. 이미지를 보면 숨이 멎을 것 같고, 이 과정도 나를 이동시킨다. 탐사 팀에서 어떤 측정을 할지, 공학자들이 어떤 명령어를 체크할지 결정하면, 나는 로버가 이 모든 것을 수백만 킬로미터 떨어진 곳에서 수행할 것인가 궁금해진다. 어둠 속에서 기구들이 웅웅거리는 소리를 들으며 서 있으면 어떨까?

하루가 끝나면, 집에 가야 한다는 것을 깨닫지만, 내가 사랑하는 한 곳이 다른 곳으로부터 나를 뜯어 내는 것이 거의 불가능하다고 느낀다. 가끔 나는 화성 풍경의 마지막 모자이크 이미지를 찬찬히 보며 땅이 하늘을 만나는 각도에서 멈춰 본다. 나를 순간 이동시켜 주는 랩탑을 다음번에 열면 이 사진을 볼 것이다. 이 다음은 무엇인가? 산에 올라가는 최적의 방법은 무엇인가? 새로운 것인가, 이전에 보았던 것인가? 이것은 무엇을 의미하는 것일까? 나는 마음속에 수평선으로 뻗은, 가능성으로 가득 찬 거대한 황야의 이미지를 품고 집으로 간다.

제11장
무형체로부터 얻어 낸 형체

보스니아 서쪽 지역의 깊은 숲에 예제로Jezero라는 마을[1]이 있다. 여러 슬라브계 언어에서 '예제로'는 호수를 뜻한다. 예제로는 아드리아해를 따라 많이 있는데, 율리안 알프스Julian Alps에도 지대가 낮은 목초지와 개구리가 많은 동굴 사이사이에 예제로가 많다. 빗물에 파인 구멍으로 된 예제로도 있고, 카르스트karst• 예제로도 있으며, 빙하 예제로가 있는가 하면, 수백 개의 폭포와 연결된[2] 예제로도 있다. 하지만 예제로 마을에 있는 예제로는 녹색이고 고요하며, 신화 속에 나올 법한 분위기를 가지고 있다. 초자연적인 정적이 흐르는 이곳은 중수소가 가득하다고 한다[3]. 마치 광을 낸 유리 같은 호수 표면에는 구름이 비치고 있다.

화성의 작은 분화구들의 이름은 작은 마을에서 딴 곳[4]이 많은데, 이시디스 평원 서쪽 가장 자리에도 이 작은 보스니아 마을의 이

• 침식된 석회암 대지

름을 딴 곳이 있다. 화성 역사의 초기에는 예제로 분화구5에도 하늘이 반사되는 물이 가득한 호수6가 있었다. 두 줄기의 강이 서쪽과 북쪽에서부터 세차게 흘러 구멍으로 들어왔고 호수는 깊었다. 분화구 가장자리에서 바닥으로 급하게 수백 미터가 떨어졌다7. 수십억 년 전 어느 날, 갑자기 균열이 생기면서 옆쪽으로는 거대한 급류가 생겼다.

화성으로 발사될 한 무리의 우주선8 중에는 용암이 흐른 예제로 분화구 바닥에 착륙할 로버가 있다. 이 탐사선의 목표는 놀랍게도 화성의 토양 표본을 채취해 이후 다시 지구로 가져오는 것이다. 이 표본은 과거 생명체의 흔적에 대해 알려 줄 뿐 아니라 전에 없던 수준으로 태양계의 역사에 대한 많은 정보를 줄 수 있었다.

지구에서는 태곳적 기록이 영원히 사라져 버렸다. 바다가 빗물이 되고 빗물이 표면을 깎아 낸다. 지구는 판 하나씩을 스스로 삼킨다. 지구 최초의 지각은 거의 완전히 사라져 버렸고, 얼마 안 되는 조각들은 지구 내부로 끌려가 버렸다9. 호주에 있는 규질암이나 그린란드의 녹암 지대 등에 남아 있는 돌덩어리들은 변질되어 거의 알아볼 수 없다. 지구의 초기 상태는 복원 불가능하다.

하지만 화성은 모든 것이 과거에 있다. 마치 시간이 멈춘 것처럼. 판 구조도 없고, 대규모로 암석이 변형되는 일도 없다. 강은 멈췄고, 기온은 곤두박질쳤다. 인류의 관점에서 보면 물론 화성은 한결 같았다. 물론, 날씨의 변화는 존재하므로 거대한 먼지 폭풍이 생겨났다 사라지곤 한다. 바르한Barhan형* 사구가 화성 표면 전

---

* 초승달형

체에서 자리를 바꾼다. 극관은 반짝이다가[10] 줄어든다. 화성의 자전축은 만 년 정도의 단위로 마치 깍듯하게 절을 하듯이 움직인다[11]. 하지만 이 모든 것에도 불구하고 표면 아래의 땅은 그대로 남아 있다.

우리가 우주선으로 이번에 방문하는 곳은 30억 년 전의 상태가 거의 그대로 남아 있는 곳이다. 따라서 여기서 제대로 된 샘플을 채취하면 사라진 지구 역사를 채울 수 있을지도 모른다. 지금으로서는 어떤 생물이 발생하기 이전 화학적 상태가 화성의 초기를 지배했는지 확실하지 않고, 최초 원세포들이 어떤 연쇄 반응을 일으켰는지 알 수 없다. 아마도 생명체는 지열대에서[12] 습해지고 건조해지는 사이클이 반복되는 상황에서[13] 중요한 분자가 복잡하게 혼합되며 나타났을 것이다. 물론, 아닐 수도 있다. 어쨌든 로버가 채취한 표본 안에는 생명체가 어떻게 시작되었고, 고대의 암석 깊은 곳에 묻혔는지에 대한 단서가 있을 가능성이 있었다.

이 로버의 뼈대[14]는 큐리오시티호와 같지만, 탑재된 과학 기구들은 다를 것이다. 심지어 비행 기기의 작동 가능성을 실험하기 위해 작은 헬리콥터[15]도 실릴 것이다. 로버에 달린 로봇 팔은 길이가 2미터로, 새로운 코어링 도구들과 실험 기구들이 탑재되어 쭉 뻗은 잔디 깎는 기계처럼 생겼고, 무게도 그 정도 나간다[16]. 최소 2년의 탐사 기간 동안, 터릿turret은 여러 종류의 암석을 채취[17]해서 만년필형으로 생긴, 손전등[18]만 한 표본용 튜브에 넣을 것이다. 로버는 화성 표면에 이 튜브들을 쌓아 둔다. 이 은닉처는 오랜 기간 이대로 남아서[19] 햇빛을 받아 반짝이며 있다가 회수용 로버가 와서 궤도로 쏘아 올리고, 지나가는 우주선이 이것을 잡아 지구로 가져올 것이다[20].

달에서 가져온 암석처럼 화성에서 온 암석도 그 후 수십 년간 분석될 것이다. 우리가 손에 넣기만 한다면, 영원히 우리 손에 있을 것이다. 마지막으로 인간이 달에 발을 디딘 것이 거의 50년 전이지만, 아폴로호가 가져온 샘플은 그 후 기술의 발전으로 새로운 분석 도구들이 개발되면서 반복적으로 연구되었다. 그러는 동안 우리는 예상치 못한 놀라운 것들, 이를테면 정확한 달의 나이라던가[21], 암석에 지워지지 않고 기록된[22] 태양 활동의 역사를 발견하게 된 것이다.

화성에서 가져온 표본을 기록하고 보관해야 한다면, 지금 그렇게 해야 할 때가 되었다. 언젠가는, 아마 곧, 사람들이 직접 화성 탐사에 나설 것이다. 스페이스 X사는 이미 우주선 천 대를 타고 갈 백만 명의 승객[23]을 모집하고 있다. 가열하고 청소할 수 있는 로버와는 달리 인간은 생명체의 흔적을 여기저기 떨어뜨리고, 세포를 탈피하고, 생물학적 물질로 화성을 더럽히게 될 것이다. 과거의 원시적 기록이 있는, 속박받지 않는 상태의 화성을 탐사할 기회의 창이 닫힐 것을 고려한다면, 향후 수십 년이 화성 생명체 탐사 활동에 결정적으로 중요한 시기가 될 것이다.

예제로 분화구는 삼각주가 있던 자리이고[24], 이 때문에 착륙지로 선정되었다. 삼각주는 두 군데 있었는데, 더 크고 멋진 것이 동쪽으로 펼쳐져 있었고, 암석과 퇴적물이 서쪽 가장자리를 따라 축적되었다.

여러모로 삼각주는 생명체를 탐구하기에 완벽한 장소이다. 강물이 고여 있는 물 쪽으로 움직이면서, 유속이 느려지고 물이 넓게 퍼지게 된다. 마찰 견인으로 퇴적물의 작은 알갱이들은 떠 있게 된다. 하지만 유속이 느려질 때, 돌고 있던 알갱이들은 떨어진다. 물속 알갱이들은 크기에 따라 정리가 되는데, 거친 모래가 가장 먼저 가라앉고, 다음은 토사, 그다음은 진흙이 가라앉는다. 가장 고운 알갱이들이 가장 늦게 자리 잡게 되므로, 가두게 되는 것이 많아질 가능성이 높아진다[25]. 이 부드럽고 끈적거리는 진흙은 유기체를 잡고 덮어 버린다[26]. 그런 다음 단단한 불침투성의 이암으로 변하고, 안에 갇힌 분자들은 산화되지 않고 다른 형태의 화학적인 영향으로부터도 보호된다.

이것이 바로 우리가 예제로에서 찾고 싶어 하는 것이다. 이곳에 있던 거대한 삼각주는 수십 킬로미터에 이르며 수평선까지 거슬러 올라가는 상류에서 물이 흘러 들어온 곳이다. 진흙이 있는 삼각주 가장자리의 비옥한 하부 퇴적층[27]은 로버가 심층적으로 조사할 곳 중 하나로[28], 고대 생명체의 흔적을 찾을 수 있는 가능성이 있는 장소였다.

헤로도토스Herodotos는 나일 강 입구 부분이 그리스 문자 델타(⊿)와 비슷한 삼각형[29]이라는 것에 착안해 삼각주delta라고 이름을 지었다. 헤로도토스는 "시간에 의해 사라진[30] 인류의 사건들"의 흔적을 보호하는 데 결연한 의지를 가진 위대한 역사가였지만, 다른 한편으로는 탐험가이기도 했다. 그는 고대 세계의 기원을 찾아 기원전 450년경 "강이 준 선물"인 이집트로 처음 항해를 했다. 이 여행에 대해 개인적 사유의 기록으로 남겼는데, 이 기록을 오늘날

'부검'을 뜻하는 단어인 "autopsy[31]•"라고 한다. 헤로도토스가 여행 중 처음으로 알아챈 것[32]은 하루에 해안을 출발해 항해하는 것만큼이나 먼 거리에 걸쳐 토사가 쌓여 바다를 밀어냈다는 것이었다. 그는 어떻게 강물이 지중해로 흘러들면서 고운 진흙 덩어리들이 쏟아져 나오는지[33], 또한 왜 측연선(줄에 돌을 달아 수심을 재는 줄)을 가라앉혔다 바닥에서 건져 올리면 진흙만 나오는 것인지에 대해 자세히 묘사했다.

삼각주 바닥에 깔린 진흙과 같은 종류의 토양은 황량한 사하라 사막을 플라밍고들이 모여드는 장소로 변모시켰다. 고운 입자로 이루어진 진흙 속에는 영양분이 풍부하여 듀럼밀, 아마, 보리, 평지, 흑겨자 같은 작물을 키우기에 안성맞춤인 지대가 되었다. 땅에서는 치커리, 파스닙을 비롯하여 캐러웨이, 아니스, 홉 같은 향신료가 자랐다. 구석기 시대 끝 무렵, 고대인들은 긴 겨울 기간 동안 땅을 경작하고 씨를 뿌렸고, 봄에는 돌로 만든 날이 달린 도구로 풍요로운 추수를 했다.

여름이 되면 농지는 나일강이 범람해 물에 잠겼다. 심지어 이집트인들에게는 이 기간을 가리키는 단어가 따로 있었고, 오늘날에는 "아케트akhet[34]"라고 알려져 있다. 마치 침식된 유물처럼, 상형 문자의 자음만 남고[35] 원래 있던 모음이 탈락해서 남은 부분이다. 아케트는 범람을 뜻했다. 개의 별, 시리우스가 뜨면 나일강이 불어났고, 사람들은 도구를 정비하고 가축들을 돌봤다. 그런가 하면 물속에서 진흙을 건져 올려 항아리를 만들기도 했는데, 플라타

• 그리스어로 "눈으로 직접 보다"라는 뜻

너스와 갈대들 사이에서 도자기 물레 같은 기구를 놓고 젖은 진흙을 돌려가며 모양을 다듬었다[36]. 겉 부분을 매끈하게 한 다음 용기를 임시로 만든 가마에 넣고 불로 구웠다. 그러는 동안 표면을 그을려 어둡게 하는 방법이나 구리를 산화시켜 밝게 만드는 방법도 배웠다. 항아리[37]와 주전자에 그림을 그리거나 떠오르는 생각이나 시를 적거나 하여 장식하고는 물, 와인, 기름, 곡식을 저장했다. 이집트인들은 이 그릇들을 가지고 다녔고, 심지어 무덤에도 가지고 갔는데, 수천 년이 지난 지금까지도 여기에 그려진 패턴을 알아볼 수 있고[38], 색깔 또한 여전히 휘황찬란하다.

펠루시움 쪽으로 뻗은 나일강의 지류[39]는 시나이반도를 향해 밖으로 뻗어 있다. 헤로도토스는 이 길을 따라 삼각주가 있는 지역을 여행하면서 태곳적부터 내려온, 깃털처럼 난 부드러운 잎이 가득한 파피루스 덤불을 따라 항해했다. 파피루스 줄기는 물의 얕은 곳에서 자라 나왔는데, 키가 큰 것은 5미터에 이르는 것도 있었다[40]. 이 소택지들은 이집트 우주관에서 특별한 지위를 차지하고 있었다. 이집트인들은 최초의 신이 처음으로 밟고 선 땅이 마치 아케트가 끝난 것처럼 끝없이 어두운 물에서 솟아 오르면서 세계가 창조되었다고 보았다[41].

이 소택지들은 어둡고 신비로운 곳이었으며, 창조를 일으키는 미생물이 생겨난 곳이기도 했다. 검은 진흙처럼, 소택지는 "강의 선물"이었고[42], 특히나 파피루스 줄기가 있어 더욱 그랬다. 헤로도토스는 이집트인들이 파피루스의 어린 순을 따서 붉고 뜨거운 오븐[43]에 구워 먹는 것을 보았다. 또한 꽃이 있는 부분을 따서 화관을 만들었으며[44] 줄기를 두들겨 팬 후 꼬아 엮어서 배를 만들었다.

껍질 안쪽의 스폰지 같은 하얀 부분을 짜내서 돛을 만들고, 아카
시아나무로 만든 돛대에 고정시켜 썼다. 그리고 무엇보다도, 파피
루스로 언어를 기록할 수 있는 종이를 만들었다.

　파피루스 두루마리에 쓰인 헤로도토스의 글[45]은 알렉산드리
아 도서관[46]에서 발견되었다. 겨울이면 연안 표류로 해안에 파도
가 부딪혀 모래가 동쪽으로 움직이므로, 알렉산드리아는 삼각주
의 다른 끝이기도 하다. 알렉산드리아 도서관은 수 세대에 걸쳐
학문의 중심지로 견고하게 입지를 지켰다[47]. 알렉산드리아는 거대
한 등대[48]에서 광을 낸 거울에 빛을 반사시켜 방문객들의 밤길을
인도했다. 배가 항구에 도착하면 문서를 필경사에게 보내 필사하
도록 했다[49]. 시간이 지나면서 알렉산드리아 도서관의 장서는 수
십 권 단위에서 수만 권의 두루마리로 확대되었다[50].

　이전에는 이런 류의 방대한 지식의 저장소가 존재하지 않았
다. 아이디어를 모으는 것은 퇴적물을 쌓는 것과 같다. 도서관은
지식을 감별하고, 정리하고, 통합하는 장소였다. 페르시아, 바빌로
니아[51], 아시리아, 페니키아에서 각기 다른 전통이 들어왔다. 이렇
게 비옥해진 곳에서 새로운 걸작이 태어났다.

　그중 하나가 내가 가장 좋아하는 책으로, 깔끔히 정리된 유클
리드의 『원론*Stoicheia*』[52]이다. 유클리드가 수학이나 그 기저에 있는
원론 전체나 혹은 일부를 만들어 낸 것은 아니었지만, 그는 선인들의
작업을 새로운 방법으로 통합시켰다. 삼각주의 끝자락에서 유클리
드는 기하학과 대수학을 열세 부분으로 나누어 정의, 공준, 정리, 증
명으로 정리했다. 그는 평면 기하학으로 과정을 정리하였고, 비통
분성, 소수의 무한성, 피라미드의 부피, 원뿔, 원통, 구체에 이르는 내

용을 다루었다. 이것은 기본적인 원칙에 근거하여 발전된 내적 정합성을 갖춘 수학의 체계였으며, 물리적 우주에 대한 전례 없던 고찰이기도 했다.

대부분의 미국 학생들처럼 나도 유클리드 기하학을 학창 시절에 배웠지만, 수업이나 숙제는 그 위엄을 제대로 깨닫기에는 부족했다. 열세 살이 되던 해 여름, 내가 재학 중이던 모튼중학교의 선생님 한 분에게 내 기하학 책을 제출한 다음, 가족들과 함께 테네시 동부로 갔다. 할머니는 당시 80세로 노쇠해지셨던 상황이었고, 할머니의 요청으로 어머니가 도우러 간 것이었다. 아버지는 일을 쉴 수 없었고 차가 필요했기에, 어머니, 언니, 나를 차에 태우고 네 시간에 걸쳐 젤리코산을 올라 넘어가 데려다 주셨다.

마당에 도착해 차 문을 여니 약 5백 미터 정도 떨어진 곳에서 천천히 흐르는 테네시강에서 희미하게 수중 식물의 냄새가 전해져 왔다. 작은 판잣집 현관으로 걸어가면서 훈연실에서 오래전에 떨어져 나온 부스러기들이 내가 가지고 있던 젤리에 달라붙었다. 공기는 무겁고 탁했으며, 들판의 식물은 웃자라 있었다. 석탄을 실어 옮기던 기차는 이제 구경거리가 되었다. 멀리서 기차 소리가 들리면 나는 방충망으로 된 문을 열고 뛰어 달려 나가 보곤 했다. 마치 어머니와 일곱 남매들이 어려서 그랬던 것처럼. 기차의 엔진이 굉음과 바람으로 집을 흔들 때를 빼면, 내 관심을 돌릴 무언가가 필요하다는 것을 어머니는 깨달았다.

어느 날 아침, 방 세 개를 모두 지나는 좁은 복도를 지나가는 나에게 "너 수학 좋아하지?" 하고 어머니가 물었다. 어머니는 켄터키로 전화를 걸어 자료를 우편으로 받아 볼 수 있도록 했다. 주립

대학에서는 홈스쿨링 과정 교재를 우편으로 보내 주었는데, 이 교재는 기초가 탄탄하지 못한 고등학교 1학년을 대상으로 한 것이었다. 며칠이 지나고 파란색 책 몇 권이 배달됐다. 어머니는 "이건 재밌을 수도 있어. 문제집을 다 풀고 우체국에 가서 렉싱턴으로 다시 보내자"라고 하셨다.

그래서 그해 여름, 나는 말갈기 같은 장식이 있는 소파에 다리를 꼬고 앉아 대수 II와 삼각법을 혼자 공부했다. 초등 교육만 받으신 할머니는 눈을 크게 뜨고 내가 원뿔 곡선을 그리고 지우고 하는 것을 바라보았다. 어머니가 의도하신 것은 아니었지만, 여름에 이런 식으로 다항식 산술, 복소수, 로그, 삼각함수를 공부한 덕에 가을 학기에 고등학교에 들어가서는 친구들보다 앞서갈 수 있었다. 고등학교 수학을 일찍 끝낸 것이었다.

그다음 해 가을에는 운전면허를 따서 켄터키대학으로 가서 수학과에서 시간을 보내기 시작했는데, 여기서 브레넌 박사님이라는 교수님을 만나게 되었다. 짧은 하얀 머리를 가진 교수님은 늘 셔츠를 높게 올린 바지 허리춤에 넣고 다니셨다. 기분 좋게 노래를 흥얼거리며 수영장에 가는 브레넌 교수님과 마주치면 친절한 미소를 지어 보였다. 브레넌 교수님은 자신의 정수론 수업에 내가 청강하러 들어가는 것을 허락해 주었다. 순수 수학의 세계에 처음 발을 들인 것이었고, 새로운 세계가 열렸다.

정수론은 유클리드의 『원론』 7장에서 시작했다. 하지만 숫자도 없었고, 외워야 할 것도 없었다. 그냥 글뿐이었다. 일단은 처음 보기에 기본적이고 쉽게 이해되는 것에 대해 문제를 제기해야 했다. 이를테면, "무한히 많은 소수가 존재함을 증명하라" 같은 것이다. 하지만 이 문제에 대해 생각을 많이 하면 할수록 복잡해진다. 증명 과정 속에 있다는 것은 마치 거대하고 소용돌이치는 망망대해 속에 있는 것과 같은 느낌이었다. 혼란에 빠져 허우적대면서 물에 떠 있고자 안간힘을 쓰는 것 같았다. 그러다가 모든 것이 고요히 정리되고 파도가 잠잠해져 육지로 가는 길이 보이는 순간이 온다.

나는 수업 시작 전인 아침 7시나 8시에 브레넌 박사님과 만나 커피를 마시기 시작했다. 합동, 가분성, 정수, 완전수[53]를 만드는 것에 대한 증명을 냅킨 뒤에 써 가며 공부했다. 몇 페이지이고 이어지던 식이 문제에서 요구한 마무리인 QED—"이상이 내가 증명하려던 내용이었다"로 마무리 될 때만큼 무언가가 엄숙하고 아름답다고 느낀 적이 없었다. 이것은 세계에 존재하면서도 세상 누구의 경험으로부터 독립적인 경이로운 지식으로, 칸트식 이상[54]이라고 할 수 있을지도 모르겠다. 믿음에 근거하지 않고 이성에 근거한 완전한, 자기 완비적인 체계였고, 나보다 앞서 이 과정을 겪은 학생들과 마찬가지로 나 또한 지식이 사실임을 알기 위해 내적 논리를 보이기만 하면 되었다.

19세기가 되면서 수학자 카를 프리드리히 가우스Carl Friedrich Gauss는[55] 유클리드의 『원론』에 잠재적으로 있을 수 있는 유일한 허점을 보완하여 완벽하게 만드는 시도를 한다. 유클리드의 제5공준, 즉 애초에 유클리드가 사실이라고 가정하고 진행하여 추론 과정에서 근거로 사용했던 다섯 가지 중 다섯 번째 것이었다. 제1공준에서 제4공준까지는 명명백백했다. 예를 들어, 두 점이 있으면 이 둘을 지나는 직선을 그을 수 있다는 것이 제1공준이다. 하지만 평행선 공준[56]이라고도 부르는 제5공준은 조금 더 복잡해서 나머지 네 개만큼 명백하지는 않다. 명제가 28개가 나올 때까지 제5공준을 쓰는 것을 되도록 오랫동안 피한 것을 감안하면[57], 유클리드 자신도 완전히 만족스럽지는 않았던 것으로 보인다. 직선 바깥에 한 점을 지나면서 그 직선에 평행한 직선이 하나 이상 존재하는, 유클리드의 제5공준을 만족하지 않는 경우가 만약 있다면, 가우스는 이것이 기하학에 미치는 영향이 무엇인지 고찰해 보았고, 결과는 귀찮은 문제가 될 것 같았다. 가우스는 논리적으로 불가능하다는 증거가 될 수 있는 모순 상황을 찾으려고 했지만, 시도를 해볼수록 모순을 찾을 수 없었다. 사실 이 과정에서 유클리드는 새로운 체계의 기하학을 정의한 것이었고, 차차 가우스는 이 체계가 유클리드의 기하학처럼 모든 부분이 참이라는 것을 깨닫게 된다. 가우스는 유클리드 기하학이 직관적으로 너무나 옳지만, 사실이 아닐 수도 있다는 것을 알게 된다. 논란을 좋아하지 않았던 가우스는 그의 의심을 비밀로 몇 년이나 간직하고 있었고[58] 이후 다른 사람들도 점차적으로 같은 결론에 이르게 된다.

하나도 아닌, 복수의 비유클리드 기하학을 정의한 가우스나 곧 그를 뒤따른 다른 기하학자들 어느 누구도 일반 상대성 이론[59]이 발표된 20세기까지 살지 못했다. 일반 상대성 이론에서 아인슈타인은 별이나 행성은 우주 공간에서 움푹 들어간 공간에 있다는 것, 시공간 또한 휘어지고 물질과 에너지에 의해 굽는 것을 사실로 상정했다. 이후 진행된 심우주 실험으로 아인슈타인이 옳다는 것이 밝혀졌고 이 과정에서 유클리드의 제5공준, 즉 평행선 공준은 물리적 세계를 설명하지 못했다. 그 모든 아름다움에도 불구하고, 그 모든 설명력에도 불구하고, 『원론』은 현실이 아니었다.

　나는 외계 생명체를 찾아 나서는 일을 생각하면서 이 생각을 많이 한다. 우리가 지금 알고 있는 것, 우리가 믿을 수 있는 것, 우리가 믿는 것, 그것을 우리가 왜 믿는지를. 삼각주들은 생명체를 끌어당겨 분류하고 보존한 곳으로 진화가 기록된 장소이다. 우리는 삼각주를 어떻게 다루어야 하는지 알고 있다. 어디서 진흙이 흘렀는지, 저치층底置層을 어디서 찾는지 안다. 지구에서처럼 그런 곳에 생물학적 물질이 몰리고 빨리 묻혀 저장되었으면 하고 우리는 희망한다. 예제로에 화성의 고대 퇴적암이 있고, 그곳에는 지구에 있는 대부분의 퇴적암보다 훨씬 생명체를 잘 보존하고 있을 것이다. 십중팔구, 이 암석들은 이곳에 조용히 내던져진 다음 가만히 그곳에 계속 있었을 것이다. 그리고 이 삼각주는 어마어마하게 크고, 예제로 가장자리 너머에도 화성에는 탐사할 곳이 너무도 많다.

　우리가 지구 역사에 대해 아는 거의 모든 것은 사실 퇴적층에서 비롯된 것인데, 이것은 광합성이 성공적으로 생물을 널리 확산시켰기 때문이다. 생명체 일부가 묻히면서 지구의 피부에 마치 문신을 새기듯 퇴적층에 각인되었다. 하지만 광합성 작용은 지구 역사가 십억 년이 훨씬 지난 시점에 늦게 생겨난 것이다[60]. 지구에서 광합성이 시작되기 전에는 매우 단순한 초기 형태의 생명체가 태양이 아니라, 화학 성분을 에너지원으로 사용하며 살아남았다. 만약 광합성이 화성에서 한 번도 일어난 적이 없거나 어느 순간에 중단됐다면? 화성에 생물권이 아예 형성된 적이 있었을 가능성도 있다. 지구에서 광합성 작용이 시작되었을 때쯤 화성은 이미 생명체에게 치명적인 환경이 형성되었을 수도 있다. 화성은 방사선이 가득하고, 잠깐씩 운석이 충돌할 때 따뜻해지는 것을 제외하면 너무 추워졌다. 태양 에너지를 활용하는 생물권이 광범위하게 화성 표면에 없었다면, 사실 삼각주에서 무엇을 찾을 수 있을지는 잘 모르겠다.

하지만 광합성 말고 다른 가능성들도 있다. 만약 호수에서 화학 성분을 에너지원으로 쓰는 생물이 화성에 있었다면, 그런 치명적인 환경도 견뎌 냈을 수도 있다. 그게 불가능했다면 아마 땅속으로 파고들어 후퇴했을 수도 있다. 지구에서 방대한 수의 미생물은[61] 지구 표면 아래에 존재하고, 지구 깊숙한 곳까지 손을 뻗고 있다. 우리는 세계에서 가장 깊은 지하 광산들에서[62] 신기한 미생물체를 끌어올린 적이 있고, 지구에서보다 화성에서 이런 미생물의 집들이[63] 많을 것이다. 암석에는 구멍이 많고, 중력의 영향을 적게 받기 때문이다. 이 분야의 과학은 등장한 지 얼마 되지 않았지만, 우리는 어두운 암석 안에 사는 생명체의 종류를 이해하기 시작했고[64], 화성에서 그런 생명체가 살았을 가능성은 충분히 있다.

이런 이유로 삼각주에서 2년에 걸쳐 최초의 탐사를 완수한 다음, 로버는 알려지지 않은 곳으로 나아갔다. 적어도 서른 개 정도의 표본을 채취했고, 한 무더기의 튜브가 예제로 바닥에 쌓일 것이다. 그러고는 남은 튜브를 가지고 밖으로 나아가 새로운 사냥터를 찾아 나설 것이다.

멀리 미드웨이Midway라고도 불리는[65] 시르티스Syrtis 북동쪽 끝에 가려면 900 태양일이 걸린다. 미드웨이의 풍경은 약간 달리Dalí

의 그림 같아 보인다. 이시디스 평원에 있었던 충돌로 생긴 거대한 골이 땅에 있다. 이 어마어마한 크기의 아름다운 거각력巨角礫은 태곳적에 있었던 일종의 껍데기로, 가장 초기에 해당하는 화성의 기록이다.

다각형 조각보 같은 땅에 수백 미터에 이르는 능선과 메사 mesa66*도 있다. 이 안에도 진흙과 탄산염이 있지만 형태가 다르다. 이곳에 있는 광물은 표면 아래 생명체의 증거 기록일 가능성이 높다. 우리는 균열된 곳이나 돌결을 자세히 들여다보면서 물리적인 특성뿐 아니라 화학적 성분도 분석할 것이다. 우리는 표면 아래 대수층이 파내진 증거를 찾으려 노력할 것이다. 우리는 화성 암석 깊은 곳에서 일어난 열수 작용으로 형성된 광물의 형태인 사문석을 샅샅이 뒤질 것이다. 어쩌면 여기서 지하 묘소를 발견할 수도 있다. 파리에서 발견된 방 하나처럼 된 카타콤 같은 것 말이다.

나에게 탐사에 관해 가장 흥분되는 부분은, 미지의 세계를 향한 모험이라는 것이다. 물론 위험도 존재한다. 로버가 어디엔가 걸리거나, 먼지 폭풍에 갇히거나, 아니면 그냥 단순히 고장이 날 수도 있다. 우리가 거의 아는 것이 없는 지역에서 표본 채취 계획을 세우는 것도 매우 힘든 일이다. 하지만 여기까지 올 수 있었으니, 표본을 지구에 가져온다면 "우리가 알고 있는 대로의 생명체"를 이해하기 위한 우리의 노력에 전례 없는 수준의 기폭제가 될 것이다.

내가 생각하기에 더 재미 있는 부분은, 새로운 생화학에 기반한 생명체의 발견이다. 특정 클래스의 분자를 찾는 방법을 알고

• 꼭대기는 평평하고 등성은 벼랑인 언덕

있고, 인식 가능한 패턴을 찾을 수도 있지만, 그런 분자들이 화성에서는 다를 수도 있고, 화성에서는 그 패턴이 유지되지 않을 수도 있다. 우리는 여전히 완전한 외계의 상황을 두고 씨름하고 있고, "우리가 알고 있지 않은 생명체[67]"의 신호를 해석하고 알아보려고 애쓴다. 우리는 진전을 이루어 내고 있다. 우리가 알고 있는 것과 매우 다른 형태의 생명에 대한 것이라도, 우리가 알고 있는 것과는 완전히 다른 분자적 기초[68]를 가지고 있는 것이라도, 어쨌든 생명체에 대해 밝혀 주는 데 도움이 되는 화학적 복잡성[69], 예상치 못한 원소의 축적, 에너지가 이동한 흔적을 증거로 찾는 법을 배우고 있다. 이것은 우리에게 가장 큰 지적, 현실적 도전이다. 마치 태어나서 본 적이 없는 색깔을 상상하려는 것과 비슷하다고 할까.

만약 내가 고대 알렉산드리아에서 일하며 살았더라면, 생명체를 지구 아닌 다른 곳에서 찾아 나선다는 생각 자체를 전혀 하지 못했을 것이다. 유클리드 전에는 알렉산더 대왕의 훌륭한 스승이었던 아리스토텔레스가 믿었던 것이, 마치『원론』처럼 약 2천 년 동안 서양 세계에 주문을 걸어놓은 듯 지배적인 위치를 누렸다. 아리스토텔레스는 우주에 시작점이 있고, 시간에 시작점이 있다는 생각을 배척했다. 또한 "자를 수 없는" 것[70]인 원자도, 이런 생각을 발전시킨 원자론자atomist들도 믿지 않았다. 그에게 세계는 입자나 힘같이 무생물적 부분으로 이루어진 것이 아니었다[71]. 모든 것은 근본적인 목적을 가져야 했다. 속에 불을 품고 있는 물체는 위를 향하는 근본적 성질을 가진다. 흙을 품은 물체가 땅으로 향하는 것도 같은 이치다. 돌과 같이 어느 방향으로든 진행을 하지 않는 것도 있는데, 아리스토텔레스의 관점으로 보면 근본적인 성질은 갖고 있고, 다만 우리는 어떤 성질인지 모를 뿐이었다. 달 위의 모든 것을 뜻하는 천국[72]은 순수하고 완벽했다. 천국은 별개의 영역으로, '정수quintessence'로 이루어진, 인간 경험과는 완전히 동떨어진 공간이었다.

아리스토텔레스의 생각은 수세기 동안, 계몽 시대 전까지 서양 사상을 지배했다. 하지만 유클리드의 생각처럼 많은 부분이 틀렸다[73]. 아무도 느끼진 못하지만, 지구는 가만히 있는 것이 아니다. 무게가 다른 물체들이 땅에 떨어지는 시간이 다른 것은 아니다. 파리가 그냥 고기에서 생겨나는 것도 아니고, 장어가 진흙에서 생겨나는 것도 아니다. 사실 남자의 피가 여자의 피보다 더 뜨거운 것도 아니며, 남자가 여자보다 치아가 많은 것도 아니다.

과학 혁명은 사람들로 하여금 조사하려는 경향을 가지도록 만들었다. 새로운 생각이나 도구에 대한 아이디어가 있었다. 더 이상 지식은 인간의 내적 고찰이나, 혹은 철학자의 세계 본질에 대한 숙고의 산물이 아니었다. 과학자들은 실험실에서 지식을 시험하고, 눈과 도구를 사용하여 세상을 관측하고, 다른 세상을 바라보았다. 급격히, 하지만 놀랍게 이루어진 발전으로 화학, 중력, 운동 법칙, 의학의 기초에 대한 지식을 얻었고, 이것은 마치 유클리드의 『원론』의 내용처럼, 하나의 발견이 다른 발견으로 이어지는 과정으로 이루어졌다. 우리는 근본적 성질이 아닌, 우주의 물질에 둘러싸여 있다. 우주는 설명 불가능한, 우리 같은 살아 있는 존재가 살아가는 곳이다. 우리가 이것을 알아내기 전에, 우주에 대한 지식의 패러다임이 변해 왔다[74]. 이것은 마치 강줄기가 찢어지는 것과 같은 일이었다. 나일강처럼 퇴적층이 형성되고, 유속이 느려진다. 우리가 알기 전에 압력은 낮아지고, 하류로 흐르는 새로운 줄기가 생긴다.

기계적이고 거의 생명체가 살지 않은 우주[75]는 이전에는 볼 수 없었던 존재론적 슬픔을 만들어 냈다. 음침한, 거대한 밤에 아마도 우리는 혼자일 수 있다는 뜻이므로. 하지만 우주에선 잡을 것이 있었다. 적어도 우리는 우주에 대해 조금은 알게 되었다. 이런 면에서 나는 내 시간의 산물이고, 내가 처한 상황에 인질로 잡혀 있다. 나는 어둠 속에서 무언가를 찾아 헤매는데, 그것은 우주 어딘가에 발견을 기다리는 것이 있기 때문이다. 이런 가능성을 안고 살아간다는 것은 무척 흥분되는 일이지만, 한계를 뼈저리게 느끼면 절망적인 일이기도 하다. 윌리엄 블레이크William Blake는 언젠가 "인식의 문[76]을 청소하면, 모든 것이 인간에게는 있는 그대로, 무한히 보일 것이다. 인간은 동굴의 좁은 틈을 통해 모든 것을 보기 전까지는 스스로를 가둬 놓는다"라고 말한 바 있다. 블레이크보다 수백 년 뒤에 사는 내 경험으로 보아도 그렇다. 우리는 인간의 뇌에 인간의 두개골을 가지고 있고, 우리 주변의 것들에 대해 잘 모른다. 우리 인식과 지식의 한계는 특히 극단으로 갈수록, 예를 들면 우주를 탐험할 때와 같은 경우 뚜렷해진다. 우리가 누구이고, 어디로 가며, 왜 여기에 있고, 왜 아무것도 없지 않고 무엇인가가 있는지에 대해 알려 주는 데이터는 거의 없다. 이것은 과학의 시대를 살아가는 인간의 고통일지도 모른다. 우리는 일생을 이해하기 위해 애쓰며, 동굴의 좁은 틈으로 들여다보며 산다.

유클리드가 걸어 다니던 알렉산드리아와 같은 세계는 이제 사라져 버리고 없다. 알렉산드리아는 처음엔 기독교도들이, 그 다음엔 무슬림들이 통치했다. 등대는 중세 시대 지진[77]으로 파괴되었고, 남은 돌들은 성채를 짓는 데 쓰였다. 증기기관으로 작동하여 하늘로 트럼펫을 들어 올리며 나무 위에서 노래를 부르는 기계 새[78]도 사라졌다. 도서관은 불타고 서고는 텅 비게 되었다. 모든 것이 서서히 자취를 감추었고, 영원히 남은 것은 아무것도 없다.

우리가 아는 것, 하고 있는 것, 아니면 우리 존재의 모든 것 중, 어떤 부분이 이런 운명을 피하게 될까? 아마 로버나 우리가 화성에 새긴 오륜기는 아닐 것이다. 우리가 현재 이해하고 있는 화성이나 생명체 존재 가능성도 아닐 것이다. 행성 기준의 시간 척도로 보면, 지구상 어느 것도 살아남지 못할 것이며, 언젠가는 태양도 사멸하고 지구 전체를 삼킬 것이다.

하지만 여기서 나는 강줄기처럼 갈라진다. 훈련, 경험, 환경의 힘으로 나는 원자론자에 동의하며, 21세기에 과학자로 살고 있다. 모든 것이 입자와 힘[79]으로 이루어진 것을 알고 있고, 우리의 존재도 근본적으로는 무생물적인 우주에 불꽃처럼 지나가는 빛일 뿐이다. 시간에는 시작이 있었던 것처럼, 생명에도 시작이 있다. 그리고 언젠가는 끝이 있을 것이다. 우리는 독특하면서도 얽매여 있기도 하고, 생물 종들이 등장했다가 멸종하는 것을 고려하면 우리는 아마도 쇠퇴하고 있는 것일 수도 있다. 우리는 일시적으로 존재하는 세계에 살면서 끝을 향해 전진해 나가는 유한한 종족이다.

생명 그 자체는 어떤가? 꼭 유한해야 할까? 만약 생명체라는 것이 에너지 시스템 작용의 결과라면? 만약 반복적으로 무無에서 유有가 생겨났지만, 우리가 갇혀 있는 동굴에 나 있는 틈새가 너무 작아서 그저 우리가 몰랐을 뿐이라면? 나에게 생명체 탐사의 종착점은 이런 질문들이다. 그저 다른 생명체를 찾아 나서거나, 동반자를 찾는 것이 전부가 아니다. 지식을 탐구하는 것도 이 과정의 일부일 뿐이다. 생명체 탐사는 무한을 찾아 나서는 것, 넓다란 우주의 다른 장소, 혹은 다른 시간에 다른 형태로 존재할 생명체의 가능성을 찾아 나서는 것이다. 이것을 확인한다면, 분화구로 가득한 척박한 토양에 산성을 띤 물의 흔적이 있는 화성의 이미지에 대한 반박이 될 것이다. 우리가 살고 있는 유한한 지구의 유한한 생명체와 대비시킬 수 있을 것이다. 아무리 작은 미생물이라도 생명체를 찾는 것은 나에겐 아케트의 끝과 같을 것이다. 끝없이 펼쳐진 어두운 물에서 처음으로 고개를 내민 흙더미같이, 시작이고, 진실이다. 우리는 유한하지만 생명체가 일시적으로 존재한 것이 아니라는 희망이 반짝인다.

이런 생각이 들 때면 실험실에 있는 상자 하나를 꺼내 보곤 한다. 오래전 돌아가신 화성 과학자가 쓴 논문을 모아 둔 상자다. 나는 구겨진 종이 위에 남아 있는 구식 폰트에 손으로 그린 그림에 역시 손으로 표시를 한 그래프가 있는 이 논문들을 반복적으로 찾아본다. 나 혼자 연구실에 있으면서 스크립트를 실행하면서, 혹은 실험이 끝나길 기다릴 때 주로 찾는다. 이 글에서 서술하고 있는 과학적 요소 중에는 틀린 것이나 완전히 사실이 아닌 것이 많다. 하지만 내가 보는 것은 답을 갈망하며 성큼성큼 앞으로 걸어 나가는 과학자이다.

이 상자는 두루마리가 보관된 옛 도서관을 연상케 한다. 깊이 탐구하고 분투하며 이루어 낸 풍성한 선인들의 연구 결과는 충적 토와 같아서 나는 파헤쳐 보아야 한다. 논문 외에 윌리엄 피커링이 동생에게 쓴 편지[80]와, 자메이카에서 관측대로 만들었던 농장 집 파티오에 앉아 화성에 대한 인상을 썼던 가죽으로 엮은 책이 있다. 책 사이사이에는 수백 장의 연필 스케치와 수십 장의 섬세한 그림이 끼워져 있다[81]. 굴리엘모 마르코니가 화성에서 오는 신호를 찾아내려고 대서양 횡단을 하면서 찍은 무성 영상[82]이나 스틸 사진도 들어 있다. 그는 주갑판 아래쪽에서 헤드폰을 끼고 어둡게, 하지만 주의 깊고 결연하게 소리를 들었다. 공기가 소용돌이치자 그는 머리를 약간 오른쪽으로 기울이고 들었다. 이 사진들은 데이비드 펙 토드가 찍은 것으로, 1910년[83] 마르코니가 텅빈 들판에 공기가 빠진 열기구 옆에 서 있는 모습이 찍힌 것도 있다. 마르코니는 긴 코트를 입고, 드라이빙 캡을 쓰고 카메라를 향해 걸어오고 있다. 열기구를 바느질한 부분이 나무에 걸려 있고, 마르코니의 그림자가 쭈글쭈글해진 풍선에 늘어져 있다. 아직 마르코니는 몰랐지만, 사진에 나온 것처럼 시도를 거듭하면서, 14년 뒤에는 화성과 소리를 주고받을 수 있는 기술의 토대를 만든다. 세상이 더 조용해진다면[84] 마르코니는 어떻게 생각할까? 우리는 이제 광섬유 케이블을 사용하니 무선 통신이 언젠가 모두 중단될까?

상자에는 로웰이 쓴 글과 그가 거미줄처럼 운하를 그려 넣은 지도도 있다. 로웰이 이 지도들을 만들었을 때는 인간의 눈이 어두운 곳을 계속 뚫어져라 응시하다 보면 미세한 망막 혈관들이 눈

속에서[85] 희미한 그림자를 보게 된다는 현대 안과학 내용을 몰랐다. 수십 년 동안 우리는 화성 표면에 얽혀 있는 "거미줄같이 가는 실[86]"이 무엇인지 알아내려 무던히도 애를 써 왔다. 그저 인간 스스로의 눈으로 보는 유령 같은 이미지에서 벗어나지 못했던 것은 아닐까?

상자에는 내가 열 번도 넘게 가서 벨이나 에이스타 헬리콥터를 타고 스치듯이 꼭대기들을 지나가며 본 남극 아스가르드산맥 지형도도 있다. 울프 비슈니악이 세상을 떠난 지 50년이 지났지만, 나는 그가 연구했던, 생명이 살기 불가능해 보이는 곳에서 생명을 탐지하는 연구를 지금도 하고 있다. 지도 옆에는 비슈니악의 부인 헬렌이 크림색을 띤 비발효성 호냉 생물이면서 "서술되지 않고 불완전한 이스트[87]"인 비슈니악 균류Cryptococcus vishniacii 세포에 대한 묘사를 한 가득 적어 놓았다. 헬렌은 비슈니악이 배양한 것에 대해 논문을 여러 편 발표했다. 그녀는 비슈니악이 죽고 나서도 몇 십 년 동안이나 슬라이드를 잘 관리했고[88], 어딜 가든, 연구실을 옮길 때도, 몇 해 전 생활 지원 시설에 들어갈 때까지도 슬라이드를 가지고 다녔다.

상자에는 물론 지나간 지식이지만, 최고의 지적 성취를 보여준 유클리드의『원론』도 한 권 있다. 내가 안 사고 지나칠 수 없었던 이 판[89]은, 인쇄기를 발명한 후 천 권은 족히 넘게 찍은 것들 중 하나로, 낭만주의 시대의 명작 그림을 실크 스크린으로 넣은 표지가 있는 것이다. 모든 수학은 바람이 불어오는 벼랑 끝에서 구름 위에 우뚝 서 있지만, 무無에 의해 삼켜질 것 같은 인간의 초상화와 같다.

이 상자는 헤로도토스가 말한 "인간 사건의 흔적[90]"을 담아 둔 곳이다. 나에게 "강의 선물" 같은 것이기도 하다. 생명 탐사활동을 하는 동안 우리는 많은 것에 대해 틀려 왔다. 닻을 내릴 곳을 찾는 것도 힘들었고, 우리가 한때 세운 이론이 더 이상 맞지 않을 때도 그것을 알기 힘들었다. 이 상자는 나보다 먼저 이 분야에 몸 담았던 모든 사람들과 그들이 기여한 것들에 대해 상기시킨다.

그리고 무엇을 해야 할지에 대해서도 상기시켜 준다. 결국, 화성은 어둡고 거대한 밤으로 나아가는 첫발을 놓는 곳일 뿐이다. 신기술은 한때 "정주 가능한 지역"을 훨씬 넘는 태양계의 더 먼 곳, 외행성의 위성까지도 생명 탐사를 가능하게 할 길을 놓는 중이다. 그 세계는 바닷물 무더기가 얼음 껍질로 둘러싸여 케이크처럼 떠다니고 있다. 저온 화산을 통해 짠물을 뿜어 내는 곳이다. 그곳에는 희미한 언덕과 어두운 강이 있고, 탄화수소 비가 내린다. 그리고 다른 별 주변의 행성들도 있다. 은하수에만 생명체가 있을 만한 행성이 4백억 개[91]가 있을 수 있고, 여기에는 위성과 작은 위성들이 주변을 돌고 있는 행성도 있다. 지구상에 있는 모든 사람들만큼 태양계만 한 시스템이 많을 수도 있다. 이 장소들을 가까이 알고, 언젠가 그 표면에 착륙한다는 생각은 터무니없을 수도 있다. 우주에는 속도 제한[92]이 있다. 이런 세계들은 너무 멀리 떨어져 있지만, 느리게 갈 수밖에 없다. 우리가 그들에 대해 궤도나, 대기에 대한 분광기 분석 결과 말고 무엇을 더 알 수 있을까? 우리가 볼 수 있는 곳 가장자리의 빛과 그림자일 뿐인 그 세계는 우리가 알 수 있는 범위에서 한참 벗어난 곳이다. 하지만 화성도 백 년 전엔 인간에게 그런 곳이었다.

화성을 우리가 이해하고 지구와 비슷한 곳이라 느끼는 만큼 다른 이들에게는 여전히 완전한 외계이다. 이 상자 안에서 내가 가장 좋아하는 것 중 하나는, 오퍼튜니티호가 2010년에 찍은 사진들을 넣어 놓은 폴더다. 그 시절엔 로버가 작동하는 것 자체가 놀라운 일이었다. 아무도 오퍼튜니티가 수천 태양일을 활동할 것이라 감히 생각하지 않았다. 먼지가 쌓이고, 전력은 떨어졌다. 이 로버는 화성을 6년에 걸쳐 횡단했으며, 이것은 원래 계획했던 운행 일자인 90일을 훨씬 넘긴 것이었다. 하지만 메리디아니 평원을 가로질러[93] 강풍이 불어왔고, 오퍼튜니티의 태양 전지판에 있던 미세 입자를 날려 버렸다. 예상치 못하게 가용 전력이 급증하자, 탐사팀은 파노라마 카메라에 연속 촬영 명령을 전송했고, 이 사진들은 타임 랩스 파노라마로 만들 수 있었다.

로버가 찍은 깜박이는 사진을 처음 보았을 때의 느낌을 잊을 수 없다. 화성의 적도 근처 오래된 평원에서, 먼지 낀 날, 황토색 하늘을 배경으로 해가 지고 있었다. 하얀 동그란 빛이 어두운 사막 위로 표류했다. 땅은 황량하고, 하늘은 아직 빛이 모두 사라지지 않은 황혼녘이었다. 수평선에서는 먼지가 붉은빛을 모두 산란시키고 있었고, 노을이 으스스하고도 이해할 수 없는 강렬한 푸른 빛을 내고 있었다.

이 색깔은 전혀 이치에 맞지 않았다. 생각이 흔들렸다. 마치 물리학적 세계의 경계선이 뜯겨 나가는 것 같았다. 과학적으로, 빛의 성질과 미세 물리학 부분[94]을 이해는 하고 있었다. 여기에는 수수께끼라고 할 만한 것은 없다. 하지만 우리 우주 속 많은 다른 곳에서 수수께끼는 그 수가 얼마나 되는지 알 수 없을 만큼 많다. 그 파란색. 대번에 알아볼 수 있었지만, 생경했던 색. 우리가 공유한 별의 둘레에 후광처럼 빛나던 그 빛은 사이렌처럼 우리를 부르고 있었다.

화성의 석양. 땅은 황량하고, 하늘은 아직 빛이 모두 사라지지 않은 황혼녘이었다. 수평선에서는 먼지가 붉은빛을 모두 산란시키고 있었고, 노을이 으스스하고도 이해할 수 없는 강렬한 푸른 빛을 내고 있었다.

감사의 말

이 책은 삶을 찾아가는 이야기이다. 지구 바깥에 있는 외계 생명체뿐 아니라, 우리가 지금 살고 있는 삶 너머에 대해서도 암묵적으로 고찰해 보고자 했다. 나는 항상 내 속에 흐르는 자만심을 빨리 알아차리면서도, 중요한 돌파구가 이루어지는 순간에는 모종의 역할을 맡아 내 인생의 분기점으로 삼고 싶어 하는 야망도 가지고 있었다. 때때로, 나의 이런 야망이 안절부절못하여 만족할 줄 모르는 결과를 가져오는 것에 대해서도 걱정을 한 아름 안고 살기도 했다.

이 책의 집필을 끝내고 얼마 지나지 않아, 워싱턴 D. C.의 편안한 자리에 있던 이 지구에서의 나와 내 가족의 삶의 가치는 의료 사고로 인해 죽음의 문턱에 내몰리게 되면서 새삼 빛났다. 나는 입에 산소 호흡기를 달고 생명 유지 장치에 의지해 중환자실에 누워 있었고 어머니와 남편이 옆을 지켰다. 내가 누워서 죽어 가는 동안 열네 번의 수혈을 받았고, 나는 다시 삶을 계속할 수 있게 되었다. 이 책은 헌혈 센터로 걸어 들어가 낯선 사람이 팔에 바늘을 꽂아 피를 뽑게 한 다음 다시 햇살이 비치는 밖으로 나간 익명의 열네 분에게 감사함을 표하지 않고서는 끝을 맺을 수 없다. 이분들이 있었기에, 나는 소중한 지구에서의 삶을 되찾았고, 밝은 앞날을 기대하며 살고 있다.

이 어두운 시대에 내 주변에 모인 사람들에게도 말로 표현할 수 없을 만큼의 감사함을 느끼고 있다. 나의 오래된, 소중한 친구들인 리샤, 에마, 리피, 케이지는 나의 고통을 덜어 주기 위해 수백 마일을 여행하여 병원으로 찾아와 여러 방법으로 내가 활기를 되찾도록 해 주었다. 헤더, 첼시, 잉, 라이언, 제이슨, 미건, 크리스틴, 캐서린, 데린, 샤나, 마야, 스티븐, 레슬리, 티샤, 테사, 마리아, 앤치, 셰리, 니티, 새라, 앵거스, 해나, 로런스, 크리스티나, 리처드, 지니, 메건, 네이트, 로스, 케이티, 맥신, 조엘, 제이콥, 패티, 에이제이, 애만다, 에마, 에릭, 제프, 로라, 앨런, 애니, 데이비드, 애슐리, 쥬디와 마이크에게도 감사하다. 조지타운대학의 수많은 동료들과, 내 실험실의 동료들이 너무도 큰 배려를 해 주었다. 상황이 안 좋을 때도, 나는 동료들을 절대 잊을 수가 없었다. 학생들과 박사후 과정생들이 나를 둘러싸고 들어 올리는 것이 처음은 아니었고, 아마 마지막도 아닐 것이다.

이 책에서 나는 시간과 규모에 대해서 많이 썼다. 우리가 지질학적 시간의 척도와 인간적 시간의 척도 사이의 부조화를 어떻게 조화시킬지, 광활한 우주 속을 돌진하는 중인 지구에 살아가는 인간으로서 작고 빛나는 순간을 어떻게 살아갈지 말이다. 나는 켄터키에 있는 가족과 나의 빛나는 순간을 함께할 수 있어 축복받았다. 다른 선택의 여지는 없었지만, 세상에서 가장 설득력 있는 사람인 엄마 케이트와 아빠 존 사이에서 태어나 딸로서의 즐거운 삶을 살 수 있었기에 감사하다. (그리고 엄마가 이 책에 나왔어야 할 만큼 나오지 못해서 미안하기도 하다.) 나의 소중한 언니 에밀리는 내 삶에 행복함을 가져다주는 사람이었고, 조건 없는 사랑의 의미에 대해서 나에게 가르쳐 주었다.

나의 할아버지, 할머니, 삼촌, 고모, 이모, 사촌들은 내가 자라나는 데 헤아릴 수 없이 많은 방법으로 영향을 주었기에 감사하고, 나의 소중한 아이들에게도 고맙다. 나의 아이들은 이 책이 한 권만 인쇄되어 자기들 방에 있는 책장에 꽂혀만 있을 것이라고 생각했다. 이 책에 있는 말들은 언제나 아이들을 생각하여 쓴 것이기 때문에, 어찌 보면 늘 아이들 곁에 있는 것도 맞다. 책을 쓰는 내내 빛나는 넓은 마음을 보여 준 나의 남편 존에게도 더 할 수 없이 감사하다. 존은 책의 세세한 부분까지 읽고 개선해 주었다. 존은 내가 항상 꿈꿔 왔던 크고 충만한 삶을 가능하게 해 주었다. 나는 결혼식에서 그가 나의 마음을 안다고 말했고, 실제로 그는 알고 있다. 나는 존과 함께 앞으로 더 넓은 곳을 탐험할 생각을 하면 여전히 가슴이 뛴다.

이 프로젝트는 과학 학술지에 표현한 적 없는 생각의 파편을 모은 것에서 출발했다. 나의 첫 논픽션 에세이를 출판한 크리스티나가 없었다면 책이 될 수 없었을 것이다. 내가 가장 좋아하는 독자로 남아 있는 크리스티나는 내가 쓴 글을 다른 사람들도 흥미로워할 것이라고 믿었다. 크리스티나의 도움을 받은 매트가 없었어도 이 책은 세상에 나오지 못했을 것이다. 매트는 내가 학계에서 회의에 빠져 있을 때 나를 문학 출판인 질에게 소개시켜 주었다.

질의 뛰어난 통찰력으로 두서없는 생각의 편린들을 가능성이 가득한 이야기로 만들어 낼 수 있었다. 매트와 함께 나의 편집자인 아만다는 12월 추운 겨울 내 손을 잡고 이 프로젝트가 성공할 것이라고 말해 주었다. 아만다는 포기하지 않고, 나에게 책을 쓰는 법에 대해 알려 주었다. 아만다의 도움이 없었다면, 출판할 만한 가치가 있는 이야기를 쓰지 못했을 것이다.

가능성이 없어 보이는 이 작업을 하는 동안 나를 지지해 준 사람들도 빼놓을 수 없다. 대체 불가능한 나의 친구 댄은 백 년의 지혜를 가지고 있다. 우주에 대한 빼어난 통찰을 가진 앨런, 케이트, 토니, 밴프 센터, 소사이어티 오브 펠로우즈에도 감사하다. 그곳에서 만든 친구들인 마르트, 베로니카, 제인은 나의 아이들에게 늘 친절함을 베풀어 준다. 마가렛은 나에게 끝없는 신뢰를 보여 주고, 메사추세츠 문화원, MIT의 과학기술학부, 엘렌 멜로이 재단도 지원을 아끼지 않았다. 나의 NASA 동료들, 특히 폴, 헤더, 베타니, 짐, 존, 멜리사, 스테파니, 윌, 에이미, 찰스, 크리스틴, 셰리, 젠, 더그, 스틸리, 그리고 화성 시료 분석팀의 다른 팀원들, 알렉스, 헤일리, 모건, 케빈, 애비, 스티브, 잭, 케이트, 제이미, 크리스, 에릭, 앤디, 리, 메리 베스, 젠, 데일, 토리, 브릿, 조, 폴, 린지, 메리에게 감사하다. 또한 초기 화상 탐사 연구 과학자들과 공학자들, 놈, 존, 벤, 래리, 젠트리와 내가 결코 뛰어넘을 수 없는 멘토들, 마리아, 레이, 엘로이즈, 릭, 짐, 스티브, 존, 셰어, 린디, 피트, 게리, 스콧, 데이브, 로저, 케이티, 밥, 찰스, 에스키, 마크와 로즈에게도 감사드린다. 나의 초고를 역사학적 지식을 동원하여 개선시켜 준 빌, 한 줄 한 줄 꼼꼼히 팩트 체크를 해 준 파커, 잭, 제임스, 줄리, 오웬, 아니타, 케이티, 앤 캣, 마야, 맷에게도 빚을 졌다. 칼텍, 하버드, MIT, 옥스퍼드, 제트추진연구소 아카이브, NASA 역사부, 의회 도서관에서는 다양한 방법으로 나의 리서치를 도와주셨다. 나의 보잘것없는 초안을 읽어 준 리즈, 그레그, 데디, 모라, 하이디, 그리고 데어드르는 나의 절친한 친구일 뿐 아니라, 내가 존과 사랑에 빠지게 해 준 이들이기도 하다. 내가 예기치 않게 빠트린 사람들에게 미안함을 전하고, 내가 모르는 사이 나를 도와준 이들에게도 꼭 감사함을 전하고 싶다.

유도라 웰티는 형체도 없이 알아볼 수도 없는 것들이 어떻게 가까이 손에 잡을 수 있을 때까지 연결되어 커지고, 형상을 이루어 가는지에 대해 쓴 적이 있다. "갑자기 빛이 들어오면, 당신이 탄 기차는 커브를 돌고, 당신 뒤에 거대한 의미가 산처럼 우뚝 솟아 있고, 계속 커지고 있는 모습을 보게 된다." 이 책을 쓰면서 나는 생명 혹은 삶을 찾는다는 것의 의미를 더 잘 이해하게 되었다. 나의 이전에 내가 택한 길을 먼저 가면서 놀라운 삶을 살아간 이들에게 감사하게 되었고, 내가 오늘날 함께 일할 영광을 누리게 해 준 동료들에게도 감사하게 되었다. 마지막으로 많은 세대와 학문에 걸쳐 이 분야를 더욱 깊이 있게 만들어 준 모든 이들에게 감사함을 표한다. 만약 우리가 화성에서 생명체를 찾는다면, 우리 모두가 함께한 것일 테다. 인류는 이 멋진 프로젝트를 수행하고 있고, 서로가 함께 해 주고 있다.

주

프롤로그

1 J.R. De Laeter, I. R. Fletcher, K. J. R. Rosman, et al., "EarlyArchaean Gneisses from the Yilgarn Block, Western Australia," *Nature*, 292(1981), pp. 322‒324; D. R. Mole, M. L. Fiorentini, N. Thébaud, et al., "ArcheanKomatiite Volcanism Controlled by the Evolution of Early Continents," *Proceedings of the National Academy of Sciences*, 111(June 2014).

2 이 특별한 산성의 소금기 있는 호수의 pH 수치는 오랫동안 화성과 비교 연구 대상이었다. 여기에는 웨스트버지니아대학의 케이티 베니슨Kathy Benison 교수의 선도적인 연구가 크게 기여를 했고, 그의 연구에 의하면 기록된 최저 pH 수치는 1.6이었다. 이곳 호수와 극단적인 지구 화학적 조건에 대해서는: K. C. Benisonand D. A. LaClair, "Modern and Ancient Extremely Acid Saline Deposits:Terrestrial Analogs for Martian Environments?" *Astrobiology*, 3, no. 3(2003), pp. 609‒618; B. B. Bowen and K. C. Benison, "Geochemical Characteristics ofNaturally Acid and Alkaline Saline Lakes in Southern Western Australia,"Applied Geochemistry, 24(2009), pp. 268‒284; S. S. Johnson, M. G. Chevrette,B. L. Ehlmann, and K. C. Benison, "Insights from the Metagenome of an Acid SaltLake: The Role of Biology in an Extreme Depositional Environment," PLOS One, 10(April 2015).

3 Hans Zappe, Fundamentals of Micro-Optics, 1st ed.(CambridgeUniversity Press, 2010), p. 298; Louise Leonard, Percival Lowell, An After glow(Boston: Richard G. Badger, 1921).

4 이제 더 이상 전통적인 의미에서의 호수는 존재하지 않는다(즉, 화성 표면에서의 호수), 하지만 2018년, 유럽우주국의 마르스 익스프레스 궤도선은 직경이 20킬로미터인 호수가 남쪽 극관 빙하의 깊은 곳 아래에 있다는 흥미로운 증거를 찾았다: R. Orosei, S. E. Lauro, E. Pettinelli, et al.,"Radar Evidence of Subglacial Liquid Water on Mars," *Science*, 3 (Aug. 2018), pp. 490‒493.

5 많은 연구에서 화성 초기에도 판 구조가 있었다고 보기에는 초기 지각 형성과 자기장 생성에 관한 증거들과 맞지 않는다고 본다. 하지만 매리너 계곡이 판의 가

장자리였다고 볼 가능성은 제기된 바가 있다: D. Breuer and T. Spohn, "Early Plate TectonicsVersus Single-Plate Tectonics on Mars: Evidence from Magnetic Field History andCrust Evolution," *Journal of Geophysical Research: Planets*, 108, no. E7(2003); An Yin, "Structural Analysis of the Valles Marineris Fault Zone: PossibleEvidence for Large-Scale Strike-Slip Faulting on Mars," *Lithosphere*, 4, no. 4(2012), pp. 286~330.

6 대부분의 측정치가 일정 수준으로 존재하던, 화성 전체를 덮은 자기장이 40억 년 전에 흩어졌을 가능성을 제기한다: David J. Stevenson, "Mars' Core and Magnetism,"*Nature*, 412, no. 6843(2001), p. 214; Sean C. Solomon, Oded Aharonson, JonathanM. Aurnou, W. Bruce Banerdt, Michael H. Carr, Andrew J. Dombard, Herbert V.Frey, et al., "New Perspectives on Ancient Mars," *Science*, 307, no. 5713(2005), pp. 1214~1220; and J. E. P. Connerney, J. Espley, P. Lawton, S. Murphy,J. Odom, R. Oliversen, and D. Sheppard, "The MAVEN Magnetic Field Investigation," *Space Science Reviews*, 195, no. 1~4(2015), pp. 257~291.

7 화성의 직경은 지구 직경의 반이 약간 넘는다. 목성의 직경을 다 채우려면 지구는 11개가 필요하다.

8 R. M. Haberle, "Early Mars Climate Models," *Journal of Geophysical Research*, 103 (Nov. 1998), pp. 28,467~28,479; I. Halevy, M. T. Zuber, and D. P. Schrag. "A Sulfur Dioxide Climate Feedback on Early Mars," Science 318, no.5858 (2007), pp. 1903 - 1907; S. S. Johnson, M. A. Mischna, T. L. Grove, and M.T. Zuber, "Sulfur-Induced Greenhouse Warming on Early Mars," *Journal of Geophysical Research: Planets*, 113, no. E8(2008); R. M. Ramirez, et al.,"Warming Early Mars with CO2 and H2," *Nature Geoscience*, 7(2014), pp. 59~63; and R. D. Wordsworth, "The Climate of Early Mars," A*nnual Review of Earth and Planetary Sciences*, 44(2016), pp. 381~408.

9 R. A. Craddock and A. D. Howard, "The Case for Rainfall on a Warm, Wet Early Mars," *Journal of Geophysical Research Planets*, 107 (Nov. 2002), pp.21~36; S. W. Squyres and J. F. Kasting, "Early Mars: How Warm and How Wet?" *Science*, 265 (Aug. 1994); R. D. Wordsworth, et al., "Comparison of 'Warm and Wet' and 'Cold and Icy' Scenarios for Early Mars in a 3-D Climate Model,"*Journal of Geophysical Research Planets*, 120(June 2015), pp. 1,201~1,219; M.C. Palucis, et al., "Sequence and Relative Timing of Large Lakes in Gale Crater(Mars) after the Formation of Mount Sharp," *Journal of Geophysical Research*:Planets, 121, no. 3(2016), pp. 472~496.

10 Charles Darwin, letter to J. D. Hooker, February 1, 1871, Darwin Correspondence Project. 찰스 후커에게 보낸 편지에서 찰스 다윈은 "하지만 만약(아, 그리고 이건 아주 만약에 말인데), 우리가 생명체의 근원을 따스한 작은 연못이라고 생각해 보면······"이라고 썼다. 그의 직감이 맞았을 수도 있다. 오늘날 지구상 생명의 근원이 될 만한 장소에 대한 가장 유력한 두 가지 가설로, 한 곳은 심해의 열수 분출공이고, 다른 한 곳은 옐로스톤국립공원에 있는 것 같은 담수가 있는 지열대이다. 최근에는 몇 가지 이유로 후자에 힘이 더 실리고 있다. 일단, 세포의 화학 성분비의 구성이 심해보다는 지열대의 담수와 더 닮아 있다. 생명체의 구성 요소인 유기 분자는 아마 심해보다는 연못에서 더 잘 축적되었을 것이고, 소금 성분이 적은 환경이 지방산 막을 처음 형성하는 데 더 도움이 되었을 것이기 때문이다. 추가적으로, 최근 연구에 따르면 반복적으로 젖고 건조되는 사이클이 막 소포에 있는 분자를 반복 생산하도록 전구체의 양상을 형성시키는 데 필요했을 수 있다. 만약 육지가 우리가 알고 있는 생명체에 필요한 것이라면, 화성이 얼음이 많은 달이나 목성, 토성 보다는 큰 가능성을 가진 곳이라 볼 수 있다: Armen Y. Mulkidjanian, et

al., "Origin of FirstCells at Terrestrial, Anoxic Geothermal Fields," Proceedings of the NationalAcademy of Sciences, 109(2012), pp. E821~E830; D. Deamer and B. Deamer,"Can Life Begin on Enceladus? A Perspective from Hydrothermal Chemistry,"*Astrobiology*(Sept. 2017), pp. 834~839; D. Deamer, First Life: Discovering theConnections between Stars, Cells, and How Life Began(Berkeley: University of California Press, 2011).

11 오래전 화성에 바다가 있었을 가능성에 대해서는 다음의 논문을 참고하라: M. H. Carr and J. W.Head III, "Oceans onMars: An Assessment of the Observational Evidence and Possible Fate," *Journal of Geophysical Research Planets*, 108(2003); R. I. Citron, M. Manga, and D. J. Hemingway, "Timing of Oceans on Mars from Shoreline Deformation," *Nature*, 555(2018), pp. 643~646; G. Di Achille and B.M. Hynek, "Ancient Ocean on Mars Supported by Global Distribution of Deltas and Valleys," *Nature Geoscience*, 3 (2010), pp.459~463; M. C. Malin and K. S. Edgett, "Oceans or Seas in the Martian Northern Lowlands: High Resolution Imaging Tests of Proposed Coastlines," *Geophysical Research Letters*, 26(1999), pp. 3,049~3,052.

12 J. W. Head III, et al., "Oceans in the Past History of Mars: Tests for Their Presence Using Mars Orbiter Laser Altimeter(MOLA) Data," *Geophysical Research Letters* (Dec. 1998), p. 4,403; J. W. Head III,et al., "Possible Ancient Oceans on Mars: Evidence from Mars Orbiter Laser Altimeter Data,"Science, 286 (1999), pp. 2,134~2,137.

13 J. P. Bibring, et al., "Global Mineralogical and Aqueous Mars History Derived from OMEGA/Mars Express Data," *Science,* 312(April 2006), pp.400~404.

14 온실효과가 거의 없으므로, 화성의 표면 온도는 스테판-볼츠만 법칙Stefan-Boltzmann law에 따라 천천히 평균적으로 섭씨 영하 60도로 떨어져 오늘날 기온에 이르렀다.

15 K. S. Edgett and H. E. Newsom, "Dust Deposited from Eolian Suspension on Natural and Space Flight Hardware Surfaces in Gale Crater as Observed Using Curiosity's Mars Hand Lens Imager(MAHLI)," presented at Dust in the Atmosphere of Mars and Its Impact on Human Exploration, Houston, Texas(June 2017).

16 어디를 조사해야 할지, 무엇을 조사해야 할지는 끊임없는 논쟁의 주제다. 천체생물학자들은 생명체의 정의에 대해, 그리고 이 정의가 이치에 맞는지를 따져 보려 한다. 이에 대해서는: Benton Clark, "A Generalized and Universalized Definition of Life Applicable to Extraterrestrial Environments,"in Handbook of *Astrobiology*, ed. Vera M. Kolb (Boca Raton, Florida: CRC Press,2018)를 참고하라. 대안적 견해로는: C. E. Cleland and C. F. Chyba, "Defining Life," Origins of Life and Evolution of Biospheres 32(2002), pp. 387~393; C.E. Cleland and C. F. Chyba, "Does 'Life' Have a Definition?" in Planets and Life: The Emerging Science of *Astrobiology*, ed. W. T. Sullivan III, and J. A. Baross (Cambridge: Cambridge Univ. Press, 2007), pp. 119~131; C. E. Cleland, The Quest for a Universal Theory of Life: Searching for Life As We Don't KnowIt(Cambridge: Cambridge Univ. Press, 2019). 철학자 캐롤 클레랜드는 생명에 대한 이론이 부족하므로 생명의 정의를 내리고자 하는 것은 아직 이르다고 주장한다. 예를 들어 물은 한때 "습한", "갈증을 해소하는" 등의 특징으로 묘사됐지만, 수소와 산소 원자가 발견되고 분자 이론이 등장하기 전까지는 의미 있게 정의되지 못했다.

17 인간이 화성에서 온 운석을 분석했지만, 인간은 아직 화성 표면에 간 적이 없다.

1장

1 지구 대기층은 고도가 올라갈수록 옅어지므로, 우주 공간이 어디서부터 시작되는지 정확하게 말하기는 어렵다. 헝가리 출신 미국인 과학자인 시어도어 폰 칼만은 지구 대기와 우주 공간이 대략 "공기역학이 멈추고 우주항행학이 시작되는 해발 80킬로미터 고도에서 시작된다고 했다. 오늘날 국제 항공 연맹은 칼만 라인을 해발 100킬로미터로 정의한다. 우주가 시작되는 지점은 광범위한 우주 정책의 관점에서, 상업 우주 비행 회사들이 탄도비행을 늘리는 오늘날 점점 더 중요해지고 있다.

2 Walter Sullivan, "Mankind, Through Mariner, Reaching for Mars Today," *The Courier-Journal* (Louisville, Ky., July 14, 1965).

3 Ray Duncan, "Army of Newsmen to Jam Pasadena for Mars Probe," The Independent(Pasadena, Calif., July 12, 1965).

4 같은 책

5 같은 책

6 같은 책

7 J. N. James, "The Voyage of Mariner IV," *Scientific American*, 214,no. 3 (March 1966), pp. 42~53.

8 Dave Swaim, "Mars Spaceship Has Company," The Independent(Pasadena, Calif., July 13, 1965).

9 "'Dead' Soviet Mars Missile Still on Way," Pasadena Star-News(Pasadena, Calif., July 14, 1965).

10 Edward Clinton Ezell and Linda Neuman Ezell, "On Mars: Exploration of the Red Planet, 1958~1978"(Washington, D.C.: The NASA History Series,1984), p. 434.

11 To Mars: The Odyssey of Mariner IV," JPL Technical Memorandum, No.33~229, p. 24.

12 매리너 4호는 캘리포니아 골드스톤 스테이션에서 하루 12시간씩 추적했다. 남은 시간은 오스트레일리아 캔버라 교외의 티드빈빌라와 요하네스버그에서 추적했다. 이후 요하네스버그의 임무는 마드리드 서쪽에 60킬로미터 지점에 있는 스페인 스테이션이 대체했다. "To Mars: The Odyssey of Mariner IV," p. 25; Douglas J. Mudgway and Roger Launius, "Uplink-Downlink: A History of the Deep Space Network, 1957~1997"(Washington, D.C.: The NASA History Series, 2001).

13 Blaine Baggett, dir., The Changing Face of Mars: Beginnings of the Space Age(Pasadena, Calif.: Jet Propulsion Laboratory, 2013), DVD video.

14 소련은 우주 프로그램에 대한 비밀 유지를 단단히 했다. 마르스 1호는 1억 6백만 킬로미터를 날아간 후 무선 통신이 끊겼고, 이것은 발표되었으나, 나머지 사항에 대해서는 서방의 추측이 대부분이다.

15 최초로 지구 궤도로 보내진 것은 라이카라는 개이다. 모스크바 시내에서 떠돌던 라이카는 1957년 11월 2일 스푸트니크 2호에 실려 우주로 보내졌다. 라이카는 발사 후 몇 시간 내에 아마도 과열로 죽었고, 라이카를 태웠던 캡슐은 1958년 4월 14일 지구 대기로 재진입하면서 다 타 버렸다. 우주로 갔다가 안전히 돌아온 동물은 1960년 8월 19일에 스푸트니크 5호에 태웠던 것들이 최초다. 개 두 마리는 벨카와 스트렐카(각각 흰둥이, 작은 화살이라는 뜻)라는 이름 붙였다. 이 두 마리는 늙어 죽은 뒤 박제화되었다. 이 박제품은 모스크바 우주 박물관에 보관되어 있다.

16 Andrew J. LePage, "The Beginnings of Planetary Exploration," The Space Review(October 11, 2010).

17 Caleb A. Scharf, "The Long Hard Road to Mars," *Scientific American*, Nov. 25, 2011; "Marsnik 2," NASA, Space Science Data Coordinated Archive, Sept. 5, 2019.

18 이 이야기는 널리 알려진 것은 맞지만, 정식으로 확인된 바는 없다: William Taubman, "Did He Bang It? Nikita Khrushchev and the Shoe," *The New York Times* (July 26, 2003); C. Eugene Emery Jr., "The Curious Case of the Khrushchev Shoe," Politi Fact(Jan. 18, 2015); Arthur I. Cyr, "Politi Fact Bizarrely, Unjustly Attacks Me on Krushchev Shoe Banging," Providence Journal(Feb. 22, 2015).

19 당시 소련은 장거리 무선통신에 약했고, 미국은 이 분야에서 확실히 앞서 있었다. 초기 소련 우주 탐사선에 대한 훌륭한 자료로는: James Harford, Korolev: How One Man Masterminded the Soviet Driveto Beat America to the Moon (New York: John Wiley & Sons, Inc., 1997).

20 처음으로 달에 충돌한 우주선은 1958년 9월의 루나 2호였고, 당시로서는 믿을 수 없었던, 먼 곳의 사진을 찍은 최초의 우주선은 같은 해 10월의 루나 3호였다. 최초의 우주 유영은 1965년 3월에 소련 우주 비행사인 알렉세이 레오노프가 했고, 보스호트 2호에 탑승했었다. 이것은 제미니 4호에 탔던 에드워드 화이트의 우주 유영보다 겨우 석 달 앞선 것이었다.

21 스푸트니크는 첫 대륙간 탄도 미사일과 같은 발사대에서 6주 후 발사되었다.

22 매리너 1호도 금성을 근접 비행하도록 설계되었다. 매리너 1호는 1962년 7월 22일 애틀러스-아게나 로켓에서 발사되었다. 발사 후 데이터상으로 탐사가 가망이 없다고 판단되자, 파괴 명령이 곧 전송되었다.

23 Franklin O'Donnell, "The Venus Mission: How Mariner 2 Led the World to the Planets," NASA, JPL/Caltech (2012).

24 같은 책

25 금성으로 발사할 수 있는 기간은 화성으로 발사할 수 있는 기간보다 자주 있다. 금성으로는 584일에 한 번씩 발사할 수 있고, 화성으로는 780일에 한 번 가능하다. 금성이 지구와 더 가깝기 때문에 비행 시간 자체도 짧고, 통신 거리도 짧다.

26 Norman Haynes, personal interview by Sarah Johnson(Pasadena, Calif., Feb. 1, 2018).

27 Samuel Taylor Coleridge, The Rime of the Ancient Mariner (PoetryFoundation, 1834 text).

28 1960년대 나사는 달 탐사에서는 육지 탐사 활동에 사용되는 용어를 사용하고, 다른 행성 탐사선과 관련해서는 해양 활동에 사용되는 용어를 사용하기로 결정하는데, "먼 거리 떨어진 땅에 대한 인상을 암시하기 위한" 것이었다: Helen T. Wells, Susan H. Whiteley, and Carrie E. Karegeannes, "Origins of NASA Names"(Washington, D.C.: The NASA History Series, 1976).

29 Baggett, The Changing Face of Mars.

30 "Mariner 4 Probe Due in Two Weeks," Pasadena Star-News(Nov. 6,1964).

31 John C. Waugh, "Mars Probe Falls Silent," The Christian Science Monitor (Boston: Nov. 1964).

32 이 기간 동안 화성과 태양이 지구의 반대편에 정렬하여 화성-지구 간 거리가 가장 가까워지는데, 이를 충이라고 한다.

33 헤인즈가 저자와 가진 인터뷰

34 같은 인터뷰

35 Jack N. James, In High Regard(Jack James Trust, 2006), p. 450.

36 "Mars Flight—on Up & Up," Pasadena Star-News(Nov. 28, 1964).

37 Marvin Miles, "Mariner 4 Locks on to Key Star After Four Misses,"*Los Angeles Times*(Dec. 1, 1964); Marvin Miles, "Mariner to Fly Within 5,400Miles of Mars," *Los Angeles Times*(Dec. 11, 1964).

38 처음에는 카노푸스를 놓치면 자이로 제어 부분이 지상 통제실에서만 켜질 수 있도록 되어있었다. 1964년 12월 17일에 명령을 전송해 회복하도록 했다. "Mariner

Mars 1964 Project Report: Spacecraft Performance and Analysis," JPL Technical Report, No. 32~882 (Pasadena, Calif.: NASA, 1967), p.17; "To Mars: The Odyssey of Mariner 4," pp. 21~22; W. C. Goss, "The Mariner Spacecraft Star Sensors," Applied Optics, 9, issue 5(1970), pp. 1,056~1,067.

39   화성과 지구 모두 태양 주변을 돌기 때문에 우주선이 화성으로 가기 위해서는 태양 주변을 돌아야 한다.

40   이 말을 한 것은 버드 셔라이머였는데, 그 자신은 이 견해에 동의하지 않았다 "Mariner 4 Taught Us to See," JPL Blog(August 20, 2013).

41   레이튼의 초기 생애에 대한 자세한 이야기와 초기 매리너 탐사 참여에 대한 정보 는: Heidi Aspaturian, "Interview with Robert Leighton," California Institute of Technology Oral History Project(1986~1987), California Institute of Technology Archives and Special Collections(Pasadena, Calif., 1995).

42   이 학생은 게리 노이게바우어로 적외선 행성 천문학의 발전에 큰 기여를 했다.

43   브루스 머리, 레이첼 프루돔므와의 인터뷰, 테이프 카세트 녹음 기록 문서, California Institute of Technology Archives and Specia lCollections(Pasadena, Calif., 1993), p. 76.

44   Graham Berry, "Interview with Robert P. Sharp," California Institute of Technology Archives and Special Collections(Pasadena, Calif.,2001), p. 43.

45   "Press Kit, Mariner Mars Encounter," NASA(July 9, 1965).

46   희망한 대로 사진이 찍히고(아마조니스 평원, 엘리시움, 서쪽 멤논 지대, 고르고눔 카오스, 오커스 파테라, 이오니아 테라), 우주선이 계획한 경로대로 움직였으므로 매우 운이 좋았다. 진행 과정 중간에 아주 작은 오류가 발생해도 우주선이 수백 킬로미터씩 움직이기 때문이다. "Press Kit, Mariner Mars Encounter," NASA.

47   CCD 이미지 센서를 사용한 최초의 디지털 카메라는 이스트만 코닥사에서 1970년대 중반에야 개발했다. 하지만 매리너 4호의 카메라는 이진법(0과 1)으로 영상을 전송한 최초의 카메라였다: Fred C. Billingsley, "Processing Ranger and Mariner Photography,"Optical Engineering, 4, no. 4, 404147(May 1, 1966); "First Digital Image FromSpace(Mariner 4-Mars)," NASA, JPL/Caltech(Sept. 28, 2018).

48   머리, 프루돔므와의 인터뷰, p. 79.

49   Enn Kasak and Raul Veede, "Understanding Planets in Ancient Mesopotamia," Folklore, 16(2001).

50   화성은 다양한 밝기를 가질 수 있다. 목성이 대부분의 경우 더 밝다(심지어 근일점 충 때에도). 2003년 8월 동안 화성은 네안데르탈인이 유럽을 지배했던 때 이후 최고로 가까워졌는데, 당시 화성은 달과 금성을 제외한 모든 것보다 밤하늘에서 밝았다.

51   고대 바빌론에서는 행성은 신의 "통역가"라고 믿었고, 사제들과 같은 천문학자들은 행성의 움직임을 자세히 기록했다. 이후, 바빌론인들의 대수적 방법은 그리스인들의 공간적, 기하학적 상상력으로 혼합됐다. 행성들은 지구 근처에서 주전원의 모양으로 움직이는 듯 보였고, 지구가 전체 시스템의 중심에 있었다. 화성은 큰 주전원을 따라 움직였는데, 2년마다 한 번씩 지나가는 뒤쪽 큰 고리가 생겼다. 고리의 크기가 다양하게 나왔기 때문에 주전원은 지구를 중심으로 하지 못했다. 하지만 16세기가 되고, 코페르니쿠스가 태양을 중심에 놓음으로서, 화성의 큰 주전원은 필요 없게 되었다. 이제 주전원이 지구의 관점에서 본 오해라는 것이 분명해졌기 때문이다. 지구 또한 태양 궤도를 돌며 조금 더 느리게 움직이는 화성을 따라잡고 지나가고 있다. 1609년 요하네스 케플러는 행성의 타원 운동법칙에 대해 연구하면서 타원형이 명백한 화성의 궤도를 오랫동안 어려운 계산의 기반으로 삼았다. 이 모든 것이 근대 천문학의 위대한 발견이었고, 모두 화성에 빚지고 있다.

52   Plato, "Book X," The Republic, trans. Benjamin Jowett(Cambridge: Internet Classics

Archive, MIT, 2008). 또한 행성이 역행하고 흔들린다고 관측한 것에 대해, 진행 방향을 바꾸는 것은 자유의지의 실천이라는 주장에 대해서는: Robert Sherrick Brumbaugh, Plato forthe Modern Age(Lanham, Md.: University Press of America, 1991).

53 홀란드의 렌즈 제조업자들은 망원경의 원리를 1~2년 정도 전에 알아냈지만, 갈릴 레오는 독자적으로 모든 것을 알아냈고, 스스로 몇 종류의 망원경을 개발했으며, 이 중 두 개가 남았다. 둘 중 더 나은 것은 5센티미터짜리 렌즈를 사용한 길이 1미터짜 리로, 튜브는 나무 재질이고, 구리 밴드로 고정되어 있으며 종이로 싸여 있다. 더 자 세한 사항은 Giorgio Strano, ed., Galileo's Telescope: The Instrument that Changed the World (Florence, Italy: Istituto e Museo di Storiadella Scienza, 2008).

54 David Wootton, Galileo: Watcher of the Skies (New Haven: Yale University Press, 2010), p. 96.

55 갈릴레오는 1610년 후반까지 화성에 관심을 가지지 않았다. 망원경으로 그는 달의 분화구와 산을, 목성 위성 네 개를, 그리고 은하수의 별들을 발견했다.

56 William K. Hartmann and Odell Raper, The New Mars: The Discoveries of Mariner 9(Washington, D.C.: NASA Office of Space Science, 1974), p. 1; 관측의 한계가 있었지만 갈릴레오는 볼록한 달처럼 보이는 단계도 있다고 의심했다.

57 Galileo Galilei, "Third Letter on Sunspots, from Galileo Galileito Mark Welser, In which Venus, the Moon, and the Medicean Planets Are also Dealt With, and New Appearances of Saturn Are Revealed," Discoveries and Opinions of Galileo, Stillman Drake, ed.(New York: Anchor Books, 1957), p.137.

58 당시 세계 최고였던 갈릴레오 망원경은 배율이 20배였지만, 갈릴레오가 관측할 때 는 화성이 지구에서 너무 멀리 떨어져 있었다.

59 갈릴레오가 첫 망원경에서 썼던 것과 같은 접안렌즈

60 1659년 11월 28일 밤은, 매리너 4호가 화성으로 발사되기 전날의 305년 전이다.

61 William Sheehan, The Planet Mars: A History of Observation and Discovery (Tucson: University of Arizona Press, 1999), p. 21.

62 이곳은 오늘날 시르티스 메이저라고 알려져 있다. 어두운 색깔은 먼지가 없는 현무 암에서 비롯된 것이다.

63 정확히 말하면 53퍼센트이다.

64 이탈리아 천문학자 조반니 카시니도 화성 관측에 있어 앞서가고 있었고, 이것을 24 시간 40분으로 수정했다.

65 Christiaan Huygens, "Cosmotheoros," quoted in William Miller, The Heavenly Bodies: Their Nature and Habitability (London: Hodder and Stoughton, 1883), p. 101.

66 Christiaan Huygens, The Celestial Worlds Discover'd: Or, Conjectures Concerning the Inhabitants, Plants, and Productions of the Worldsin the Planets (London: Timothy Childe, 1698; Digitized by Utrecht University).

67 이 현상은 색수차라고 한다.

68 Isaac Newton, Opticks: Or, A Treatise of the Reflections, Refractions, Inflections, and Colours of Light (London: William and John Innysat the West End of St. Paul's, 1721), p. 91.

69 천문학자들은 색수차를 줄이기 위해 점점 더 긴 반사 망원경을 사용했다. 하위헌스 는 높은 곳에 렌즈를 달았고, 접안렌즈 고정 장치를 땅에 가깝게 달았다. 보조가 랜 턴을 들고 렌즈를 밝히면 하위헌스가 그 반사빛을 찾아 초점을 맞췄다. 하위헌스는 길이 37, 52, 64미터짜리 '공중' 망원경을 사용했다. 길이가 엄청나게 길었음에도 불 구하고 조정을 하여 빛을 맞출 때까지는 오랜 시간이 걸렸고, 화성 관측도 눈에 띠

게 나아지지 않았다. 카시니는 30미터 혹은 41미터 초점 거리의 망원경을 사용하여 오래된 나무 탑 위에 놓았다. 탑에는 계단과 발코니가 있었고 보조들이 어둠에 넘어지지 않도록 했다: Sheehan, The Planet Mars, pp. 24~26.

70   1772년이 되어서야 존 해들리가 하위헌스의 '공중' 망원경과 비교할 수 있을 만큼 성능이 좋은 반사 망원경을 제조하게 된다. 무색 렌즈의 발견으로 반사 망원경이 다시 도입되기 직전이었다. 이 복합렌즈들은 플린트 유리로 된 볼록렌즈가 크라운 유리 오목렌즈와 합쳐진 형태로, 한 렌즈로 인해 발생한 색수차를 다른 렌즈가 보완하는 식이었다(어느 정도 범위의 파장 내에서만 가능했고, 눈이 가장 민감히 반응하는 노란색도 여기 들어간다). 성능이 좋은 무색 렌즈는 18세기 중반에 사용되었지만 여전히 비쌌고, 그래서 허셜은 직접 반사 망원경을 만들었다.

71   캐롤라인 또한 뛰어난 천문학자로, 왕립천문학회 명예 회원이었으며 프로시아 왕으로부터 과학 금메달을 96세 되던 해에 받았다.

72   카시니와 하위헌스도 극관을 관측한 바 있다.

73   William Herschel, quoted in The New Mars: The Discoveries of Mariner 9, p. 2.

74   William Herschel, quoted in Chris Impey and Holly Henry, Dreams of Other Worlds: The Amazing Story of Unmanned Space Exploration, rev. ed.(Princeton, N.J. Princeton University Press, 2016), p. 15.

75   머리, 프루돔므와의 인터뷰, p. 162.

76   Baggett, The Changing Face of Mars.

77   Aspaturian, "Interview with Robert Leighton," p. 103.

78   Baggett, The Changing Face of Mars.

79   To Mars: The Odyssey of Mariner 4," p. 30.

80   Baggett, The Changing Face of Mars.

81   Baggett, The Changing Face of Mars.

82   Dan Goods, "First TV Image of Mars," Directed Play.com.

83   Brandon A. Evans, "What Was in the News on July 23, 1965?" TheCriterion, online edition (July 24, 2015); Latin translation courtesy of Charlayne Allan.

84   AP, UPI, and L. A. Times－Washington Post dispatches; "Mariner 4Shot Shows Mars Hills," The Courier-Journal (Louisville, Ky., July 16, 1965).

85   존 카사니, 저자와의 인터뷰(Pasadena, Calif.; Aug. 6, 2015).

86   James, In High Regard, p. 456.

87   헤인즈, 저자와의 인터뷰

88   Lyndon B. Johnson, "The President's Inaugural Address, January 20,1965," Gerhard Peters and John T. Woolley, eds., The American Presidency Project(University of California, Santa Barbara).

89   Lyndon B. Johnson, Public Papers of the Presidents of the United States: Lyndon B. Johnson, 1965(Best Books, 1965), pp. 805~806.

90   Robert B. Leighton, "Mariner 4 PressConference," eFootage.com(July 29, 1965).

91   Johnson, Public Papers of the Presidents, pp. 805~806; Baggett, The Changing Face of Mars.

92   "Mariner 4," NASA Space Science Data Coordinated Archive, NSSDCA/COSPAR ID: 1964-077A.

93   Oliver Morton, Mapping Mars: Science, Imagination, and the Birth of a World (New York: Picador, 2002), p. 73.

94   "The Dead Planet," The New York Times (July 30, 1965).

2장

1   "Mariner4's First Picture Clearly Showing Craters on Mars," NASA, JPL/ Caltech(1965).

2   Betsy Mason, "What Mars Maps Got Right(and erong) Through Time," National Geographic(Oct. 16, 2016).

3   Aeronautical Chart and Information Center, "Mars: MEC-1 Prototype," Library of Congress(1965).

4   같은 책

5   Gregory A. Davis, "2009 PenroseMedal Presented to B. Clark Burchfiel, Citation by Gregory A. Davis," The Geological Society of America(2009).

6   Beryl Markham, Westwith the Night: A Memoir(New York: North Point Press, 2013), p. 198.

7   Diane Ackerman, "A High Life and a Wild One," *The New York Times* (Aug. 23, 1987).

8   온다치 소설 주인공으로, 역사 속 인물인 라즐로알마시에서 영감을 받음. Michael Ondaatje, The English Patient(New York: Vintage Books, 1993), p. 16.

9   형성 메커니즘은 논쟁의 주제로 남아 있다: NaamaLang-Yona, et al., "Insights into Microbial Involvement in Desert Varnish Formation Retrieved from Metagenomic Analysis," *Environmental Microbiology* Reports, 10, no. 3(June 2018), pp. 264-271; Phil Berardelli, "Solving the Mystery of Desert Varnish," Science (July 7, 2006).

10   Antoine de Saint-Exupéry, Wind, Sand and Stars(Boston: Harcourt, 2002), p. 111.

11   같은 책

12   내가 처음 이 지도를 발견한 것은 에밀리 라크다왈라의 블로그 글에서였다. "Mapping Mars, Now and in History," The Planetary Society(Feb. 26, 2009). 이 지도와 다른 훌륭한 사진, 동영상, 예술 작품, 도표, 아마추어 우주 사진은 행성과학 학회 온라인 데이터베이스인 Bruce Murray Space Image Library에서 찾을 수 있다.

13   천문학자는 아사프 홀이었다. George William Hill, Biographical Memoir of Asaph Hall, 1829~1907(Washington, D. C.: The National Academy of Sciences, 1908), pp. 262~263.

14   스키아파렐리가 도착했을 때 밀라노의 브레라 천문대에 있는 기구들은 이미 낡은 것들이었다. 하지만 이탈리아 고위 관료와 친했던 인물 중 하나가 스키아파렐리와 함께 토리노 대학에서 공학을 공부했고, 이탈리아 의회에 요청하여 새 망원경의 비용을 지원받았다. 망원경은 1875년에 도착했다. 스키아파렐리의 우선순위는 이중성을 관측하는 것이었다.

15   Agnese Mandrino, et al., "Ed ecco Marte!" *Di Pane e Di Stelle*(April 5, 2010); G.V. Schiaparelli, "First observations of Mars: Thursday, August 23, 1877," Notebook Entry, *Historical Archive of the Astronomical Observatory of Brera*, Box 403: 1 and Box 407: 1.]

16   R. A. Proctor, "Proctor's Mars Maps(1865~1892)," Planetary Maps(Jan. 29, 2016).

17   스키아파렐리는 오토 빌헬름 슈트루브와 요한 엔케의 학생 시절 했던 수많은 실험에 측미계를 사용했다(쌍으로 된 별을 관측하기 시작한 후 수십 년 동안 사용하다가 기력 저하로 그만두었고, 그만둘 때쯤에는 수천 개의 관측 기록을 남겼다).

18   스키아파렐리는 색맹이었고, 아마도 그래서 경계에 따라 톤이 달라지는 그라데이션에 대해 일반적인 사람들보다 민감했던 것 같다.

19   카날리라는 용어는 어두운 우주 공간을 다른 이탈리아 천문학자가 15년쯤 전에 "대

서양 카날레^{Atlantic Canale"}라 부른 것에서 따왔다. 이 말은 밝은 두 대륙을 가르는 것 같이 보인다는 뜻이었다.

20 Weintraub, Life on Mars, p. 93.

21 플라마리옹은 신비주의자이기도 했다. 빅토리아 시대 말기 지성인들은 교회의 권위와 싸우고 있었고, 플라마리옹은 과학과 종교적 삶을 특이하게 혼합했다. 플라마리옹은 사후 세계에서의 삶과 관측 가능한 우주 공간에서의 삶을 구분하지 않았다. 그는 인간이 하늘의 시민이라고 생각했고, 인간의 영혼이 텔레파시를 주고받을 수 있고 "런던, 시리우스, 산소"도 그렇다고 했다. Camille Flammarion, Camille Flammarion's The Planet Mars, trans. Patrick Moore(New York: Springer, 2014); Robert Crossley, "Mars and the Paranormal," in Imagining Mars: A Literary History(Middletown, Conn.: Wesleyan University Press, 2011), pp. 129~148.

22 George Basalla, Civilized Life in the Universe: Scientists on Intelligent Extraterrestrials(Oxford University, 2006), pp. 56~62.

23 Flammarion, Camille Flammarion's The Planet Mars, pp. 373~382, 505~509.

24 1882년 스키아파렐리는 운하가 마치 기찻길처럼 갑자기 근처에서 평행해서 흐르던 다른 운하와 합쳐져 가는 이상한 중복 현상에 대해 묘사했다. 스키아파렐리는 대체적으로 밝은 구역이 사막이라고 믿었고, 어두운 곳은 바다이며, 중간색 지역은 얕은 바다나 습지라고 보았다. 그는 섬, 지협, 해협, 반도 같은 용어로 썼다. 1878년, 그는 "우리의 지도는 지형학적 명칭을 완전히 포함하고 있어 자연적 특징에 대한 편견을 피할 수 있었다. 기억을 돕거나 묘사를 간단히 하기 위해 편견을 가질 수 있었다. 결국, 우리는 달에 대해 모든 것을 알고 액체로 이루어지지 않은 것도 안다. 이런 식으로 이해한다면, 내가 이렇게 이름을 붙인다고 해서 해가 되지 않을 것이라 본다……"라고 썼다. William Sheehan and Stephen James O'Meara, Mars: The Lure of the Red Planet (Amherst, N. Y.: Prometheus Books, 2001), pp.111~112; G. V. Schiaparelli, Astronomical and Physical Observations of the Axis of Rotation and the Topography of the Planet Mars: First Memoir, 1877~1878(San Francisco: Association of Lunar and Planetary Observers Monograph Number5, 1994).

25 Jonathan Pearson,"Erie Canal Timeline," Union College(2003).

26 Charles Gordon Smith and William B. Fisher, "Suez Canal," Encyclopedia Britannica(updated Feb. 13, 2019).

27 Enrique Chaves, etal., "French Panama Canal Failure(1881~1889)," The Panama Canal: A Triumph of American Medicine, The University of Kansas Medical Center(March 13, 2019).

28 Flammarion, Camille Flammarion's The Planet Mars, pp. 373~382, 512.

29 Louise Leonard, Percival Lowell, An Afterglow(Boston: Richard G. Badger, 1921), p. 15.

30 같은 책, p.29

31 같은 책, pp.19~20

32 William Sheehan, The Planet Mars: A History of Observation and Discovery (Tucson: University of Arizona Press, 1996), p. 104.

33 William H. Pickering, "Visual Observations of the Surface of Mars," Sidereal Messenger, 9(1890), pp. 369~370.

34 Jordan D. MarchéII, "Pickering, William Henry," in T. Hockley, et al., eds., The Biographical Encyclopedia of Astronomers(New York: Springer, 2007).

35 Percival Lowell, "Our Solar System," Popular Astronomy, 24(1916), p. 419.

36 Leonard, Percival Lowell, An After glow, p. 38. 관측대 위치를 선정하기 위해 로웰은 피커링과 페루에 갔던 앤드류 엘리콧 더글래스를 1894년 4월 애리조나에 먼저 보냈다. 로웰의 15센티미터짜리 반사 망원경을 가지고 더글래스는 여러 장소의 관

측 환경을 테스트했다. 한곳에서 하루 이틀 이상 머물지 않았기 때문에, 연구 가치는 별로 없고, 플래그스태프 언덕에 관측대를 마련한다는 결정은 다소 자의적이라고 할 수도 있다. 하지만 로웰은 이곳의 높은 고도가 관측에 유리하다고 판단했다. 더 글래스는 이후 플래그스태프에 가장 좋은 선술집들이 있다고 말한 적도 있다. 뒤돌아보면 애리조나 남부 지점이, 특히 투손 근처가 더 좋았을 수도 있었다. 더글래스는 이후 애리조나대학의 스튜어드 관측대를 설립하고 나서야 이것을 깨달았다.

37 플래그 스태프가 철도 지나가는 길에 위치했다는 것도 또 다른 이점이었다.

38 Schindler, "100 Years of Good Seeing," p. 1.

39 첫 관측은 대여한 망원경으로 했다. 45센티미터짜리 브래셔 반사 망원경과 30센티미터짜리 클라크 반사 망원경이었다.

40 45센티미터짜리 클라크 망원경은 1896년 7월에 도착했다.

41 Eric Betz, "Clark Telescope Going Dark," Arizona Daily Sun(Dec. 27, 2013).

42 Leonard, Percival Lowell, An After glow, p. 27.

43 Percival Lowell, Mars and Its Canals(New York: The Macmillan Company, 1906).

44 Percival Lowell, Mars(Boston: Houghton, Mifflin and Company, 1895), p. 128.

45 Leonard, Percival Lowell, An After glow, p. 27.

46 같은 책, pp.25~27

47 Robert Markley, Dying Planet: Mars in Science and the Imagination(Durham, N.C.: Duke University Press, 2005), p. 66.

48 Percival Lowell, "Mars(Part IV)," The Atlantic(Aug. 1895).

49 Percival Lowell, Mars as the Abode of Life(New York: The Macmillan Company, 1908), p. 135.

50 William H. Pickering, Mars(Boston: Richard G. Badger, 1921), p. 132. 고려해야 할 것은 에드워드 에머슨 바르나드 같은 미국 천문학자들이 제기한 의문점이다. 로웰이 플래그스테프에서 45센티미터짜리 망원경으로 관측을 시작할 때 바르나드는 캘리포니아 새너제이 해밀턴산에서 91센티미터짜리 반사 망원경을 이용하여 연구했다. 로웰이 지적 생명체에 대한 연구를 발표하기 전이었다. 바르나드는 동료에게 말했다. "나는 스키아파렐리가 그린 운하를 믿을 수 없다. 운하는 오류이고, 여러 번의 층이 지나가기 전에 밝혀질 것이다." William Sheehan, The Immortal Fire Within: The Life and Work of Edward Emerson Barnard (Cambridge University Press, 1995), p. 246.

51 이 천문학자는 에드워드 월터 몬더로 그리니치의 왕립 천문대에서 일했다.

52 몬더는 바르나드나 이탈리아 테라모에 있던 개인 천문대에서 관측 활동을 하던 빈센조 체룰리와 함께 로웰에 대해 회의를 가졌다. 체룰리는 운하 스케치를 1897년 1월 4일까지 했고, "파도 모양이 전혀 없는 화성의 모습"을 발견했다. 운하 중 하나인 레테스에서는 갑자기 "선이 없어지고 복잡하고 알 수 없는 작은 조각조각으로 변했다"고했다. 따라서 그는 운하가 착시 현상일 뿐이며 작은 불규칙한 세부 모습이 불안정한 공기를 통과해 오면서 보이는 것이라고 주장했다. Sheehan, The Planet Mars, p. 125.

53 J. E. Evans and E. W. Maunder, "Experiments as to the Actuality of the 'Canals' Observed on Mars,"Monthly Notices of the Royal Astronomical Society, 63(1903), pp. 488~499.

54 로웰은 '교정 학교' 학생들의 증언에 대해 큰 인상을 받지는 않았다.

55 심지어는 천문대를 설립하는 초기부터 함께했던 앤드류 엘리콧 더글래스마저 회의적으로 변했다. 더글래스는 1901년에 해고되었지만, 투손에 있는 애리조나대학에 천문학과를 세웠다.

56 K. Maria D. Lane,"Mapping the Mars Canal Mania: Cartographic Projection and the Creation of a Popular Icon," Imago Mundi, 58: 2(2006), pp. 198~211.

57 윌리엄 피커링이 1899년 포보스를 발견한데 이어 목성의 위성인 히말리아와 엘레라를 사진으로 1904년과 1905년에 찾아냈다.

58 당시 조수는 칼. O. 램플랜드Carl O. Lampland로, 이미 여러 종류의 천체 카메라를 설계한 적이 있었다. 안데스까지 가는 대신, 그는 플래그스테프에 머물러서 1907년 춘에 화성 사진 작업을 했다.

59 스키아파렐리는 이 소식을 듣고 흥분하여 로웰에게 "이것이 가능하다고 믿지 않았다"고 썼다.

60 영국천문학회장 A. C. D. 크로믈린은 그해 6월, "대략적으로 선형인 무늬가 존재하는 것이 착시가 아닌 것이 확실해 보인다"고 했다: Lane, "Mapping the Mars Canal Mania," p. 205; "Report of the Meeting of the Association, Held on June 20, 1906, at Sion College, Victoria Embankment,"Journal of the British Astronomical Association, 16, no. 9(1906), p. 333.

61 Lane, "Mapping the Mars Canal Mania," pp. 198 - 211; Simon Newcomb, "The Optical and Psychological Principles Involved in the Interpretation of the So-Called Canals of Mars,"Astrophysical Journal, 26:1(1907), pp. 1~17.

62 David Peck Todd,"The Lowell Expedition to the Andes," Popular Astronomy, 15 (1907), pp.551~553; William Sheehan and Anthony Misch, "The Great Mars Chase of 1907," Sky&Telescope (November 2007), pp. 20~24.

63 Hilmar W. Duerbeck, "National and International Astronomical Activities in Chile 1849~2002." In Interplay of Periodic, Cyclic and Stochastic Variability in Selected Areas ofthe H-R Diagram, 292(2003), pp. 3~20.

64 비가 거의 오지 않았으므로, 돔은 필요하지 않았다.

65 원정의 끝무렵, 로웰과 토드는 서로를 혹평하며 원정의 세부 사항에 대한 출판권에 대해 논쟁을 벌였고, 서로 법적 조치를 하겠다고 위협했다. 결국에는 토드가 『코스모폴리탄Cosmopolitan』지에 글을 실었고, 로웰은 사진 출판에 대해 독점적 권리를 가지기로 했다:Percival Lowell, "New Photographs of Mars: Taken by the Astronomical Expedition to the Andes and Now First Published," The Century Magazine, 75 (1907), pp.303 - 311; E. C. Slipher, "Photographing Mars," The Century Magazine, 75 (1907),p. 312; K. Maria D. Lane, Geographies of Mars: Seeing and Knowing the RedPlanet(Chicago: University of Chicago Press, 2011), pp. 118~120.

66 Lane, "Mapping the Mars Canal Mania," pp. 198~211.

67 Lowell, "New photographs of Mars," The Century Magazine, pp. 303~311.

68 Alfred Russel Wallace, Is Mars Habitable? A Critical Examination of Professor Percival Lowell's Book "Mars and Its Canals," with an Alternate Explanation (London: Macmillan and Co., Ltd., 1907), pp. 55~77.

69 안토니아디는 천문학자였을 뿐 아니라, 특출 난 기술을 가진 예술가이기도 했다. 파리 근처 쥬비시 관측대에서 플라마리옹과 1890년대부터 같이 작업했다. 안토니아디와 플라마리옹 둘 다 강한 개성을 가진 사람들이었다. 안토니아디는 그리스 여성과 1902년 결혼한 후, 천문학 외 다른 분야에 몇 년 동안 열정을 쏟았고, 그리스어로 이스탄불의 하기아 소피아에 대한 심층적인 연구를 세 권의 책으로 펴냈다. 이 작업 동안 미술적 스킬 또한 훈련시킬 수 있었다. 그는 또한 체스에 투신해 거의 그랜드 마스터 급에 가깝게 올랐다. 안토니아디는 파리 근교 뫼동 천문대에서 '거대한 안경'을 사용하여 관측했는데, 여기엔 당시부터 현재까지 유럽에서 가장 큰 반사망원경이 있는 곳이다. 안토니아디는 운하를 볼 수는 없었지만, "거대하고 어마어마한 양의 디테일이 꾸준하게 관측된다. 자연스럽고 논리적이며, 기복이 심하고, 불

규칙적이다. 기하학적 요소가 전혀 없는 것이 두드러진다."라고 했다. 로웰은 이 판단을 받아들일 수 없었고, 안토니아디가 관측하는 법도 모르는 사람이라고 일축하며 대기 때문에 시야가 흐려지고 실제로 있는 표면의 선이 불규칙하고 불연속적으로 보이는 것일 뿐이라고 주장했다. Sheehan and O'Meara, *Mars: The Lure of the Red Planet*, pp. 155~181.

70 Lane, "Mapping the Mars Canal Mania," pp. 198~211; E. M. Antoniadi, "On the Possibility of Explaining on a Geomorphic Basis the Phenomena Presented by the Planet Mars,"Journal of the British Astronomical Association, 20:2(1909), p. 93.

71 행성 인식에 대한 심리학적 연구에 대해서는 Chapter14, "A Stately Pleasure Dome," in William Sheehan, Planets and Perception: Telescopic Views and Interpretations, 1609~1909(University of Arizona Press, 1988).

72 Albert Einstein, "Zur Elektrodynamik bewegter Körper," Annalen der Physik, 322, no. 10 (1905), pp. 891~921.

73 전간기 유용한 연구는 아마추어들에 의해 이루어진 것이 많았다.

74 Leonard, Percival Lowell, An After glow, p. 42.

75 러디야드 키플링의 시 "진정한 사랑을 위하여To the True Romance"에서 따온 구절이다.

76 이 원정들은 국립 지리학회에서 지원했다. 지구상 고도가 높은 곳의 이점을 이용하기 위한 활동이 1939년에서 1954년까지 이루어졌다.

77 William Sheehan, The Planet Mars, p. 146.

78 슬라이퍼가 사진을 찍은 마지막 층은 1년 뒤인 1963년이었다. 그는 1964년 죽었는데, 매리너 4호가 화성에 가기 몇 달 전이었다.

79 Earl Slipher, The Photographic Story of Mars(Cambridge, Mass.: Sky Pub. Corp., 1962).

80 Peter M. Millman, This Universe of Space(Toronto: Canadian Broadcasting Corporation, 1961), pp.26, 28.

81 Samuel Glasstone, The Book of Mars(Washington, D. C.: Scientific and Technical Information Division, Office of Technology Utilization, NASA, 1968), p. 126.

82 "Press Kit, Mariner Mars '69," NASA(Feb. 14, 1969).

83 Kay Grinter, "One small step on the Moon, one giant footprint on Mars," Spaceport News(March 26, 2004); D News, "The Brave Story of Mars' McClure-Beverlin Escarpment,"Seeker (March 3, 2014); James H. Wilson, "Two over Mars—Mariner 6 and Mariner7, February – August 1969"(1970), p. 13; John Casani, 저자와의 인터뷰(Pasadena, Calif., Aug. 6, 2015).

84 이 팀원들의 이름은 빌 맥클러와 잭 베벌린이다. 2014년에는 '맥클러-베벌린 경사면'이라는 지명을 비공식적으로 붙여 그들의 공을 기렸다.

85 Collins, The Mariner 6 and 7 Pictures of Mars, p. 24.

86 매리너 7호의 프레임인 7F69와 7F70에 전통적인 코프라테스의 특징이 있었다. 코프라테스는 고대 페르시아 강의 이름이다. 코프라테스에는 어두운 점들이 있어 '코프라테스 운하'는 별도의 어두운 지점으로 식별할 수 있었다: Collins, The Mariner 6 and 7 Pictures of Mars, p. 58. Yet a different view emerged with the much higher resolution imaging from Mariner 9. 사실 새롭게 발견된 코프라테스 구멍은 협곡 구조로 매리너 계곡의 일부이며, 상대적으로 선형에 가깝다. '코프라테스 운하'와 일치하는 특이한 협곡을 제외하면, 많은 관측 결과 확실히 운하라고 불릴 만한 특징은 없다.": William K. Hartmann and Odell Raper, The New Mars: The Discoveries of Mariner 9 (Washington, D. C.: NASA Office of Space Science, 1974), p. 63.

87   Collins, The Mariner 6 and 7 Pictures of Mars, p. 65.

88   같은 책, p.59

89   같은 책, p.20

90   같은 책, p.24

91   "Press Kit,Project: Mariner 9," NASA(Oct. 22, 1971).

92   놈 헤인즈, 저자와의 인터뷰(Pasadena, Calif., Aug. 6, 2016).

93   발사 시각은 5월 9일 01:11:02 UTC였다(미국 시간으로 5월 8일이었다); John Noble Wilford, "Mariner 8's Rocket Fails After Lift-off, Dooming Mars Trip," *The New York Times*(May 9, 1971).

94   "Kosmos 419," NASA Science Solar System Exploration(Jan. 26, 2018).

95   Asif A. Siddiqi, Deep Space Chronicle: A Chronology of Deep Space and Planetary Probes 1958~2000, Monographs in Aerospace History, no. 24(2017) p. 86.

96   시뮬레이션 결과 12분의 1인치 길이의 직접 회로칩이 고장 난 것이었다: "Mariner I Assigned New Mission,"NASA JPL(May 26, 1971).

97   같은 책

3장

1   Charles F. Capen and Leonard J. Martin, "The Developing Stages of the Martian Yellow Storm of 1971," Lowell Observatory Bulletin, no. 157(Nov. 30, 1971), p. 211. 1956년 기대를 모았던 충은 지구에서 화성까지 거리가 5,600만 킬로미터까지 가까워졌지만, 거대 먼지 폭풍이 화성을 뒤덮었다. 먼지 폭풍은 화성에서 흔히 일어나는 일이긴 하지만, 이번에는 천문학자들이 놀랄 만한 규모였고, 변칙적인 경우였다고 일반적으로 본다. 하지만 1971년 초, 로웰 관측대 행성 연구 센터의 천문학자 칙 카펜은 그해 비슷한 일이 일어날 것이라 보았는데, 태양에 의해 가장 뜨거워지는 때인, 근일점과 가까운 시기에 화성과 지구 간의 거리가 좁아지는 해였기 때문이었다. 9월 말에서 10월 초까지 전 세계에 걸쳐 프로와 아마추어를 막론하고 천문학자들은 화성의 먼지 폭풍을 관측했다.

2   Capen and Martin, "The Developing Stages of the Martian Yellow Storm of 1971," p. 214.

3   Norman Haynes, personal interview by Sarah Johnson(Pasadena, Calif., Aug. 6, 2016).

4   제트추진연구소는 매리너 6호와 7호에 프로그래밍을 다시 할 수 있는 메모리를 설치했다. 비행 동안 테스트를 거쳤지만, 탐사 활동 동안 중요한 작업에는 적용하지 않았었다. 매리너 9호도 6호와 7호와 비슷한 설계를 채택했는데, 테이프 리코더의 성능은 높인 것이었다. 매리너 6호와 7호에서 다시 프로그래밍할 수 있는 메모리는 128 단어였고, 9호에서는 512 단어였다. 매리너 9호가 궤도를 돌 때마다 관측 조건 등의 결과를 전송하기에는 충분했다.

5   V. G. Perminov, "The Difficult Roadto Mars: A Brief History of Mars Exploration in the Soviet Union" (Washington, D. C.: Monographs in Aerospace History, no. 15, 1999), p. 59. 소련이 사용한 소프트웨어는 원격으로 프로그래밍을 다시 할 수 없었기 때문에 먼지 폭풍이 잦아들 때까지 기다릴 여유가 없었다.

6   Amy Shira Teitel, "The Soviet Rovers That Died on Mars," Discover(July 20, 2017).

7   Caleb A. Scharf, "The Great Martian Storm of '71," *Scientific American*(Oct. 21, 2013)

8   Carlton C. Allen, et al., "JSC-Mars-1: Martian Regolith Simulant," Lunar and Planetary Science Conference, 28(1997).

9   Inge Loes ten Kate, "Organics on Mars Laboratory Studies of Organic Material Under Simulated Martian Conditions,"Doctoral thesis, Leiden University(2006) p. 76.

10 대기 속 먼지 입자의 크기는 직경이 약 3μm으로 추정된다: M. T. Lemmon, et al., "Atmospheric Imaging Results from the Mars Exploration Rovers: Spirit and Opportunity," Science, 306, no. 5,702 (2004), p. 1,753.

11 Sheehan and O'Meara, Mars: The Lure of the Red Planet, p. 354; Caleb A. Scharf, "Mars and the Wave of Darkening,"Scientific American(Aug. 9, 2018).

12 Gerard P. Kuiper, "Visual Observations of Mars, 1956," The Astrophysical Journal, 125(1957), p. 307. 클로로필의 진단적 특징이 나타나지는 않았으나 소련의 과학자인 가브릴 티호프는 클로로필 흡수대가 툰드라 조건에서, 특히 산소가 제한적일 때 확장됐다가 사라지기도 하는 것을 발견했다.

13 William M. Sinton, "Spectroscopic Evidence for Vegetation on Mars," Astrophysical Journal, 126 (1957), p. 231;Sinton, "Further Evidence of Vegetation on Mars," Science, 130, no. 3,384(1959), pp. 1,234~1,237; Steven J. Dick, Life on Other Worlds: The 20th-Century Extraterrestrial Life Debate(Cambridge University Press, 2001), p. 51.

14 이 프랑스 동료 과학자는 장-앙리 포카였다: "Observations of Mars Made in 1961 at the Pic Du Midi Observatory," NASA Technical Report, JPL-TR-32-151(1962).

15 E. P. Martz, Jr., "Professor William Henry Pickering, 1858~1938, An Appreciation," Popular Astronomy, 46, no. 456(June-July 1938), p. 299; Leon Campbell, "William Henry Pickering, 1858~1938,"Publications of the Astronomical Society of the Pacific, 50, no. 294 (1938), pp. 122~125.

16 William Henry Pickering, Guide to the Mt. Washington Range (Boston: A. Williams, 1882).

17 같은 책, p.10

18 같은 책, p.11

19 천문학자로서, 피커링은 천문대를 세우기 적합한 곳을 찾는 작업을 많이 했다. 1889년, 피커링은 캘리포니아 윌슨산천문대의 적합성을 테스트한 최초의 천문학자 중 한 명이었다. 그 후 수십 년간, 윌슨산천문대는 세계적 명성을 얻었고, 관측 우주론의 탄생지가 되었다. "Our Story," Mount Wilson Observatory, www.mtwilson.edu

20 Paul White, Thomas Huxley: Making the "Man of Science"(Cambridge University Press, 2003).

21 William H. Pickering, Mars (Boston: Richard G. Badger, 1921), p. 132.

22 Kristina Maria Doyle Lane, "Imaginative Geographies of Mars: The Science and Significance of the Red Planet, 1877~1910," doctoral thesis, University of Texas at Austin (2006) p.90; William H. Pickering, "The Planet Mars," Technical World Magazine(1906),pp. 463~464.

23 피커링은 모든 분야에 대해 아이디어가 넘쳤다. 본인의 견해를 흔들리지 않고 고집한 로웰과는 달리, 피커링은 스스로의 아이디어에 대해서도 깊이 집착하지는 않았다. 그의 화성 생명체에 대한 이론에 대해서는 William H. Pickering, "Report on Mars, No. 37: What I Believe About Mars," Popular Astronomy, 34 (1926), pp. 482~491.

24   David Bressan, "The Earth-like Mars," *Scientific American*, 14(Aug. 2012).

25   Pickering, "Report on Mars, No. 37,"*Popular Astronomy*, pp. 482 - 491.

26   Pickering, Mars, pp. 149 - 150.

27   같은 책, p.150.

28   Howard Plotkin, "William H. Pickering in Jamaica: The Founding of Wood lawn and Studies of Mars," Journal for the History of Astronomy, xxiv(1993), p. 109; Philip M. Sadler, "William Pickering's Search for a Planet Beyond Neptune," Journal for the History of Astronomy, 21, no. 1(Feb. 1990), pp. 59 - 60.

29   Plotkin, "William H. Pickering in Jamaica," Journal for the History of Astronomy, p. 111.

30   William H. Pickering, "Island Universes and the Origin of the Solar System," The Observatory, 47(1924), p.56.

31   Pickering, Mars, pp. 156~157.

32   Sadler, "William Pickering's Search for a Planet Beyond Neptune," Journal for the History of Astronomy, p. 60; E. P. Martz, Jr., "Pilgrimage to a Tropical Observatory," Popular Astronomy, 45(1937), pp. 419~428.

33   William H. Pickering, "Monthly Report on Mars—No. 1," Popular Astronomy, 22 (1914), p.1.

34   모두 합쳐 1913년에서 1930년까지 44개의 보고서를 썼다. Martz, "Professor William Henry Pickering," Popular Astronomy, p. 301.

35   Pickering, "Instrument Readings, Notes, and Landscape Sketches, 1891~1892," Papers of William Henry Pickering,1870~1907(Harvard University Archives, HUG 1691, HUG 1691.65).

36   Pickering, Mars, p. 28.

37   피커링의 인용 Sadler, "William Pickering's Search for a Planet Beyond Neptune," Journal for the History of Astronomy, p. 60.

38   Pickering, "Monthly Report on Mars—No. 4," Popular Astronomy, 22 (1914), p. 228.

39   Pickering, "Monthly Report on Mars—No. 2," Popular Astronomy, 22 (1914), p. 96.

40   같은 책, p.94

41   Pickering, "Monthly Report on Mars,"Popular Astronomy, 22 (1914), pp. 3~4.

42   같은 책, p.4

43   Pickering, "Monthly Report on Mars—No. 4," Popular Astronomy, p. 224.

44   Pickering, "Monthly Report on Mars.—No. 2," Popular Astronomy, p. 92.

45   같은 책, p.99

46   원래의 실험은 행성의 방사선 비율을 측정하는 것이었는데, 연구자들이 실험의 결과를 온도 측정상의 결과로 전환시켜 정확도를 높였다고 주장했다: Steven J. Dick, Life on Other Worlds: The 20th-Century Extraterrestrial Life Debate(Cambridge University Press, 2001), pp. 45~47; W. W. Coblentz, "Thermocouple Measurements of Stellarand Planetary Radiation," Popular Astronomy, 31(1923), pp. 105~121.

47   Pickering, Guide to the Mt. Washington Range, p. 11.

48   이것은 부분적으로는 관찰자들이 달에서처럼 화성의 명암 경계선에서 변칙적인 것을 발견하지 못했기 때문이었다. 대기 속 먼지의 존재로 매끈해 보이는 효과가 난다고 볼 수 있다.

49   피커링이 조금 더 고등한 생명체의 형태에 대해 열린 입장이었다는 것을 상기할 필

요가 있다. 서른일곱 번째 보고서에서 피커링은 "운하에 대한 네 번째 설명은 극에서 극으로 물이 움직인다는 견해다. 인공적인 도움이 개입되어야 하는 것은 아니지만, 나는 굳이 동물적 생명체, 혹은 심지어 지적 생명체가 화성에 있다는 가능성을 부정하지 않겠다"고 썼다. Pickering, "Monthly Report on Mars—No. 37: What I Believe About Mars," Popular Astronomy, 34(1926), p. 484.

50 "Mariner 9," NASA Science: Solar System Exploration(July 31, 2019).

51 헤인즈, 저자와의 인터뷰

52 같은 자료

53 브루스 머리, 레이첼 프루돔므와의 인터뷰, California Institute of Technology Archives and Special Collections(Pasadena, Calif., 1993), p. 82.

54 베스타에 있는 리아실바 중심부 꼭대기는 올림푸스산보다 조금 높고, 올림푸스산의 직경은 베스타보다 조금 더 크다.

55 헤인즈, 저자와의 인터뷰

56 William Sheehan, The Planet Mars: A History of Observation and Discovery(Tucson: University of Arizona Press, 1999), p. 156.

57 Hartmann and Raper, The New Mars: The Discoveries of Mariner 9, p. 94.

58 같은 책, p.97

59 같은 책

4장

1 Bill Carter, "'Civil War' Sets an Audience Record for PBS," The New York Times(Sept. 25, 1990).

2 Carl Sagan, Ann Druyan, and Steven Soter, writers, Cosmos, Season1, episode 6, "Travellers' Tales," directed by Adrian Malone, et al. Aired Nov.2, 1980. Australian Broadcasting Commission, Carl Sagan Productions, and KCET, 1980.

3 David A. Hollinger, "Star Power: Two Biographies of Carl Sagan Explore the Scientist as Celebrity and the Celebrity as Scientist," The New York Times(Nov. 28, 1999).

4 Keay Davidson, Carl Sagan: A Life (New York: John Wiley & Sons,1999), p. 214. 칼 세이건의 전기에는 초기 생애와 커리어에 대한 많은 이야기가 있는데, 자세한 이야기 출처는 Spangenburg, Moser, and Moser, Carl Sagan: A Biography; William Poundstone, Carl Sagan: A Life in the Cosmos(New York: Henry Holt, 1999); and Keay Davidson, Carl Sagan: A Life.

5 Carl Sagan, Carl Sagan's Cosmic Connection: An Extraterrestrial Perspective(Cambridge University Press, 2000), p. 45.

6 Carl Sagan and Joshua Lederberg, "The Prospects for Life on Mars: APre-Viking Assessment," Icarus, 28 (1976), p. 291.

7 같은 책, p.297, George Basalla, Civilized Life in the Universe: Scientists on Intelligent Extraterrestrials (Oxford University Press,2006), p. 110; "Mars: The Search Begins," Time, 108(July 5, 1976), pp. 87~90; Carl Sagan, Other Worlds(New York: Bantam Books, 1975).

8 Sagan and Lederberg, "The Prospects for Life on Mars," Icarus, pp.295~296.

9 Sagan, "The Search for Extraterrestrial Life," Scientific American, 271, 4(October 1994), p. 93.

10   David S. Salisbury, "Will Viking Find Life on Mars?" The Lowell Sun(July 8, 1976).

11   Carl Sagan, Cosmos(New York: Ballantine Books, 1985), pp. 90~91.

12   Sean Hutchinson, "15 Highlights from Carl Sagan's Archive," Mental Floss(Feb. 6, 2014).

13   Arthur C. Clarke, Interplanetary Flight: An Introduction to Aeronautics (New York: Harper, 1952).

14   Ray Spangenburg, Kit Moser, and Diane Moser, Carl Sagan: A Biography (Westport, Conn.: Greenwood Publishing Company, 2004), p. 12.

15   같은 책

16   Keay Davidson, Carl Sagan: A Life (New York: John Wiley&Sons,1999), pp. 2, 9~11, 42.

17   Jorge Alberto Delucca, A Few Great Scientists: From Alfred Nobel to Carl Sagan(Bloomington, Ind.: Xlibris Corporation, 2017).

18   Poundstone, Carl Sagan: A Life in the Cosmos, p. 25.

19   Carl Sagan, Physical Studies of Planets(University of Chicago PhDthesis, 1960)

20   E. C. Levinthal, Cytochemical Studies of Planetary Microorganisms Explorations in Exobiology, NASA Technical Report No. IRL1213(Washington: NASA, 1980), Attachment 1: "March 4, 1959 Letter from Lederberg to Jastrow." 또한 추가적으로 James E. Strick, "Creating a Cosmic Discipline: the Crystallization and Consolidation of Exobiology, 1957~1973," Journal of the History of Biology37, no.1 (2004), pp.131~180

21   1958년 국립과학원에서는 지구 밖 생명체에 대해 조금 더 면밀한 연구를 하기로 결정한다. 노벨상을 수상한 위스콘신대학의 유전학자 조슈아 레더버그가 외계 생명체 연구 패널의 공동 의장을 맡게 되었다. 이후, 패널에서는 행성 생물학에 대한 핸드북의 초안을 만들기로 했고, 레더버그는 젊은 칼 세이건과 나사 사이에 계약을 맺는 것을 제안했다. 그는 "이것은 매우 중요한 일이고, 이 분야에 대해 잘 알면서 열정을 가진 사람을 찾기 힘들다. 운 좋게도 칼 세이건 씨는 여키스천문대에서 천문학 (행성 대기에 관한) 논문을 완성하고 이번 여름 몇 달간 연구를 할 시간이 날 것이다."라고 썼다. Memorandum from R. C. Peavey to the Space Science Board, the Committee on Space Projects, and the Committee on Psychological and Biological Research, 13 April 1959, Joshua Lederberg Papers, 1904 – 2008, Located in: Archives and Modern Manuscripts Collection, History of Medicine Division, National Library of Medicine, Bethesda, Md.; MS C 552. 이 사건들의 흥미로운 역사에 대해서는: Mary Voytek, et al., Astrobiology: The Story of Our Search for Life in the Universe(Mountain View, Calif.: NASA Astrobiology Program, 2010).

22   Jacob Berkowitz, The Stardust Revolution: The New Story of Our Origin in the Stars(Buffalo, N. Y.: Prometheus Books, 2012), p.132

23   "로켓을 보내서 달 표면에 충돌하도록 하는 것은 현재 기술로는 이해할 수 없는 방안이지만, 표본을 가져오는 것은 가능하다." 레더버그는『사이언스』지에 낸 글에서 주장했다. "우리는 현재 과학적 조사를 이유로, 일정한 가능성을 깨닫기 전에 오랫동안 망칠 수 있는 이상한 상황에 놓여 있다." Joshua Lederberg and Dean B. Cowie, "Moondust," Science, vol.127, no. 3313(1958), pp. 1,473~1,475.

24   "웨스텍스와 이스텍스는 신속히 회의를 정례화시켰고, 의장은 레더버그와 버클리대학의 화학 교수 멜빈 켈빈이었다.

25   Steven J. Dick and James E. Strick, The Living Universe: NASA and the Development of Astrobiology(New Brunswick, N. J.: Rutgers University Press,2004), p. 25."

26 "That member was Thomas Gold, a Cornell astronomy professor. The moment is described in Carl Sagan, "Wolf Vladimir Vishniac: An Obituary," *Icarus*, vol. 22, issue 3(1974), pp. 397~398.

27 Eugene Kinkead, "The Tiny Landscape, Pt. 1," The New Yorker (July2, 1955), p. 29

28 같은 책

29 Kinkead, "The Tiny Landscape, Pt. 2," The New Yorker (July 9,1955), p. 39."

30 "Maya Benton, Roman Vishniac Rediscovered(New York: Prestel,2015); Roman Vishniac, "Wolf Vishniac arriving with his family in New York Harbor on the S. S. Siboney, New York," ca. 1940(New York: International Center of Photography, 2013).

31 Wolf Vishniac, Bo L. Horecker, and Severo Ochoa, "Enzymic Aspects of Photosynthesis," Advances in Enzymology and Related Areas of Molecular Biology, 19 (1957), pp. 1~77.

32 Wolf Vishniac and Melvin Santer, "The Thiobacilli," Bacteriological Reviews,21,no.3(1957), p.195.

33 Poundstone, Carl Sagan: A Life in the Cosmos, p. 49.

34 Wolf Vishniac, "Letter to Senator Clinton P. Anderson," U. S. National Library of Medicine(Aug. 28, 1969).

35 The Search for Martian Life Begins: 1959~1965," in Edward Clinton Ezell and Linda Neuman Ezell, *On Mars: Exploration of the Red Planet, 1958~1978*(Washington, D.C.: The NASA History Series, 1984).

36 Wolf Vishniac, "Extraterrestrial Microbiology," Aerospace Medicine(1960), pp. 678~680; "The Search for Martian Life Begins: 1959~1965," in Ezelland Ezell, *On Mars: Exploration of the Red Planet, 1958~1978*.

37 비슈니악은 원래 "미생물 성장 자동 원격 탐지 장치를 개발하려고 했다. (…) 그는 이런 기기를 만들어 내는 것이 가능하다고 증명하고 싶어 했다." 1961년, 그는 볼 브라더스 연구소Ball Brothers Research Corporation와 조금 더 복잡한 논의를 하고자 연락을 주고 받았다. "The Search for Martian Life Begins: 1959~1965," in Ezell and Ezell, *On Mars: Exploration of the Red Planet, 1958~1978.*

38 심슨의 아버지는 조지 게이로드 심슨으로 1959년부터 1970년까지 하버드 비교동물학 박물관Harvard's Museum of Comparative Zoology 큐레이터를 지냈다.

39 George Gaylord Simpson, "The Non prevalence of Humanoids," in This View of Life: The World of an Evolutionist (New York: Harcourt, Brace &World, 1964), pp. 253~254; John D. Rummel, "Carl Woese, Dick Young, and the Roots of *Astrobiology*," RNA Biology, 11, no. 3(2014), pp. 207~209."

40 David Warm flash, "Celebrating Viking: Gilbert Levin Recalls the Search for Life on Mars," Discover (July 20, 2016).

41 이 기구의 발명자인 길 레빈은 위생 공학자로 공중 보건 분야에 종사했다. 기기를 이용한 전형적인 테스트는 매우 간단했다. 박테리아가 물 샘플에 많이 존재한다면, 영양분이 풍부한 물질을 이 물에 넣었을 때 호흡으로 이산화탄소가 많이 생길 것이다. 따라서 이산화탄소가 적게 존재한다면, 물은 안전한 것으로 볼 수 있다. 하지만 이 전형적인 방법은 일주일 이상의 시간이 걸렸고, 레빈은 지난주에 떠 놓은 물을 마시거나 지난주에 생긴 바다에서 수영을 하는 사람은 없다며 실험에 불만을 표시했다. 그는 완전히 새로운 방식으로 접근하여, 방사선을 이용해 동일한 실험을 수천 배 정확하게 만들었다. 기본적으로는 탄소 형태의 방사선을 이용하여 이산화탄소를 내뿜는 양을 측정하는 것이었다. 미생물이 많다면, 탄소-14로 이루어진 영양분을 소비할 것이다. 탄소-14는 다시 호흡되어 공기 중으로 빠져나오고 매우 민감한 가이거 계수기에 나타날 것이다. 매우 적은 양의 기체만 있어도 실험이 가능했고, 탐

지 시간을 엄청나게 줄일 수 있었다. Jay Gallentine, "What If,", Infinity Beckoned: Adventuring through the Solar System, 1969~1989(Lincoln: University of Nebraska Press, 2016)

42 연실을 배양 공간에 붙이면 표식이 붙은 유기 영양소들이 분해된다. 영양소들이 대사를 거치며 호흡이 일어날 것이고 미생물들은 화학적으로 코팅되어 충격 흡수가 되는 가이거 계수기에 탑지된다.

43 Gallentine, Infinity Beckoned: Adventuring through the Solar System, 1969~1989, p.17

44 미생물 사진을 찍는 것이 고려되긴 하였으나 이렇게 화질이 좋지 않은 사진을 전송하려 해도 오늘날 문자 메시지 정도의 크기인 105비트를 써야 했고, 화질을 높이면, 아이폰 초기 모델의 스냅 사진 정도 크기인 107비트를 써야 했다. "이렇게 데이터 요구량이 많고, 표본 준비와 슬라이드를 찾는 데 드는 문제를 고려하면, 이 기기에 더 이상 관심을 둘 필요가 없다" Life Detection Experiments Team, "A Survey of Life Detection Instruments for Mars," NASA TMX-54946 Technical Report, NASA(August 1963), p.15

45 생명 탐지 기구의 프로토타입들은 거의 전부가 미생물에 초점을 맞췄다. 미생물은 언제나 더 고등한 동물들과 연관되기 때문이고, 어디에서든 찾을 수 있기 때문이다. 지구상 어디에서든 퍼올린 한 바구니의 흙에도 미생물이 득시글할 수밖에 없다. 미생물을 탐지하는 것은 미시적 규모로도 가능하므로, 기구 하드웨어 무게의 제약이 다를 수밖에 없는 우주 공간에서도 유리하다.

46 Vishniac, "Letter from Wolf Vishniac to Clinton P. Anderson, United States Senate.

47 S. D. Kilston, R. R. Drummond, and C. Sagan, "A Search for Life on Earth at Kilometer Resolution," Icarus, 5, 79(1966), pp. 79~98; Carl Sagan and David Wallace, "A Search for Life on Earth at 100 Meter Resolution," Icarus,15, 3(1970), pp. 515~554; Carl Sagan, "Is There Life on Earth?" Engineering and Science, 35 (4), (1972), pp. 16~19.

48 Carl Sagan, "Statement of Dr. Carl Sagan, Department of Astronomy, Cornell University, Ithaca, N. Y.," Symposium on Unidentified Flying Objects, Hearings Before the Committee on Science and Aeronautics, U.S. House of Representatives, 90th Congress, 2nd Session(July 29, 1968)

49 '화성 단지' 작업은 원래 군사 우주 의학 전문가 후버터스 슈트럭홀드가 시작했지만, 오늘날에는 거의 잊혔다. 슈트럭홀드는 2차 대전 동안 독일 공군의 의학 연구 프로그램에서 일정 역할을 했기 때문이고, 이는 인간 생명을 위태롭게 하는 저기압 실험을 시행한 프로그램이었다. 과학 기술 연구자인 조던 빔은 화성 단지 연구에 흥미를 가졌다.: Jordan Bimm, "What's in the Mars Jar? Cold War Astrobiology and the Idea of Mars as a Microbial Place," American Anthropological Association(Denver, Colo.: Nov.2015).

50 Sagan, Cosmos, p. 119

51 Henry S. F. Cooper, Jr., The Search for Life on Mars: Evolution of an Idea(New York: Holt, Rinehart and Winston, 1980), p. 126.

52 N. H. Horowitz, et al., "Sterile Soil from Antarctica: Organic Analysis," Science, 164, no. 3,883(1969), pp. 1,054~1,056.

53 그는 웨스텍스에서의 역할 외에도 걸리버 개발에도 기여했다. 나사는 레빈에게 박사 학위가 있는 과학자로 실험을 같이하며 지원을 계속 받을 사람을 고르라고 했다. 레빈에게는 박사 학위가 없었고, 과학자보다는 공학자로 비춰졌다. 그는 남는 시간에 존스홉킨스대학에서 박사 과정을 공부하며(3년 내에 학위를 땄다), 놈 호로위츠를 파트너로 골랐다. Jay Gallentine, Infinity Beckoned: Adventuring through the

Solar System, 1969~1989, pp. 18~19.

54 Cooper, The Search for Life on Mars: Evolution of an Idea, pp.100~101.

55 이 아이디어는 미생물이 호흡하는 이산화탄소 속 탄소가 아니라 '고정된' 탄소에 초점을 맞추는 것이었다. 열기는 세포를 파괴하기 충분할 정도로, 땅속 미생물 안에 있는 탄소는 기체로 다시 나올 것이며, 가이거 계수계에서 이것을 읽을 것이다. 그렇다면 이것은 살아 있는 생물체의 강력한 신호가 된다. 이를 열분해 방출Pyrolytic Release 실험이라 부른다.

56 이것은 바이킹호의 표지 분자 방출Labeled Release 실험이다.

57 이것은 바이킹호의 기체 교환Gas Exchange 실험이다.

58 Cooper, The Search for Life on Mars: Evolution of an Idea, p. 99.

59 Norman H. Horowitz, To Utopia and Back: The Search for Life in the Solar System (New York: W. H. Freeman and Company, 1986), p. 120.

60 55 Years Ago: Mariner 2 First to Venus," NASA (Dec. 14, 2017).

61 바이킹 탐사선은 나사의 보이저 화성 프로그램Voyager Mars program에서 비롯된 것으로, 1966년에서 1968년까지 기획됐다가 위험성과 비용 문제로 취소됐다. 탐사선의 이름은 나사의 보이저 1호나 2호와는 관련이 없다.

62 Poundstone, Carl Sagan: A Life in the Cosmos, p. 107

63 1952년, MIT에서는 지질학과가 지질학 및 지질물리학과로 이름이 변경됐다. 1967년에는 지구 및 행성과학과가 되었고, 1983년에는 지구대기환경과학과가 되었다. Institute Archives, MIT Libraries, July 2007.

64 Poundstone, Carl Sagan: A Life in the Cosmos, p. 107.

65 같은 책, pp. 171~173.

66 Harold Urey, quoted in Bill Sternberg, "The Sagan Files," Cornell Alumni Magazine(March/April 2014).

67 Poundstone, Carl Sagan: A Life in the Cosmos, p. 25.

68 같은 책, pp. 34~35. 비슈니악은 나름의 창의적인 가설을 가지고 있었다: 아마도 밝은 색의 먼지가 화성 표지 식물에 쌓이고, 흔들려서 땅에 떨어지면 어두운 잎 부분이 드러난다는 것이었다. 터무니없지만, 나름 증거와 논리에 근거한 것이었다. 비슈니악과 세이건 모두 그때까지 알려진 것과 알려지지 않은 것에 대해 정확히 알고 있었고, 증거가 무시당하면 안 된다는 믿음, 그리고 증거가 없다면 가능성은 무한하다는 믿음을 가지고 있었다.

69 Vishniac, "Letter from Wolf Vishniac to Clinton P. Anderson, United States Senate.

70 Gilbert V. Levin, "The Curiousness of Curiosity," Astrobiology, 15,no. 2 (2015), pp. 101~103.

71 "Viking Lander: Creating the Science Teams," in Ezell and Ezell, On Mars: Exploration of the Red Planet, 1958 – 1978.

72 "How Viking Instrument Studies Soil Samples for Signs of Life" and "The Viking Biology Project(Art)" in Mars Viking (Redondo Beach, Calif.: TRW, 1976), pp. 11~12."

73 Cooper, The Search for Life on Mars: Evolution of an Idea, p. 98.

74 "Viking Lander: Creating the Science Teams," in Ezell and Ezell, OnMars: Exploration of the Red Planet, 1958~1978.

75 Joshua Lederberg, "Letter to Dr. Richard S. Young, March 15, 1972," Joshua Lederberg Papers, 1904 – 2008. Located in: Archives and Modern Manuscripts Collection, History of Medicine Division, National Library of Medicine, Bethesda, Md.: MS C 552.

76 "Viking Lander: Creating the Science Teams," in Ezell and Ezell, On Mars: Exploration of the Red Planet, 1958 – 1978.

77 에프라임 비슈니악, 저자와의 전화 인터뷰(Sept. 8, 2017).

78 같은 자료

79 같은 자료

80 Zeddie Bowen, quoted in Sheehan and O'Meara, Mars: The Lure of the Red Planet, p. 289.

81 Zeddie Bowen, quoted in Ricki Lewis, "Researchers' Deaths Inspire Actions to Improve Safety," The Scientist(Oct. 27, 1997)

82 Associated Press, "Wolf V. Vishniac, Micro Biologist," The New York Times (Dec. 12, 1973).

83 칼 세이건이 비슈니악의 부고를 썼다. 글에서 그는 비슈니악이 "놀라울 만큼 정직하고, 친절하며, 요령 있으면서도 사려 깊은 사람"이었다고 썼다. 비슈니악은 "생물학의 근본 문제에 대한 깊은 이해를 가지고 있었고, 당대 어느 과학자보다도 외계 생명체의 혁명적 중요성에 대해 더 잘 알고 있었다."고도 했다. Carl Sagan, "Wolf Vladimir Vishniac: An Obituary," Icarus, vol. 22, issue 3(1974), pp.397~398."

84 "Viking Lander: Creating the Science Teams," in Ezell and Ezell, OnMars: Exploration of the Red Planet, 1958~1978.

85 Eric Burgess, To the Red Planet(New York: Columbia University Press, 1978), p. 63.

86 우리는 이제 과거 화성에 소금물이 있었다는 증거를 충분히 확보했다. F. Javier Martín-Torres, María-Paz Zorzano, Patricia Valentín-Serrano, Ari-Matti Harri, Maria Genzer, Osku Kemppinen, Edgard G. Rivera-Valentin, et al., "Transient Liquid Water and Water Activity at Gale Crater on Mars," Nature Geoscience, 8, no.5(2015), p.357

87 "The Viking Landing Sites: The Questions They'll Answer," in MarsViking (Redondo Beach, Calif.: TRW, 1976), pp. 14.

88 "Yuty Crater in Chryse Planitia, Mars," NASA (June 22, 1976).

89 "Site Certification—and Landing," in Ezell and Ezell, On Mars: Exploration of the Red Planet, 1958 – 1978.

90 "Science: Another Delay for Viking," Time (July 19, 1976)."

91 바이킹 1호는 1976년 6월 19일 궤도에 들어갔지만 7월 4일에는 착륙이 불가능한 것이 곧 명백해졌다. 바이킹 2호는 8월 7일에 궤도에 들어가기로 되어 있었다. 기념 행사에서 바이킹 탐사 팀장 톰 영은 바이킹 1호의 "착륙이 너무 오래 지연되어 화성에서 우리 능력으로 통제가 안 되는 교통 체증이 일어날 것 같았다"고 말했다. Sam McDonald, "'Viking at 40' Events Revisit a Giant Step in NASA's Journey to Mars," NASA(July 26, 2016)

92 Sagan, Cosmos, p. 98; 추가로, "Site Certification—And Landing" in Ezell and Ezell, On Mars: Exploration of the Red Planet, 1958~1978.

93 "Viking 1 Lander," NASA Space Science Data Coordinated Archive,NSSDCA/ COSPAR ID: 1975-075C, NASA.

94 Sagan, Cosmos, p. 96.

95 "Viking 1 Lander," NASA Space Science Data Coordinated Archive, NSSDCA/ COSPAR ID: 1975-075C, NASA."

96 연료는 히드라진(N2H4)으로 연소의 결과물로 유기물을 형성하지 않는 연료다. 따라서 착륙 시 표면의 과학적 특징을 오염시킬 위험을 최소화하는 것이었다.

97 2016년 "바이킹40" 심포지엄에서, 제트추진연구소의 로버트 매닝은 "바이킹호가 이룬 업적은 놀랍다. 컴퓨터가 인기 있기 이전에 탐사선을 설계하여 만들어 냈다는

사실을 상상하는 것조차 어려워하는 사람들이 많다. 이 사람들은 이것을 손, 종이, 모조지, 노트패드를 이용해서 해 냈다"고 했다. McDonald, "Viking at 40' Events Revisit a Giant Step in NASA's Journey to Mars," NASA.

98 소련의 마르스 3호는 화성 표면에 착륙하고 90초간 살아남았다. 소련 베네라 탐사선들은 금성 표면에서 1~2시간 정도 살아남았다.

99 Rebecca Wright, "Interview with A. Thomas Young," NASA Headquarters Oral History Project, NASA Johnson Space Center History Portal(2013).

100 "Viking Encounter Press Kit," NASA(June 4, 1976), p. 18.

101 바이킹 프로젝트 과학자였던 게리 소픈의 이야기로, 거스 과스타페로가 전했다. 40 Years Remembered: a Shared Experience in Viking Project Leadership," Viking at 40 Symposium Lectures(2016). 아마도 그는 "파란 하늘이 나에게 미소 짓네, 나는 파란 하늘만 보이네Blue skies smiling at me; nothing but blue skies do I see"라는 어빙 베를린의 노래 가사를 흥얼거린 것으로 보인다.

102 Elliott C. Levinthal, William Green, Kenneth L. Jones, and Robert Tucker, "Processing the Viking Lander Camera Data," *Journal of Geophysical Research* 82, no. 28 (1977), pp. 4,412~4,420.

103 Poundstone, Carl Sagan: A Life in the Cosmos, p. 207.

104 같은 책 pp. 204~205.

105 Sagan, Cosmos, p. 98.

106 Big Joe in the Chryse Planitia," NASA JPL(Feb. 27, 1997)."

107 물론, 특정 장소에 있었던 움직임의 변화나 밤에 빛을 내는 물체를 알아내는 컴퓨터 기술로 보면 화성에는 대형 동물이 느긋이 걸어 다닌 적은 없다. 1년 뒤, 『지질 물리학 연구 저널*Journal of Geographical Research*』 논문 한 편에서는 "화성에는 거시적 생물이 살았던 직간접적 증거가 전혀 없다"고 결론 내렸다. David McNab and James Younger, The Planets(New Haven: Yale University Press, 1999), p. 193; Elliott C. Levinthal, Kenneth L. Jones, Paul Fox, and Carl Sagan, "Lander imaging as a detector of life on Mars," *Journal of Geophysical Research*, 82, no. 28 (1977), pp. 4,468~4,478."

108 McNab and Younger, The Planets, p. 191.

109 Sagan, Cosmos, p. 102.

110 Gil Levin, "The Viking Labeled Release Biology Experiments," Viking at 40 Symposium Lectures(2016).

111 Cooper, The Search for Life on Mars: Evolution of an Idea, p. 129.

112 같은 책, pp.161~169

113 같은 책, pp. 223~240. 예외는 분자 방출 실험을 이끌던 길 레빈이었다. Levin, "The Viking Labeled Release Experiment and Life on Mars," Instruments, Methods, and Missions for the Investigation of Extraterrestrial Microorganisms, vol. 3111, International Society for Optics and Photonics(1997), pp. 146~161.

114 Robert Markley, Dying Planet: Mars in Science and the Imagination(Durham, N.C.: Duke University Press, 2005), p. 258.

115 Walter Sullivan, "How to Search for Undefined 'Life' on Mars," *The New York Times* (August 1, 1976)

116 Peter Ward, Life As We Do Not Know It: The NASA Search for (and Synthesis of) Alien Life (New York: Penguin, 2007), p. 177. Great Sands Dunes National Monument was re-designated as a national park and national preserve in2000.

117 Cooper, The Search for Life on Mars: Evolution of an Idea, p. 122.

5장

1   바이킹호의 탑재 기기가 설계되었을 때, 아무도 미생물 대다수가 영양분이 많은 액체에서 자라지 않을 것이라는 걸 깨닫지 못했다. 다른 말로 하면, 배양이 될 수 없었다. 유전체로 생명체를 식별한 후에야, 즉 세포가 페트리 접시에서 자라는 것을 기다리는 것이 아니라, 바닷물 한 방울이나 흙 한 줌안에서 분해한 후에야, 지구상 생명체의 1퍼센트도 안 되는 생물체만 연구실이나 화성 우주선 안의 실험 기기에서 자랄 수 있는 것을 알게 됐다.

2   Edward Clinton Ezell and Linda Neuman Ezell, *On Mars: Exploration of the Red Planet, 1958~1978* (Washington, D.C.: The NASA History Series, 1984), p. 236.

3   Helen S. Vishniac and Walter P. Hempfling, "*Cryptococcus*V *ishniacii* sp. nov., an Antarctic Yeast," International *Journal of Systematic and Evolutionary Microbiology*, 29, no. 2 (1979), pp. 153~158.

4   Peter T. Doran, W. Berry Lyons, and Diane M. McKnight, *Life in Antarctic Deserts and Other Cold Dry Environments: Astrobiological Analogs*(Cambridge University Press, 2010), pp. 2~3.

5   E. Imre Friedmann and Roseli Ocampo, "Endolithic Blue-Green Algaein the Dry Valleys: Primary Producers in the Antarctic Desert Ecosystem,"Science, 193, no. 4,259 (1976), pp. 1,247~1,249.

6   Richard A. Kerr, "Seawater and the Ocean Crust: The Hot and Cold ofIt," *Science*, 200, no. 4,346(1978), pp. 1,138~1,187.

7   호열성 박테리아 세포 안에 있는 내열성의 폴라메라아제야말로 현대 분자 생물학의 기반을 닦았다. 이것의 발견으로 폴라메라아제 연쇄 반응, 즉 PCR의 개발이 가능해지고, 이중 나선구조의 DNA가 고온에서 풀리면서 복제되고, 아주 작은 신호가 몇 백만 배 증폭이 되도록 했다. Kary B. Mullis, "The Polymerase Chain Reaction(Nobel Lecture)," *Angewandte Chemie*, 33, 12(1994), pp. 1,209 – 1,213; A. Chien, D. B. Edgar, J. M. Trela, "Deoxyribonucleic Acid Polymerase from the Extreme Thermophile *Thermus Aquaticus*," Journalof Bacteriology, 127 (3) (1976), p. 1,550 – 1,557; Thomas D. Brock and Hudson Freeze, "*Thermus Aquaticus* gen. n. and sp. n., a Nonsporulating Extreme Thermophile," *Journal of Bacteriology*, 98, no. 1(1969).

8   R. Y. Morita, "Survival of Bacteria in Cold and Moderate Hydrostatic Pressure Environments with Special Reference to Psychrophilic and Barophilic Bacteria" (1976), pp. 279~298; R. G. Gray and J. R. Postgate, eds., "The Survival of Vegetative Microbes"(Cambridge University Press: 1976).

9   M.T. Hansen, "Multiplicity of Genome Equivalents in the Radiation-Resistant Bacterium Micrococcus *Radiodurans*," *Journal of Bacteriology*, 134, no. 1(1978), pp. 71~75; Bevan E. B. Moseley,"Photobiology and Radiobiology of Micrococcus (Deinococcus) *Radiodurans*,"in *Photochemical and Photobiological Reviews* (Boston: Springer, 1983), pp. 223~274; Julia M.West and Ian G. McKinley, "The Geomicrobiology of Nuclear Waste Disposal," *MRS Online Proceedings Library Archive*, 26(1983).

10 이 장에서 수차례 인용한 ALH84001의 발견에 대한 흥미로운 이야기는: Kathy Sawyer, *The Rock from Mars: A Detective Story on Two Planets*(New York: Random House,2006).

11 W. A. Cassidy, E. Olsen, and K. Yanai, "Antarctica: a Deep-Freeze Storehouse for Meteorites," *Science*, 198, no. 4318(1977), pp. 727~731.

12 Sawyer, *The Rock from Mars: A Detective Story on Two Planets*,p. 20.

13 같은 책, pp.49~50

14 Mimi Swartz, "It Came from Outer Space," *Texas Monthly*(Nov.1, 1996).

15 Sawyer, *The Rock from Mars: A Detective Story on Two Planets*, pp. 51, 58~59.

16 John F. Kennedy, "Address at Rice University on the Nation's Space Effort," John. F. Kennedy Presidential Library and Museum(Sept. 12, 1962).

17 W. F. Foshag, "Problems in the Study of Meteorites," *The American Mineralogist*, 26, no. 3(1941), p. 137.

18 Megan Garber, "Thunderstone: What People Thought About Meteorites Before Modern Astronomy," *The Atlantic*(Feb. 15, 2013).

19 Foshag, "Problems in the Study of Meteorites," *The American Mineralogist*, p. 137.

20 Sawyer, *The Rock from Mars: A Detective Story on Two Planets*, p. 53.

21 인도의 도시로 현재는 셔가티Sherghati로 불린다.

22 T. E Bunch and Arch M. Reid. "The Nakhlites Part I: Petrography andMineral Chemistry." *Meteoritics* 10, no. 4 (1975), pp. 303~315.

23 D. D. Bogard and P. Johnson, "Martian Gases in an Antarctic Meteorite?"Science, 221 (1983), pp. 651~654; see also: Allan H. Treiman, James D. Gleason, Donald D. Bogard, "The SNC Meteorites Are from Mars," Planetary and Space *Science*, 48(2000), pp. 1,213~1,230.

24 ALH84001의 나이는 그 사이 45.1억 년에서 40.91억 년으로 수정됐다. 사하라 사막에서 최근에 발견된, 별명이 블랙 뷰티인 화석에서 온 운석이 가장 오래된 화성 운석의 자리를 ALH84001에게 물려받았다(블랙 뷰티의 나이는 44억 년으로 추정된다). T. J.Lapen, M. Righter, A. D. Brandon, Vinciane Debaille, B. L. Beard, J. T. Shafer,a nd A. H. Peslier, "A Younger Age for ALH84001 and Its Geochemical Link to Shergottite Sources in Mars," *Science,* 328, no. 5976(2010), pp.347~351; M. Humayun, Alexander Nemchin, B. Zanda, R. H. Hewins, Marion Grange, Allen Kennedy, J. P. Lorand, et al., "Origin and Age of the Earliest Martian Crust from Meteorite NWA 7533," *Nature*, 503, no. 7477(2013), p. 513.

25 D. D. Bogard, "Exposure-Age-Initiating Events for Martian Meteorites: Three or Four?" Lunar and Planetary Science Conference, 26(1995).

26 Sawyer, *The Rock from Mars: A Detective Story on Two Planets*,p. 103.

27 David S. McKay, Everett K. Gibson, Kathie L. Thomas-Keprta, Hojatollah Vali, Christopher S. Romanek, Simon J. Clemett, Xavier D. F. Chillier, Claude R. Maechling, and Richard N. Zare, "Search for Past Life on Mars: Possible Relic Biogenic Activity in Martian Meteorite ALH84001," *Science,*273, no. 5277(1996), pp. 924~930.

28 J. L. Kirschvink, "South-Seeking Magnetic Bacteria," *Journal of Experimental Biology*, 86, no. 1(1980), pp. 345~347; Wei Lin, Dennis A. Bazylinski, Tian Xiao, Long-Fei Wu, and Yongxin Pan, "Life with Compass: Diversity and Biogeography of Magnetotactic Bacteria," *Environmental Microbiology*, 16, no. 9(2014), pp. 2,646~2,658.

29 Kathie L. Thomas-Keprta, et al., "Magneto fossils from Ancient Mars:A Robust Biosignature in the Martian Meteorite ALH84001," Applied and *Environmental Microbiology*, 68, no. 8(2002), pp. 3,663~3,672.

30 Swartz, "It Came from Outer Space," *Texas Monthly*.

31 Sawyer, *The Rock from Mars: A Detective Story on Two Planets*, p. 111.

32 같은 책, p.137

33 같은 책

34 William Jefferson Clinton, "Statement Regarding Mars Meteorite Discovery," Office of the Press Secretary(Aug. 7, 1996).

35 Sawyer, *The Rock from Mars: A Detective Story on Two Planets*, p. 186.

36 Keay Davidson, "Romancing the Red Planet," *San Francisco Examiner*(Aug. 8, 1996).

37 Swartz, "It Came from Outer Space," *Texas Monthly*.

38 John Noble Wilford, "Clues in Meteorite Seem to Show Signs of Life on Mars Long Ago," *The New York Times*(Aug. 7, 1996).

39 Space Studies Board and National Research Council, *Size Limits of Very Small Microorganisms: Proceedings of a Workshop*(Washington, D.C.:National Academies Press, 1999)

40 Matt Crenson, "After 10 Years, Few Believe Life on Mars," *The Washington Post*(Aug. 5, 2006).

41 David S. McKay, Kathy L. Thomas-Keprta, Simon J. Clemett, EverettK. Gibson Jr, Lauren Spencer, and Susan J. Wentworth, "Life on Mars: NewEvidence from Martian Meteorites," *Instruments and Methods for Astrobiology and Planetary Missions* XII, vol. 7441(International Society for Optics and Photonics, 2009), p. 744,102. See also: Kathie L. Thomas-Keprta, et al.,"Origins of Magnetite Nanocrystals in Martian Meteorite ALH84001," *Geochimicaet Cosmochimica Acta*, 73 (2009), pp. 6,631~6,677; Everett K. Gibson Jr. David S. McKay, Kathie L. Thomas-Keprta, S. J. Wentworth, F. Westall, AndrewSteele, Christopher S. Romanek, M. S. Bell, and J. Toporski, "Life on Mars: Evaluation of the Evidence within Martian Meteorites ALH84001, Nakhla, and Shergotty," *Precambrian Research*, 106, no. 1~2(2001), pp. 15~34.

42 Crenson, "After 10 Years, Few Believe Life on Mars," *The Washington Post*.

43 Sawyer, *The Rock from Mars: A Detective Story on Two Planets*,p. 42; William K. Stevens, "A 'Mellow' Scientist David Stewart McKay," *The New York Times*(August 9, 1996).

44 Sawyer, *The Rock from Mars: A Detective Story on Two Planets*,p. 236; Marc Kaufman, *First Contact: Scientific Breakthroughs in the Hunt for Life Beyond Earth*(New York: Simon and Schuster, 2011), p. 107.

45 Carl Sagan, quoted in Patrizio E. Tressoldi, "Extraordinary Claims Require Extraordinary Evidence: The Case of Non-Local Perception, a Classical and Bayesian Review of Evidences," *Frontiers in Psychology*, 2(2011), p.117.

46 Carl Sagan, *Billions and Billions: Thoughts on Life and Death at the Brink of the Millennium*(New York: Ballantine, 1998), p. 60.

47 물론, 이런 구분은 수백 년 동안 이미 존재했다. 그 이전에는 살아 있는 것들은 식물과 동물로 간단히 구분되었다.

48 이 미생물들은 지구 역사를 통틀어 지구상에서 지배적인 생명체였다. 6억에서 7억 년 전, 단세포 생물은 대규모로 일어난 다양화의 과정과 최소 25번의 진화를 거쳐 다세포 생물이 된 것으로 추정된다. Richard K.Grosberg and Richard R. Strathmann, "The Evolution of Multicellularity: A Minor Major Transition?" *Annual Review of Ecology, Evolution, and Systematics,38* (2007), pp. 621 - 654.

49 Carl R. Woese, Otto Kandler, and Mark L. Wheelis, "Towards a Natural System of Organisms: Proposal for the Domains Archaea, Bacteria, and Eucarya," *Proceedings of the National Academy of Sciences*, 87, no. 12(1990), pp. 4,576~4,579.

50   Keith H. S. Campbell, Jim McWhir, William A. Ritchie, and Ian Wilmut, "Sheep Cloned by Nuclear Transfer from a Cultured Cell Line," *Nature*, 380, no. 6569(1996), p. 64.

51   우리 태양계에 많은 소행성들이 행성과 충돌했을 것이라 여겨지는 후기 대충돌Late Heavy Bombardment에 대해서는 William F.Bottke and Marc D. Norman, "The Late Heavy Bombardment," *Annual Review of Earth and Planetary Sciences*, 45(2017), pp. 619~647.

52   Kaufman, *First Contact: Scientific Breakthroughs in the Hunt for Life Beyond Earth*, p. 107.

6장

1   "Press Kit: Mars Pathfinder Landing," NASA(July 7, 1997).

2   Howard E. McCurdy, Faster, Better, *Cheaper: Low-Cost Innovationin the U.S. Space Program* (Baltimore: JHU Press, 2001).

3   William J. Broad, "Scientist at Work: Daniel S. Goldin, Bold Remodeler of a Drifting Agency," *The New York Times*(Dec. 21, 1993).

4   McCurdy, Faster, Better, Cheaper.

5   John Noble Wilford, "More Than 20 Years After Viking, Craft Is to Land, and Bounce, on Mars," *The New York Times*(July 1, 1997).

6   David R. Williams, "Mars Pathfinder Atmospheric Entry Strategy," NASA Goddard Space Flight Center(Dec. 30, 2004).

7   "Mars Pathfinder Transmits Dramatic Color Images," CNN(July 5,1997).

8   Mars Pathfinder Frequently Asked Questions, NASA(April 10, 1997).

9   "Rover 'Holds Hands' with Barnacle Bill," CNN(July 7, 1997).

10   "Mars Curiosity Rover: Wheels and Legs," NASA.

11   D. M. Nelson and R. Greeley, "Xanthe Terra Outflow Channel *Geology*at the Mars Pathfinder Landing Site," *Journal of Geophysical Research Planets*, 104, no. 4(1999), pp. 8,653~8,669.

12   R. Rieder, T. Economou, H. Wänke, A. Turkevich, J. Crisp, J.Brückner, G. Dreibus, and H. Y. McSween, "The Chemical Composition of Martian Soil and Rocks Returned by the Mobile Alpha Proton X-Ray Spectrometer: Preliminary Results from the X-Ray Mode," *Science*, 278, no. 5344(1997), pp. 1,771~1,774.

13   John Noble Wilford, "Mars History: Heat and Cold Leave Marks," *The New York Times*(July 9, 1997).

14   1990년대 후반이 되면 이 만화 캐릭터 이름들이 별로 놀랍지 않고, 10년쯤 지나면 마르스 피닉스Mars Phoenix 탐사 때는 동화 같은 이름 짓기가 채택된다. 나사 법무팀은 상표권 등록이 된 이름을 사용함으로써 고소당할 수도 있다는 것을 깨닫는다. 따라서 그 후부터는 공공의 영역에 있는 이름만 허용되었다. Rod Pyle, *Destination Mars: New Explorations of the Red Planet*(Amherst, N. Y.: Prometheus Books,2012), p. 238.

15   Ronald Greeley, Michael Kraft, Robert Sullivan, Gregory Wilson, Nathan Bridges, Ken Herkenhoff, Ruslan O. Kuzmin, Michael Malin, and Wes Ward, "Aeolian Features and Processes at the Mars Pathfinder Landing Site," *Journal of Geophysical*

Research: Planets, 104, no. E4(1999), pp. 8,573~8,584.

16   Matt Crenson, "Back on Mars," *The Courier-Journal*(Louisville, Ky., July 5, 1997).

17   John Noble Wilford, "Scientists Await Craft's Plunge to Mars Today," *The Courier-Journal*(Louisville, Ky., July 4, 1997).

18   Mars Pathfinder Science Results: Rotational and Orbital Dynamics, NASA; see also: W. M. Folkner, et al., "Interior Structure and Seasonal Mass Redistribution of Mars from Radio Tracking of Mars Pathfinder," *Science*, 278, no. 5,344 (1997), pp. 1,749~1,752.

19   자기장은 또한 태양풍에 있는 하전 입자의 방향을 바꾸어 우주 공간으로 흩어지는 대기의 양을 줄인다. 금성은 자전을 너무 느리게 하므로 발전기 같은 동력이 약하지만, 중력이 두꺼운 대기를 유지시켜준다. 화성은 중력이 약하므로 대기를 강력히 붙들고 있지 못한다.

20   Bertrand Piccard and Brian Jones, *Around the World in 20 Days: The Story of Our History-Making Balloon Flight*(Hoboken, N.J.: John Wiley& Sons, 1999).

21   Malcolm W. Browne, "Balloon Soars Over Atlantic, Setting Record in Solo Flight," *The New York Times*(Aug. 12, 1998).

22   Steve Fossett biography, National Aviation Hall of Fame.

23   "Signals from Mars from a Balloon," *The New York Times*(May2, 1909).

24   콜로라도 고원에 있는 평야에서 테슬라는 헛간 같은 건물에 24미터짜리 탑을 만들어 실험실을 마련한 뒤, "대단히 위험. 가까이 오지 마시오"라는 팻말을 내걸었다. 매일 밤을 그곳에서 보내면서 테슬라는 어둠 속에서 폭풍을 관찰하거나 새로 개발한 기구로 번갯불을 감지했다. 한 번은 희미하게 외계의 신호로 생각되는 것을 감지했고, 그는 이 신호가 화성이 수평선 너머로 가면 사라지므로 화성에서 오는 것이라 결론지었다. 이것은 목성의 바람일 수도 있었다. 혹은 그의 라이벌 마르코니가 동시에 콘월에서 캐나다로 대서양을 건너면서 스파크 갭 전송 장치를 써서 펄스 신호를 보내는 것일 수도 있었다. W. Bernard Carlson,*Tesla: Inventor of the Electrical Age*(Princeton, N.J.; Princeton University Press, 2013), p. 277; Marc Seifer, *Wizard: The Life and Times of Nikola Tesla: Biography of a Genius*(New York: Citadel Press, 1998), p.217.

25   That Prospective Communication with Another Planet," *Current Opinion*, March1919, p. 170; Michael Brown, "Radio Mars: The Transformation of Marconi's Popular Image, 1919 – 1922," in *Transmitting the Past: Historical and Cultural Perspectives on Broadcasting*, ed. J. Emmett Winn and Susan Lorene Brinson(University of Alabama Press, 2005), p. 23.

26   "Signals from Mars from a Balloon," *The New York Times*.

27   "Offer Balloon to Todd," *The New York Times*(May 7, 1909).

28   토드가 로비를 벌어 얻고자 한 것은 사실상 화성 신호를 듣기 위한 전 세계적인 무선 통신의 침묵이었다. 무선 통신이 그의 청취 시도를 복잡하게 만들자, 그는 이것이 유일한 방법이라고 생각했다. 이 기간 동안 토드는 미국에서 처음으로 방송사를 열었던 프랜시스 젠킨스의 도움을 받았다. 젠킨스는 전파 망원경 비슷한 것을 만들었는데, 스스로는 이것을 "무선 사진 메세지 연속 전송 기계"라고 불렀다. 이것은 길이가 9미터짜리로 화학 처리된 필름이 무선 신호를 사진으로 변환하게 되어 화성과 인류가 최초로 커뮤니케이션을 만들고 기록하기에는 완벽한 방법이었다. 그해 8월, 젠킨스의 기계가 1515 코네티컷 애비뉴에서 만든 필름에는 "흑백, 그리고 29시간 동안 6000미터 길이의 파장으로 조정된 수신기로 기계가 주위들은 모든 것"이 있었다. 3.5미터의 길이에는 이상한 점과 선들이 있었고, 이것은 군대의 관련 부서로 보내졌고, 나머지는 표준국Bureau of Standards의 무선과로 보내졌다. 토드는 물론

무선으로 지구와 통신할 수 있는 외계 문명의 존재를 보이는 데는 실패했다. 과학적 진보를 이뤘다 할 만한 실험이라는 평가도 유보되었다. "우리는 이제 영구히 연구할 수 있는 기록이 있다. 연구하기 전까지는 누가 이 신호가 무엇인지 알겠는가. 중요한 것은 우리가 기록을 가지고 있다는 점이다. 3년 전 마르코니는 화성에서 오는 신호를 들었다고 주장했다. 며칠 전 그는 너무 바빠서 화성에서 오는 메세지를 들을 수 없었다고 말하면서 이것이 우스운 아이디어라고도 했다. 젠킨스 기계는 아마도 가설적인 화성인이 자기 존재를 지구에 알리는 게 가장 좋은 방법이다. 자신들의 얼굴, 경치, 건물, 풍경 등등을 지구로 보낼 수 있다. 태양열은 전기로 바뀔 것이고, 이 모든 과정은 특별한 작은 메커니즘일 것이다. "Weird 'Radio Signal' Film Deepens Mystery of Mars," *The Washington Post*(Aug.27, 1924); Craig P. Bauer, Unsolved!: *The History and Mystery of the World's Greatest Ciphers from Ancient Egypt to Online Secret Societies*(Princeton, N.J.: Princeton University Press, 2017), pp. 500~503

29 그는 파리 뫼동 관측대에서 일했고, 칼 세이건은 그의 설득에 넘어가 버클리에서 박사 후 과정을 할 뻔했다. Sheehan and O'Meara, *Mars: The Lure of the Red Planet*, p. 233; Ray Spangenburg, Kit Moser, and Diane Moser, Carl Sagan: A Biography(Westport, Conn.: Greenwood Publishing Company,2004), p. 42.

30 Pierre de Latil and Tom Margerison, "Planetary Observations by the Multi-Balloon Technique," *The New Scientist*(May 7, 1959); Louis de Gouyon Matignon, "Audouin Dollfus, The French Aeronaut," Space Legal Issues(May 25, 2019

31 De Latil and Margerison, "Planetary Observations by the Multi-Balloon Technique," *The New Scientist*.

32 같은 책

33 같은 책

34 Mark Karpel, "The Drifters," Air & Space (Aug. 2010).

35 Matignon, "Audouin Dollfus, The French Aeronaut," *Space LegalIssues*; Sheehan and O'Meara, *Mars: The Lure of the Red Planet*, p.233.

36 하지만 돌푸스는 금성과 달에 대한 다른 측정은 할 수 있었다. 몇 년 뒤, 스위스 알프스의 높은 지점에서 돌푸스는 다시 한 번 화성에 대한 측정을 시도한다. 특별히 제작된 분광기를 사용해 도플러 효과가 아닌 화성에서의 신호만 볼 수 있게 설계했고, 실제로 긍정적인 탐지를 해냈다. 그는 화성의 대기 중에 있는 물이 모두 지표에 응결되어 있는지 계산했고, 그 결과 1000분의 8인치 이하의 층이 형성되어 있을 것이라 보았다. 그는 관측에 성공했다는 것에 매우 기뻤고, 그것의 의미도 알고 있었다. 화성은 지구에서 가장 건조한 곳보다 몇 배는 더 건조하다는 것, 그리고 이런 화성의 표면에서 생명체의 형태가 살아나가기는 매우 어렵다는 것이었다. Sheehan and O'Meara, *Mars: The Lure of the Red Planet*, p.233; Matignon, "Audouin Dollfus, The French Aeronaut," Space Legal Issues.

37 Raymond E. Arvidson, et al., "Aerobot Measurements Successfully Obtained During Solo Spirit Balloon Mission," *EOS*, 80, no. 14(1999), pp. 153, 158~159.

38 Tony Fitzpatrick, "NASA Payload Part of Cargo on Solo Spirit," Record, 22, no. 15(Dec. 11, 1997).

39 Tribune News Services, "Fossett Lifts Off on 4th Balloon Attempt toCircle the World," *Chicago Tribune*(Aug. 8, 1998).

40 Steve Mills, "Balloonist Charting a High-Tech Course," *Chicago Tribune*(Jan. 19, 1997).

41 Michelle Knott, "Technology: Up, up and Around the World," *New Scientist* (Dec. 21, 1996).

42 Arvidson, et al., "Aerobot Measurements Successfully Obtained During Solo Spirit

Balloon Mission," *EOS*, pp. 153~159.

43 Malcolm W. Browne, "Balloonist to Take It Easy After Stormy Crashat Sea," *The New York Times*(Aug. 18, 1998).

44 Jon Jeter, "Storm Ends Balloonist's Quest in Coral Sea," *The Washington Post*(Aug. 17, 1998).

45 Rohan Sullivan, "Balloonist Fossett Rescued from Sea," AP News(August 17, 1998); "Balloonist Rescued Off Australia," CNN(August 17, 1998).

46 Steve Fossett interview, Public Broadcasting Corporation, NOVA.

47 Jeter, "Storm Ends Balloonist's Quest in Coral Sea," *The Washington Post*.

48 Browne, "Balloonist to Take It Easy After Stormy Crash at Sea," *The New York Times*.

7장

1 새 지도는 1998년 12월 미국 지질물리학 협회 컨퍼런스에서 발표됐다: M. T. Zuber, D. E. Smith, J. B. Garvin, D.O. Muhleman, S. C. Solomon, H. J. Zvally, G. A. Neumann, O. Aharonson, and A.Ivanov, "Geometry of the North Polar Icecap of Mars from the Mars Orbiter LaserAltimeter," American Geophysical Union Conference (1998). 같은 달에 발표된 논문으로는: Maria T. Zuber, David E. Smith,Sean C. Solomon, James B. Abshire, Robert S. Afzal, Oded Aharonson, KathrynFishbaugh, et al., "Observations of the North Polar Region of Mars from theMars Orbiter Altimeter," *Science*,282m no,5m 396 (1998), pp.2,053~2,060. 추가적으로:"NewView of Mars' North Pole Reported in *Science*,"EurekAlert! (Dec.6, 1998)

2 Oded Aharonson, Maria T. Zuber, and Daniel H. Rothman, "Statisticsof Mars' Topography from the Mars Orbiter Laser Altimeter: Slopes,Correlations, and Physical Models." *Journal of Geophysical Research: Planets* 106, no. E10 (2001), pp. 23723-23735.

3 Background of the MOLA Investigation: Background and GeneralInformation," MOLA Science Investigation, NASA Goddard Space Flight Center.

4 "The '80s > Mars Observer," NASA JPL; Michael C. Malin, et al., "An Overviewof the 1985-2006 Mars Orbiter Camera Science Investigation," Mars: *The International Journal of Mars Scienceand Exploration*, 5(2010), pp. 1~60.

5 *MIT News* Office, "3Q: Maria Zuber, Daughter of Coal Country," *MIT News* (Feb. 27, 2017).

6 Maria T. Zuber," YouTube video, posted by MIT Infinite History (April 8, 2016).

7 마리아의 GRAIL 무인 달 탐사선은 그녀가 가장 좋아하는 텔레비전 프로그램이었던 〈스타 트랙〉 45주년에 발사되었다. 우후라 중위를 연기한 니셸 니콜스도 축하차 자리에 함께했다. 니콜스가 배역을 맡은 것은 1966년으로, 하찮은 역할이 아닌 배역을 한 아프리카계 미국인 여배우로는 최초였다. (마틴 루터 킹 목사는 언젠가 니콜스에게 자신의 아이들이 보도록 허락한 TV 프로는 〈스타 트랙〉이 유일했는데, 니콜스의 배역 때문에 그랬다고 했다.)

8 Maria Zuber: The Geophysicist Became the First Woman to Lead a NASA Planetary Spacecraft Mission," *Physics Today*(June 27, 2017)

9 Maria Zuber, 저자와의 인터뷰(Cambridge, Mass.: May 1, 2019)

10 같은 자료

11 "Maria T. Zuber," YouTube video, MIT Infinite History.

12 Chandler, "In Profile: Maria Zuber," *MIT News*.

13 대학원생으로서 마리아는 비선형점성 유체를 다루는 유체역학 모형에 대해 많이
    공부했다.: M. T. Zuber and E. M. Parmentier, "A Geometric Analysis of Surface
    Deformation: Implications for the Tectonic Evolution of Ganymede," *Icarus*, 60,
    no. 1(1984), pp. 200~210; M. T. Zuber, "A DynamicModel for Ridge Belts on
    Venus and Constraints on Lithospheric Structure,"Lunar and Planetary Science
    Conference, 17 (1986).

14 Maria T. Zuber," YouTube video, MIT Infinite History.

15 Zuber, 저자와의 인터뷰

16 Bruce Banerdt, "The Martian Chronicles," vol. 1, no. 3, NASA.

17 Zuber, 저자와의 인터뷰

18 MOLA에 자체 카메라가 없었지만, 우주선에는 있었다. 이 3컴포넌트 카메라에
    는 하나의 광각, 두 개의 망원 카메라 시스템이 있었다. Michael C. Malin, G. E.
    Danielson, A. P. Ingersoll, H. Masursky, J. Veverka, M. A. Ravine, and T. A.
    Soulanille, "Mars Observer Camera," *Journal of Geophysical Research: Planets*, 97, no.
    E5(1992), pp. 7,699~7,718."

19 Michael C. Malin, et al., "An Overview of the 1985~2006 Mars Orbiter Camera
    Science Investigation," Mars: *The International Journal of Mars Science and Exploration*.
    통신 중단은 우주선의 속도를 줄여 궤도에 진입하도록 할 때, 추진 시스템 탱크가
    압력을 받는 시점에 우주선을 보호하기 위해 계획된 것이다.

20 Zuber, 저자와의 인터뷰.

21 John Noble Wilford, "NASA Loses Communication with Mars Observer," *The New
    York Times*(Aug. 23, 1993).

22 Wilford, "Another Hope to Save Mars Craft is Dashed," *The New York Times*(Aug.
    26, 1993)

23 같은 책

24 Ben Evans, "And Then Silence: 25 Years Since the Rise and Fall of Mars Observer,"
    America Space(Sept. 24, 2017).

25 Zuber, 저자와의 인터뷰

26 마치 큰 곰처럼 우주선은 동면했지만, 통신 위성 기술은 몇 달이고 동면 상태로 우
    주선을 두게 설계된 것이 아니었다. 1994년 1월, 해군 연구소의 조사 패널은 우주
    선이 사라진 가장 큰 원인으로, 주 추진 시스템 내 연료 압력 탱크의 파열을 꼽았
    다. 하이퍼골릭 모노메틸 이드라진이 밸브를 통해 화성으로 가는 11개월 동안 누출
    되면서, 의도치 않게 4산화질소와 혼합되어 버렸을 수 있다. 연료가 새면 매우 빠
    르게 돌게 되고, 주요 부품에 손상이 갔을 수 있다. "Mars Observer Mission Failure
    Investigation Board Report Vol. 1," NASA(Dec. 31, 1993).

27 Zuber, 저자와의 인터뷰; Zoe Strassfield, "An Interview with Maria Zuber(Part I),"
    EAPS(Nov. 14, 2012).

28 Zuber, 저자와의 인터뷰

29 마르스 글로벌 서베이어호는 1996년 11월 7일에 발사되었고, 패스파인더는 한 달
    뒤인 12월 4일에 발사되었다. 패스파인더는 궤도에 들어가면서 속도를 줄일 필요가
    없었기 때문에 화성으로 향하는 빠른 궤적을 따를 수 있었다. 패스파인더는 1997년
    7월 4일 도착했지만, 마르스 글로벌 서베이어호는 1997년 9월 11일이 되어서야 도
    착했다. 이것은 나사의 새로운 방침이었다. "챌린저호 사고와 반복되는 셔틀의 연
    료 탱크 문제가 나사의 부정적 이미지를 만들어 내고 우주 탐사 프로그램이 납세자

의 세금을 낭비하는 것이라는 인식이 팽배하게 되었다. 그런 와중에 우주과학계는 전체적으로 새로운 데이터를 더 빨리 요구하게 되고, 민간 우주 예산은 점점 줄어들게 됐다.": Stephanie A. Roy, "The Origin of the Smaller, Faster, Cheaper Approach in NASA's Solar System Exploration Program," *Journal of Space Policy*, 14(1998), pp.153~171.

30 "Press Kit: Mars Observer," NASA(Sept. 1992).

31 Zuber, 저자와의 인터뷰

32 이 레버는 로봇 팔을 부드럽게 연결해 주는 것으로 태양 전지판이 스크린 도어처럼 확 닫히는 것을 막아 주는 것이었다.

33 "Press Kit: *Mars Global Surveyor* Arrival," NASA(Sept. 1997); KirkGoodall, "An Explanation of How Aerobraking Works," *Mars Global Surveyor*, NASA:Diane Ainsworth, "Mars Pathfinder Passes Global Surveyor on Its Way to Mars," Public Information Office, NASA JPL(March 14, 1997).

34 Michael C. Malin, et al., "An Overview of the 1985 – 2006 MarsOrbiter Camera Science Investigation," Mars: *The International Journal of Mars Science and Exploration*, pp. 1 – 60; Diane Ainsworth, "Mars GlobalSurveyor to Aerobrake in Modified Configuration," Public Information Office, NASA JPL(Apr. 30, 1997).

35 "Exploring Mars: *Mars Global Surveyor* Mapped the Red Planet," *Space Today* (2007).

36 에어로브레이킹은 단 한 번의 실험을 거쳤다. 1994년 마젤란 탐사의 끝 무렵에, 마젤란호는 금성 대기의 두꺼운 안개 속으로 떨어졌고, 이것은 공학적 실험이었다. 우주선은 스스로를 뜨거운 구름 속에서 태웠지만, 속도는 급속도로 떨어졌다. 마르스 글로벌 서베이어호는 훨씬 더 차갑고, 옅은 화성 대기의 윗부분을 지나도록 설계되었다. 태양 전지판은 펼칠 수 있도록 되어 있었다. Daniel T. Lyons, "*Mars Global Surveyor*: Aerobraking with a BrokenWing," JPL Technical Report (July 30, 1997); "Press Kit: *Mars Global Surveyor* Arrival,"NASA; Kirk Goodall, "An Explanation of How Aerobraking Works," *Mars Global Surveyor*, NASA.

37 같은 책

38 "Flight Status Report"(Jan. 24, 1997); Lyons, "*Mars Global Surveyor*: Aerobraking with a Broken Wing."

39 Zuber, 저자와의 인터뷰.

40 같은 자료

41 같은 자료

42 Exploring Mars: *Mars Global Surveyor* Mapped the Red Planet," *Space Today*.

43 Diane Ainsworth, "Surveyor Resumes Aerobraking, Heads for New Mapping Orbit," Public Information Office, NASA JPL(Nov. 10, 1997); Mary Hardin, "*Mars Global Surveyor* Successfully Completes Aerobraking," Media Relations Office, NASA JPL(Feb. 4, 1999).

44 스키아파렐리의 생애와 업적에 대한 훌륭한 참고 자료로는: William Sheehan, *The Planet Mars: A History of Observation and Discovery*(Tucson: University of Arizona Press, 1999); William Sheehan, "Giovanni Schiaparelli: Visions of a Colour Blind Astronomer," *Journal of the British Astronomical Association*, 107(1997), pp. 11~15; Sheehan andO'Meara, *Mars: The Lure of the Red Planet*; pp. 103~123; K. Maria D.Lane, "Mapping the Mars Canal Mania: Cartographic Projection and the Creationof a Popular Icon," Imago Mundi, 58:2, (2006), pp. 198~211; and Michele T. Mazzucato, "Giovanni Virginio Schiaparelli," *Journal of the Royal Astronomical Society of Canada*, 100, no. 3(2006), pp. 114~117.

45 같은 책

46 Manara and G. Trinchieri, "Schiaparelli and His Legacy," *Memoriedella Societa Astronomica Italiana*, 82(2011), p. 209

47 A. Ferrari, "Between Two Halley's Comet Visits," *Memoriedella Societa Astronomica Italiana*, 82, no. 2(2011), pp. 232~239; Mazzucato, "Giovanni Virginio Schiaparelli," Journal of the Royal Astronomical Society of Canada.

48 Manara and Trinchieri, "Schiaparelli and His Legacy," *Memoriedella Societa Astronomica Italiana*, pp. 209~218.

49 Manara and Trinchieri, "Schiaparelli and His Legacy," *Memoriedella Societa Astronomica Italiana*, p. 209.

50 Agnese Mandrino, et al., "Calze, Camicie, Frack e Bottoni Sullo Sfondo del Trattato di Parigi," *Di Pane e Di Stelle*(Aug. 29,2010); G. V. Schiaparelli, 1856년 4월 29일에 쓴 편지, *Historical Archive of the Astronomical Observatory of Brera*, Box 370.

51 Mandrino, et al., "Natale 1855: Poesia," Di Pane e Di Stelle(April 19, 2010); Schiaparelli, diary dated December 25,1855, *Historical Archive of the Astronomical Observatory of Brera*.

52 Mandrino, et al., "Freddo e Fame Non Lasciano Studiare," DiPane e Di Stelle(April 26, 2010); Schiaparelli, letter dated December29, 1855, *Historical Archive of the Astronomical Observatory of Brera*.

53 Mandrino, et al., "Prima Della Partenza: Tranquillizzare i Genitori," *Di Pane e Di Stelle* (June 28, 2010); Schiaparelli, letter dated December 18, 1857, Historical Archive ofthe Astronomical Observatory of Brera.

54 Mazzucato, "Giovanni Virginio Schiaparelli," Journal of theRoyal Astronomical Society of Canada; Manara and Trinchieri,"Schiaparelli and His Legacy," *Memorie della Societa Astronomica Italiana*; Ferrari, "Between Two Halley's Comet Visits," *Memoriedella Societa Astronomica Italiana*.

55 P. Tucci, "The Diary of Schiaparelli in Berlin (October 26,1857 - May 10, 1859): A Guide for His Future Scientific Activity," *Memoriedella Societa Astronomica Italiana*, 82, no. 2 (2011), pp. 240~247.

56 남동생 중 한 명은 유명한 아랍어 교수가 되었고, 그 동생의 딸인 엘사는 세계적으로 유명한 패션디자이너가 되었다.

57 Mazzucato, "Giovanni Virginio Schiaparelli," Journal of the Royal Astronomical Society of Canada, p. 117.

58 Jürgen Blunck, *Mars and Its Satellites: A Detailed Commentary on the Nomenclature* (Smithtown, N.Y.: Exposition Press,1982), p. 15; William Sheehan, *The Planet Mars: A History of Observation and Discovery*(Tucson: University of Arizona Press, 1999), p. 73.

59 신화 속 갠지스강 입구에 있는 은색 섬 이름. 오늘날은 버마의 아라칸

60 혹은 Herculis Columnae라고도 씀. 지브롤터 해협 어귀의 바위

61 혹은 황금의 땅이라는 뜻. 프톨레미가 태국/말라카 지역을 묘사한 표현.

62 Mandrino, et al., "Problemi di Ieri, Problemi di Oggi," DiPane e Di Stelle(July 26, 2010); G. V. Schiaparelli, letter dated1910, *Historical Archive of the Astronomical Observatory of Brera*; 스키라파렐리는 상실감을 매우 깊게 느꼈고, 솔페리노 전투에서 전사한 동생 에우제니오에 대해 특히 더 그랬다. 그는 총을 발명한 암스트롱이나 크룹에 대해 이야기를 덜 하고, 망원경을 만든 메르츠, 쿡, 클라크에 대해 더 이야기하는 나라를 희망한다고 적은 적이 있다.

63 "Mars Is Earth, Upside Down," Toponymy Mars(June 2, 2013)

64 Giovanni Virginio Schiaparelli, *Astronomical and Physical Observations of the Axis*

of Rotation and the Topography of the Planet Mars: First Memoir, 1877~1878, trans. William Sheehan(Springfield, Ill.:Association of Lunar and Planetary Observers, 1996), pp. 1, 3.

65 스키아파렐리가 영어식에서 벗어난 명명법을 쓰면서 영국 천문학자들은 속지주의를 추구하게 되었다. 이에 대한 논의는: K. Maria D. Lane,"Geographers of Mars: Cartographic Inscription and Exploration Narrative in Late Victorian Representations of the Red Planet," *Isis,* vol.96, no. 4 (December 2005), pp. 477~506, p. 488 in particular.

66 Zuber, 저자와의 인터뷰

67 이 기기는 대기권 위에 있으면서 에어로브레이킹 과정에서 생기는 열로부터 보호되어야 했다. "Scientists Get Images of Mars Pole, Clouds," *MIT News* (Dec. 9, 1998); MariaT. Zuber, et al., "Observations of the north polar region of Mars from the Mars Orbiter Laser Altimeter," Science 282, no. 5396(1998), pp.2,053~2,060. David Spencer and R.H. Tolson, "Aerobraking Cost/Risk Decisions." *J. Spacecraft and Rockets*(2007), 44; Greg Mehall,"*Mars Global Surveyor* and TES Update," *TES News* 7, no. 1(Jan.1998).

68 Maria T. Zuber, et al., "Observations of the North Polar Region of Mars from the Mars Orbiter Laser Altimeter," Science.

69 Tony Spear, "NASA FBC Task Final Report," NASA(March 13, 2001).

70 Arden Albee, Steven Battel, Richard Brace, Garry Burdick, John Casani, Jeffrey Lavell, Charles Leising, Duncan MacPherson, Peter Burr, and Duane Dipprey, "Report on the Loss of the Mars Polar Lander and Deep Space 2Missions," NASA Technical Report(2000).

71 Eric J. Kolb and Kenneth L. Tanaka, "Accumulation and Erosion of South Polar Layered Deposits in the Promethei Lingula Region, Planum Australe, Mars," Mars: *The International Journal of Mars Science and Exploration,* 2(2006), pp. 1~9.

72 중력이 약하긴 했지만, 4층짜리 건물에서 떨어지는 것과 비슷했다. "Remains of Failed Mars Lander May Have Been Found," *The New York Times* (May 10, 2005).

73 "Possible Crash Site of Mars 6 Orbiter/Lander in Samara Vallis,"Lunar and Planetary Laboratory, High Resolution Imaging Science Experiment(image acquired May 26, 2007).

74 1971 년 소련의 마르스 2호는 45°S, 313°W 근방에 추락했을 가능성이 높다: "Mars 3 Lander," NASA Space Science Data Coordinated Archive, NSSDCA/COSPAR ID: 1971-049F.

75 찰스 다윈의 유명한 배에서 이름을 딴 비글 2호는 유럽 우주국의 마르스 익스프레스 탐사선을 통해 2003년 화성으로 날아갔다. 비글 2호는 화성 표면, 얕은 지표 아래 표본을 실험기기로 분석하여 과거 생명체 흔적을 찾기로 되어 있었다. 다른 목표로는 화성의 지질학적, 광물학적, 지질 · 화학적 특징과 산화 상태, 물리적 특징과 함께 표면층, 화성 기상 및 기후에 대한 데이터 수집이 있었다.

76 이 탐사는 거의 성공한 것 같았다. 2015년에 화성 정찰 위성에 탑재된 HiRISE (High Resolution Imaging Science Experiment)를 이용해 찍은 궤도 이미지를 보면 서너 장의 태양전지판은 성공적으로 펼쳐졌다. 네 번째 패널은 실패했거나 부분적으로만 펴졌고, 송신기의 안테나에 방해가 됐다: J. C.Bridges, et al. "Identification of the Beagle 2 Lander on Mars," Royal Society Open *Science,* 4, no. 10(2017), pp. 170, 785.

77 Ben Huh, "Kids' Names Going to Mars," South Florida Sun-Sentinel (Deer field Beach, Fla., March 3, 1998); Ashwin R.Vasavada, et al., "Surface Properties of Mars'

Polar Layered Deposits and Polar Landing Sites," *Journal of Geophysical Research*, 105, no. E3(2000), pp. 6,961~6,969

78 Zuber, 저자와의 인터뷰

79 "Press Kit: Phoenix Landing: Mission to the Martian Polar North," NASA (May 2008).

80 "Mars Orbiter Laser Altimeter(MOLA) Elevation Map," Goddard Space Flight Center(May 28, 1999).

81 앞서 언급했듯, 많은 연구자들은 화성이 하나의 판으로 된 행성이라는 것에 동의하고 있다. 매리너 계곡이 판의 경계라는 의견이 있다: D. Breuerand T. Spohn, "Early Plate Tectonics Versus Single-Plate Tectonics on Mars: Evidence from Magnetic Field History and Crust Evolution," *Journal of Geophysical Research: Planets*, 108, no. E7 (2003); An Yin, "Structural Analysis of the Valles Marineris Fault Zone: Possible Evidence for Large-Scale Strike-Slip Faulting on Mars," *Lithosphere*, 4, no. 4 (2012), pp. 286~330.

82 "Mars Basher," *Scientific American*(May 31, 1999).

83 J. H. Roberts, R. J. Mills, and M. Manga, "Giant Impacts on Early Mars and the Cessation of the Martian Dynamo," *Journal of Geophysical Research Planets*, 114, no. E4(2009).

84 Chandler, "In Profile: Maria Zuber," *MIT News*; David E. Smith, Maria T. Zuber, Sean C. Solomon, Roger J. Phillips, James W. Head, James B. Garvin, W. Bruce Banerdt, et al., "The Global Topography of Mars and Implications for Surface Evolution," *Science*, 284, no. 5419(1999), pp. 1,495~1,503; Mikhail A. Kreslavsky and James W. Head III,"Kilometer-Scale Roughness of Mars: Results from MOLA Data Analysis," *Journal of Geophysical Research: Planets*, 105, no. E11 (2000), pp.26, 695~696, 711.

85 Smith, et al., "The Global Topography of Mars and Implications for Surface Evolution," Science.

86 J. Taylor Perron, et al., "Evidence for an Ancient Martian Ocean inthe Topography of Deformed Shorelines," *Nature*, 447(2007), pp. 840~843.

87 Javier Ruiz, "On Ancient Shorelines and Heat Flows on Mars," Lunarand Planetary Science Conference, 36(2005).

88 예를 들어, 화성 지표에서 자기 신호를 만들어 마치 보이지 않게 컬러링 북같이 만들 수 있다. 화성은 한때 유해한 입자가 불어오는 태양풍으로부터 보호를 받았던 적이 있었다. 화성에는 화학적 풍화와 관련된 광물이 있으며, 이것은 물과 상호 작용이 있었다는 명백한 신호이기도 하다. 마리아의 고도계를 보았을 때 물이 고여 연못을 이루고 볕이 잘 들지 않는, 분화구나 계곡 벽 같은 경사지로 물이 흘러 내려와 부채꼴 모양으로 퍼졌을 수 있다. 우주선은 또한 대기에도 미소량의 물이 있다는 것을 발견했고, 가시광선 스펙트럼 너머로, 적외선 방향으로 보이는데, 광물이 특정 파장의 빛을 흡수하는 영역이다. 하지만 물과 이산화탄소가 있는 곳에서 생기는 백악질 광물인 탄산염의 증거는 없다. 지구 초기 대기의 이산화탄소는 70기압에 이르렀고, 바닷물로 들어가 해저를 석회석으로 만들었다. 두꺼운 이산화탄소 대기가 없었다면, 화성에는 안정적인 물을 표면에 가질 수 없었다. 물은 탄산염이 되므로, 탄산염이 발견되지 않은 이유는 수수께끼이다.

89 Zuber, 저자와의 인터뷰; "Mars Orbiter Camera Mars Weather Update, for the week September 3~9, 2002," Malin Space Science Systems.

90 Zuber, 저자와의 인터뷰

91 "PIA04531: Earth and Moon as Viewed from Mars," *Mars Global Surveyor*(May 22, 2003).

92　Victoria Jaggard, "What Yuri Gagarin Saw on First Space Flight." National Geographic, April 13, 2011; "I see Earth! It isso beautiful!" European Space Agency(March 29, 2011).

93　Carl Sagan, Pale Blue Dot: A Vision of the Human Future in Space(New York: Ballantine Books, 1997), p. 6.

94　J. R. R. Tolkien, The Fellowship of the Ring (New York: Del Rey, 1986), p. 193.

8장

1　존은 현재 칼텍 지질학과의 플레터 존스 교수로 있고 나사의 화성 과학 연구소Mars Science Laboratory의 수석 조사관이다.

2　하버드대학 명예 교수인 폴 호프만은 언젠가 그로칭어를 "바위를 볼 땐 약간 늑대 같은 눈으로 본다"라고 했던 것을 인용했다. Quoted in AminaKhan, "Seeing Mars Through the Eyes of a Geologist," www.phys.org(Aug.4, 2012).

3　"The Rover's Antennas," NASA Mars; "Communications with Earth,"NASA Mars.

4　Daniel Siegal, "Montrose Jeweler Makes Watches on Mars Time," Los Angeles Times(Oct. 30, 2013).

5　Steve Squyres, Roving Mars: Spirit, Opportunity, and the Exploration of the Red Planet(New York: Hyperion, 2005), p. 230.

6　"Mars Exploration Rovers Overview," Mars Exploration Rovers, NASA.

7　Guy Webster, "Go to That Crater and Turn Right: Spirit Gets a Travel Itinerary," NASA(January 13, 2004).

8　이 별명은 구세브에 있는 착륙지를 부르는 인기 있는 이름이 되었다.

9　Steven W. Squyres and Andrew H. Knoll, "Sedimentary Rocks at Meridiani Planum: Origin, Diagenesis, and Implications for Life on Mars," Earth and Planetary Science Letters 240, no. 1 (2005), pp. 1~10.

10　Bruce Murray, quoted in Jennifer Vaughn, "Mars, Old and New: A Personal View by Bruce Murray," The Planetary Society(September 3, 2013). 적철석(Fe₂O₃)은 결이 고운 형태에서는 붉은색으로 보이고, 결이 굵으면 회색으로 보인다. 궤도선에서 적외선 분광분석 데이터로 본 회색 적철석 때문에 메리디아니 평원에 착륙하는 결정을 내렸다.

11　이 순간에 대한 이야기와 여타 초기 화성 탐사 로버에 대해서는: Steve Squyres's wonderful firsthand account: Squyres, Roving Mars: Spirit, Opportunity, and the Exploration of the Red Planet, p. 292.

12　같은 책, p.292

13　같은 책, p.293

14　같은 책, p.307

15　같은 책, pp. 293~294; 이 표현을 오해하여 한국의 일간지는 헤드라인을 "두 번째 화성 로버가 착륙하며 수수께끼 같은 연기를 보다"로 뽑았다.

16　Squyres, Roving Mars: Spirit, Opportunity, and the Exploration of the Red Planet, p. 294.

17　Marcus Y. Woo, "Roving on Mars," Engineering and Science, 72(2), (2009) pp. 12~20.

18　"Martian 'Blueberries,'" NASA Science Mars Exploration Program(Jan. 27, 2015).

19　Squyres, Roving Mars: Spirit, Opportunity, and the Exploration of the Red Planet, p. 300.

20 Marjorie A Chan, Brenda Beitler, W. T. Parry, Jens Ormö, and Goro Komatsu, "A Possible Terrestrial Analogue for Haematite Concretions on Mars," *Nature,*429, no. 6993 (2004); Scott M. McLennan, J. F. BellIII, W. M. Calvin, P. R. Christensen, BC D. Clark, P. A. De Souza, J. Farmer etal., "Provenance and Diagenesis of the Evaporite-Bearing Burns Formation, Meridiani Planum, Mars," *Earth and Planetary Science Letters*, 240,no. 1(2005), pp. 95~121; W. M. Calvin, et al., "Hematite Spherules at Meridiani: Results from MI, Mini-TES, and Pancam," *Journal of Geophysical Research: Planets*, 113, no. E12(2008).

21 Henry Bortman, "Evidence of Water Found on Mars," *Astrobiology Magazine*(March 3, 2004).

22 G. Klingelhöfer, R. Van Morris, B. Bernhardt, C. Schröder, D. S.Rodionov, P. A. De Souza, A. Yen, et al., "Jarosite and Hematite at Meridiani Planum from Opportunity's Mössbauer Spectrometer," *Science*, 306, no. 5702(2004), pp. 1,740~1,745.

23 이것은 MIT 지질학 교수 로저 번스에게는 환영할 만한 소식이었을 것이다. 그는 철이 많은 화성 현무암이 산에 의해 침식되는 모델을 누구보다 먼저 제안했던 사람이었다. Roger Burns and Duncan Fisher, "Rates of Oxidative Weathering on the Surface of Mars," *Journal of Geophysical Research*, 98 (1993). 이런 이유로 증발 잔류함을 포함하는 메리디아니의 번스 형성물Burns formation은 그를 기려 붙인 이름이다. 왜 그렇게 화성 표면에 백악질의 탄산염이 적게 검출이 되었는지는 산성 물의 존재로 어느 정도 설명이 가능한데, 탄산염은 pH가 낮은 용액에서 침전되지 않기 때문이다.

24 Linda A. Amaral Zettler, Felipe Gómez, Erik Zettler, Brendan G.Keenan, Ricardo Amils, and Mitchell L. Sogin, "Microbiology: EukaryoticDiversity in Spain's River of Fire," *Nature*, 417, no. 6885(2002), p. 137.

25 J. P. Grotzinger, R. E. Arvidson, J. F. Bell III, W. Calvin, B. C.Clark, D. A. Fike, M. Golombek, et al., "Stratigraphy and Sedimentology of aDry to Wet Eolian Depositional System, Burns Formation, Meridiani Planum, Mars," *Earth and Planetary Science Letters*, 240, no. 1 (2005), pp. 11~72; McLennan, et al., "Provenance and Diagenesis of the Evaporite-Bearing Burns Formation, Meridiani Planum, Mars," *Earth and Planetary Science Letters*.

26 이 팀은 지질학, 대기과학 등등 전문 분야별로 나누어져 있었다. 하지만 로버에 탑재된 일곱 개의 기구에 따라 나눈 것은 아니었다. 나는 나중에서야 깨달았는데, 이것은 특정 하드웨어를 몇 년에 걸쳐 같이 제작하면서 형성된 작은 그룹들 간에 있을 수 있는 라이벌 의식을 없애기 위해서였다. 소그 회의 동안 자신들이 작업하고 있는 기술에 시간을 더 쏟도록 경쟁하는 것이 아니라, 그룹들은 좀 더 큰 과학적 목표로 설득해야 했다.

27 "Press Release Images: Opportunity: A Puzzling Crack," NASA Mars Exploration Rovers(April 6, 2004).

28 S. W. Squyres, et al., "Overview of the Opportunity Mars Exploration Rover Mission to Meridiani Planum: Eagle Crater to Purgatory Ripple," *Journal of Geophysical Research*, 111(2006), p. 4.

29 이후 분화구 이름은 유명한 탐사선 이름을 땄다. 프램은 아문센 원정대를 남극으로 실어다 나른 배로, 남극에 가는 데 성공한 최초의 배이기도 하다. 인듀어런스는 섀클턴의 쇄빙선이다. 인데버는 제임스 쿡이 뉴질랜드와 오스트레일리아로 갈 때 탔던 배다. 나사 탐사 팀은 오퍼튜니티호가 인데버 분화구에 닿으면 대학원생이 얼마 안 남을 것이라고 했는데, 쿡의 원정 동안 이질과 말라리아를 피한 선원이 별로 없었기 때문이었다. 심지어 이글도 이 관례에 맞는 이름인데, 닐 암스트롱과 버즈 올

드린이 달에 갈 때 탔던 우주선이기 때문이다.

30 Squyres, *Roving Mars: Spirit, Opportunity, and the Exploration of the Red Planet*, p. 335.

31 같은 책, p.334

32 Bruce C. Heezen and Marie Tharp, "World Ocean Floor Panorama," fullcolor, painted by H. Berann, Mercator projection, scale 1, no. 23, 230, 300(1977).

33 Steve went on to work closely with other Cornell professors, including Joseph Veverka (his scientific advisor), Arthur Bloom, Steven Ostro, and William Travers, as well as Gene Shoemaker at USGS and several members of the *Voyager* imaging team. Steven Squyres, "The Morphology and Evolution of Ganymede and Callisto," Cornell PhD thesis(1981).

34 David R. Williams, "Mars Rover 'Opportunity' Images," NASA Goddard Space Flight Center(June 16, 2004).

35 컬럼비아 힐스는 2003년 대기로 재진입하다가 공중 분해된 우주왕복선 컬럼비아에서 이름을 따온 것이다. 컬럼비아호에 탑승했다 숨진 일곱 명의 승무원의 이름을 일곱 개 언덕에 붙였다.

36 Squyres, *Roving Mars: Spirit, Opportunity, and the Exploration of the Red Planet*, pp. 351~354.

37 Squyres, *Roving Mars: Spirit, Opportunity, and the Exploration of the Red Planet*, pp. 351~354, 362~363.

38 Douglas Wayne Ming, David W. Mittlefehldt, Richard Van Morris, D.C. Golden, Ralf Gellert, Albert Yen, Benton C. Clark, et al., "Geochemical and Mineralogical Indicators for Aqueous Processes in the Columbia Hills of Gusev Crater, Mars," *Journal of Geophysical Research: Planets*, 111,no. E2(2006).

39 Squyres, Steven W., John P. Grotzinger, Raymond E. Arvidson, J. F.Bell, Wendy Calvin, Philip R. Christensen, Benton C. Clark, et al., "In Situ Evidence for an Ancient Aqueous Environment at Meridiani Planum, Mars," *Science*, 306, no. 5702 (2004), pp. 1,709~1,714; Kenneth E. Herkenhoff, S. W. Squyres, R. Arvidson, D. S. Bass, J. F. Bell, Pernille Bertelsen, B. L. Ehlmann, et al.,"Evidence from Opportunity's Microscopic Imager for Water on Meridiani Planum," *Science*, 306, no. 5702(2004), pp. 1,727~1,730.

40 McLennan, et al, "Provenance and Diagenesis of the Evaporite-Bearing Burns Formation, Meridiani Planum, Mars," *Earth and Planetary Science Letters*.

41 S. W. Squyres and Andrew H. Knoll, Sedimentary *Geology* at Meridiani Planum, Mars (Houston: Gulf Professional Publishing, 2005),p. 68; J. P. Grotzinger, "Depositional Model for the Burns Formation,Meridiani Planum," *Seventh International Conference on Mars*(2007).

42 NASA/JPL/MSSS, "Opportunity Tracks Seen From Orbit," NASA Science Mars Exploration Program(Jan. 24, 2005).

43 "Fourth Planet from the Sun," NASA Mars Exploration Program.

44 로버의 팔에 있는 뫼스바우어 분광기는 여러 형태의 철 광물을 조사하기 위해 설계되었다. 철의 녹은 물과 산소가 존재하면 발생하므로, 과거 환경적 조건에 따라 나눌 수 있다.

45 Peter Cogram, "Jarosite," in Reference Module in Earth Systems and Environmental Sciences, Scott A. Elias, et al., eds.(ScienceDirect, 2018). 예를 들어, 칼륨이온의 함량이 높다면, pH 수치가 높은 자로사이트가 형성될 수 있다. 표면의 화학적 성분은 산성과 관련된 해석을 뒷받침했다.

46 Amaral Zettler, Gómez, Zettler, Keenan, Amils, and Sogin,"Microbiology:

Eukaryotic Diversity in Spain's River of Fire," Nature.

47 Nicholas J. Tosca, Andrew H. Knoll, and Scott M. McLennan, "Water Activity and Challenge for Life on Early Mars," *Science*, 320,no. 5880(2008), pp. 1,204~1,207.

48 E. Henney, C. L. Taylor, and C. S. Boon, eds., "Preservation and Physical Property Roles of Sodium in Foods," in Strategies to Reduce Sodium Intake in the United States(Washington, D.C.: NationalAcademies Press, 2010).

49 "Daisy Found on 'Route 66'," Mars Exploration Rovers Spirit Press Release Image, NASA/JPL/Cornell(April 17, 2004).

50 요세프 폰 리트로프는 사하라에 도랑을 팔 것을, 칼 프리드리히 가우스는 시베리아에 삼각형으로 밀을 심을 것을 찰스 크로스는 유럽에 거울을 놓자고 제안한 것은 최근 반복적으로 인용이 되지만 이것들이 진짜로 있었던 것인지, 추측인지, 루머인지는 확실치 않다. 이런 이야기들은 18~19세기에 회자되었는데, 외계에 지적 생명체가 살았다고 믿었던 때였다. (1900년에 십만 프랑의 상금이 걸려 있는 "피에르 구즈만 상"은 프랑스 과학한림원에서 만든 것으로, 화성을 제외한 천체와 교신한 최초의 인물에게 수여되기로 되어 있었다. 화성이 제외된 이유는 생명체의 존재가 충분히 알려져 도전적이지 못한 곳으로 생각되었기 때문이다. Jeff Greenwald, "Who's Out There?" Discover (April1, 1999); Michael J. Crowe, *The Extraterrestrial Life Debate, 1750~1900*(Mineola,N. Y.: Dover Publications, 2011), p. 205; Hans Zappe, Fundamentals of Micro-Optics, 1st ed.(Cambridge University Press, 2010), p. 298;Willy Ley, *Rockets, Missiles, and Space Travel* (New York: Viking Press, 1958); Frank Drake, "A Brief History of SETI," Third Decennial US - USSR Conference on SETI—ASP Conference Series, 47(1993), pp. 11~18; Michael Carroll, Earths of Distant Suns (Göttingen,Germany: Copernicus), pp. 14~15; Comptes Rendus Hebdomadaires desSéances de l'Académie des Sciences, 131(1900), p. 1,147.

51 Gilf Kebir, László E. de Almásy, Récentes Explorations dans le Désert Libyque (1932 - 1936), E.and R. Schindler pour la Société Royale de Géographie d'Égypte, 1936.

9장

1 Marcus Warren, "'Road of Bones' Where Slaves Perished," *The Telegraph* (London: Aug. 10, 2002).

2 Quoted in Kristo for Minta and Herbert Pföstl, To Die No More (New York: Blind Pony Books, 2008), originally from Catherine Merridale, Night of Stone: Death and Memory in Twentieth Century Russia(New York: Penguin Books, 2002), p. 300.

3 Eske Willerslev, et al., "Diverse Plant and Animal Genetic Records from Holocene and Pleistocene Sediments," *Science*, 300, no. 5,620(2003), pp. 791~795 (see also "Sample Information" and "Stratigraphic Information" in "Supporting Material

4 Carl Zimmer, "Eske Willerslev Is Rewriting History with DNA," *The New York Times*(May 16, 2016).

5 I. Mitrofanov, et al., "Maps of Subsurface Hydrogen from the High Energy Neutron Detector, Mars Odyssey," *Science*, 297, no.5,578(2002), pp. 78~81.

6 이것은 2001년 4월에 발사되어 10월에 도착한 나사의 마르스 오디세이 탐사선이다.

7 에스케는 계속해서 진화유전학의 연구 성과를 내고 있고, 이제는 코펜하겐대학의

지질유전학 센터를 이끌고 있다.

8   Zimmer, "Eske Willerslev Is Rewriting History with DNA," *The New York Times.*

9   대부분의 게놈학 실험실은 미세한 DNA를 기하급수적으로 복사해 플라스틱 튜브를 열면 퍼질 정도가 된다. 이런 민감한 표본을 다루기 위해서는 밀봉된 DNA 추출물을 다른 건물로 옮겨 증폭시키고 분석해야 했다.

10 Joakim Garff, translated by Bruce H. Kirmmse, *Søren Kierkegaard: A Biography* (Princeton, N. J.: Princeton University Press,2000), p. 811.

11 Sarah S. Johnson, et al., "Ancient Bacteria Show Evidence of DNA Repair," *Proceedings of the National Academy of Sciences*, 104(36)(2007), pp. 14,401~14,405.

12 Rod Pyle, *Destination Mars: New Explorations of the Red Planet*(Amherst, N.Y.: Prometheus Books, 2012), p. 248.

13 탐사의 공식 목표는 1)화성 극관의 물의 역사에 대해 연구하고, 2)정주 가능한 구역을 식별하고 동토 가장자리의 생물학적 가능성을 평가하는 것이었다. "Mars Phoenix Lander Overview," NASA.

14 Herodotus, Histories, trans. George Rawlinson(TheInternet Classics Archive), II.

15 Pyle, *Destination Mars: New Explorations of the Red Planet*, p. 231.

16 "NASA's Phoenix Mars Mission Gets Thumbs Up for 2007 Launch," NASA press release(June 2, 2005).

17 "Phoenix Mars Scout," NASA Facts, NASA JPL.

18 Pyle, *Destination Mars: New Explorations of the Red Planet*, p. 230.

19 D. H. Plemmons, et al., "Effects of the Phoenix Lander Descent Thruster Plume on the Martian Surface," *Journal of Geophysical Research*, 113(2008).

20 An exception includes the Viking 2 lander, which touched down at 48 degrees north latitude.

21 "Frequently Asked Questions," Phoenix Mars Mission, the University of Arizona.

22 Eric Hand, "Mars exploration: Phoenix: a race against time," Nature (Dec.10, 2008).

23 W. C Feldman, W. V. Boynton, R. L. Tokar, T. H. Prettyman, O. Gasnault, S. W. Squyres, R. C. Elphic, et al., "Global Distribution of Neutrons from Mars: Results from Mars Odyssey," *Science,* 297,no. 5578(2002), pp. 75~78; I. Mitrofanov, D. Anfimov, A. Kozyrev, M. Litvak,A. Sanin, V. Tret´yakov, A. Krylov, et al., "Maps of Subsurface Hydrogen from the High Energy Neutron Detector, Mars Odyssey." *Science*, 297, no. 5578(2002), pp. 78~81.

24 Angela Poulson, "UA Art Class About to Complete Giant Phoenix Mars Mission Mural," UA News(Dec. 1, 2006).

25 Pyle, *Destination Mars: New Explorations of the Red Planet*, p.249.

26 Joe Bargmann, "Spacemen," *The Washington Post Magazine*(Sept. 28, 2008).

27 Alexis Madrigal, "Wired Science Scores Exclusive Twitter Interview with the Phoenix Mars Lander," Wired(May 30, 2008).

28 같은 글

29 같은 글

30 화성 정찰 궤도선은 나사의 궤도 탐사선으로 2005년 발사되어 2006년 도착했다. 이 탐사선은 진흙, 탄산염, 염화물이 있는 곳을 식별해 냈고, 북쪽 극관의 얼음의 양도 측정했다. 또한 자세한 지형을 고해상도 이미징 실험High Resolution Imaging Science Experiment(HiRise) 카메라로 찍었다. 이 궤도선은 오늘날에도 활동하고 있으며, 로버의 표면 탐사 활동에 있어 핵심적인 커뮤니케이션 기능을 하고 있다.

31 John Mahoney, "Mars Reconnaissance Orbiter Captures Images of Phoenix Lander's Descent," Popular Science(May 27, 2008).

32 Ivan Semeniuk, "First Phoenix Images Reveal 'Quilted' Martian Terrain," New Scientist(May 26, 2008).

33 Emily Lakdawalla, "Phoenix Has Landed!" The Planetary Society(May25, 2008).

34 Madrigal, "Wired Science Scores Exclusive Twitter Interview with the Phoenix Mars Lander," Wired.

35 Peter H. Smith, "Introduction to Visions of Mars," The Planetary Society(Feb. 14, 2007).

36 Michael T. Mellon, Michael C. Malin, Raymond E. Arvidson, Mindi L. Searls, Hanna G. Sizemore, Tabatha L. Heet, Mark T. Lemmon, H. Uwe Keller, and John Marshall, "The Periglacial Landscape at the Phoenix Landing Site," Journal of Geophysical Research: Planets, 114, no. E1(2009).

37 Ivan Semeniuk, "First Phoenix Images Reveal 'Quilted' Martian Terrain," New Scientist(May 26, 2008).

38 Ivan Semeniuk, "Mars Scientists Ponder Polygon Mystery," New Scientist(May 27, 2008).

39 미시건대학의 대기우주과학공학 전공 교수 닐튼 레노

40 Kenneth Chang, "Blobs in Photos of Mars Lander Stir a Debate: Are They Water?" The New York Times (March 16, 2009); N. Rennó, et al., Lunar and Planetary Science Conference, 40 (2009); Nilton O. Rennó, BrentJ. Bos, David Catling, Benton C. Clark, Line Drube, David Fisher, Walter Goetz,et al., "Possible Physical and Thermodynamical Evidence for Liquid Water at the Phoenix Landing Site," Journal of Geophysical Research: Planets, 114,no. E1(2009).

41 Andrea Thompson, "Phoenix Mars Lander Found Liquid Water, Some Scientists Think," Space(March 10, 2009).

42 P. H. Smith, L. K. Tamppari, R. E. Arvidson, D. Bass, D. Blaney, WilliamV. Boynton, A. Carswell, et al., "H2O at the Phoenix Landing Site," Science, 325, no. 5936 (2009), pp. 58~61.

43 Guy Webster, "Bright Chunks at Phoenix Lander's Mars Site Must Have Been Ice," NASA(June 19, 2008).

44 테가TEGA는 피닉스호의 열 개량 기체 분석기Thermal and Evolved Gas Analyzer, and 메카MECA는 현미경, 전자화학, 및 전도성 분석기Microscopy, Electrochemistry, and Conductivity Analyzer였다.

45 Eric Hand, "Mars Exploration: Phoenix: A Race Against Time," Nature(Dec.10, 2008).

46 W. V. Boynton, D. W. Ming, S. P. Kounaves, S. M. M. Young, R. E.Arvidson, M. H. Hecht, J. Hoffman, et al., "Evidence for Calcium Carbonate at the Mars Phoenix Landing Site," Science, 325, no. 5936(2009), pp. 61~64.

47 안타깝게도, 동위원소 분석을 할 만큼 충분한 양의 물이 없었다. 이것이 가능했다면 얼마나 많은 양의 물이 사라졌는지를 이해하는 데 도움이 되었을 것이다.

48 "Microscopy, Electrochemistry, and Conductivity Analyzer (MECA)," Phoenix Mars Mission, University of Arizona.

49 토양 샘플 부피는 1세제곱 센티미터였다: S. P.Kounaves, "The Phoenix Mars Lander Wet Chemistry Laboratory(WCL): Understanding the Aqueous Geochemistry of the Martian Soil," International Workshop on Instrumentation for Planetary Missions, vol. 1,683 (2012), p. 1005.

50   Samuel P. Kounaves, Michael H. Hecht, Steven J. West, John-Michael Morookian, Suzanne M. M. Young, Richard Quinn, Paula Grunthaner, et al., "The MECA Wet Chemistry Laboratory on the 2007 Phoenix Mars ScoutLander," *Journal of Geophysical Research: Planets*, 114, no. E3(2009)

51   Elizabeth K. Wilson, "Mars Soil PH Measured," Chemical and Engineering News(June 27, 2008).

52   Samuel P. Kounaves, et al., "Evidence of Martian Perchlorate, Chlorate, and Nitrate in Mars Meteorite EETA79001: Implications for Oxidantsand Organics," *Icarus*, 229(2014), pp. 206~213. 우리는 질소 기체가 지구에서처럼 화산에 의해 화성 대기로 나왔다고 상정한다. 지구 질소 가스 안에도 생명체는 많지만, 대부분의 생명체는 그렇지 못하다. 삼중결합구조가 너무 단단하기 때문이다. 다른 형태의 질소라 할 수 있는 질산염은 잘 끊어지는 산소 원자를 가지고 있어 가끔 필요하다.

53   Rocco L. Mancinelli and Amos Banin, "Where Is the Nitrogen on Mars?" International Journal of *Astrobiology*, 2, no. 3(2003), pp. 217~225.

54   질산염이 화성에서 완전히 탐지되려면 몇 년 더 있어야 한다. 고다드 우주센터 과학자인 젠 스턴이 큐리오시티에 탑재된 기구를 이용하여 밝혀냈다. Jennifer C. Stern, Brad Sutter, Caroline Freissinet, Rafael Navarro-González, Christopher P. McKay, P. Douglas Archer, Arnaud Buch, et al., "Evidence for Indigenous Nitrogen in Sedimentary and Aeolian Deposits from the Curiosity Rover Investigations at Gale Crater, Mars," *Proceedings of the National Academy of Sciences*, 112, no. 14(2015), pp. 4,245~4,250.

55   과염소산염은 과염소산 이온을 가진 분자다(ClO4-, 염소 원자가 네 개의 산소 원자와 결합한 상태). 피닉스 호의 착륙지점에서 발견된 과염소산염에 대해서는: M. H. Hecht, S. P.Kounaves, R. C. Quinn, S. J. West, S. M. M. Young, D. W. Ming, D. C. Catling, et al., "Detection of Perchlorate and the Soluble Chemistry of Martian Soil atthe Phoenix Lander Site," *Science*, 325, no. 5936(2009), pp. 64~67.

56   Leonard David, "Toxic Mars: Astronauts Must Deal with Perchlorateon the Red Planet," Space(June 13, 2013).

57   Quoting Mike Hecht, see: Ryan Anderson, "AGU Day 1: Phoenix," AGU100 Blogosphere(Dec. 16, 2008).

58   클로로메탄Chloromethane과 디클로로메탄dichloromethane, 예를 들면: Rafael Navarro-González, Edgar Vargas, Jose de La Rosa, Alejandro C. Raga, and Christopher P. McKay, "Reanalysis of the Viking Results Suggests Perchlorate and Organics at Midlatitudes on Mars," *Journal of Geophysical Research: Planets*, 115, no. E12(2010).

59   Guy Webster, "Missing Piece Inspires New Look at Mars Puzzle," NASA(Sept. 3, 2010).

60   Kounaves,"The Phoenix Mars Lander Wet Chemistry Laboratory (WCL): Understanding the Aqueous Geochemistry of the Martian Soil," International Workshop on Instrumentation for Planetary Missions, p. 1005.

61   예를 들면: John D.Coates and Laurie A. Achenbach, "Microbial Perchlorate Reduction: Rocket-Fueled Metabolism," Nature Reviews Microbiology, 2, no. 7(2004), p.569; Joop M. Houtkooper and Dirk Schulze-Makuch, "The Possible Role ofPerchlorates for Martian Life," *Journal of Cosmology*, Vol. 5(Jan. 25, 2010), pp. 930~939; Sophie Nixon, Claire Rachel Cousins, and Charles Cockell, "Plausible Microbial Metabolisms on Mars," Astronomy & Geophysics(2013).

62   이론적인 융해값은 과염소산염 52 wt%는 236±1K이고, 44.0wt%의 과염소 마그네슘은 206±1 K이다: Vincent F. Chevrier, Jennifer Hanley, and Travis S.

Altheide, "Stability of Perchlorate Hydrates and Their Liquid Solutions at the Phoenix Landing Site, Mars," *Geophysical Research Letters*, 36, no. 10(2009).

63 Mars *Phoenix*, Twitter post(July 8, 2008, 3:15 P. M.).

64 같은 자료(2008년 10월 8일 10:20 P. M.)

65 Mars *Phoenix*, Twitter post (Oct. 28, 2008, 4:55 P. M.).

66 Ryan Anderson, "Phoenix Hanging in There," AGU 100 Blogosphere(Oct. 31, 2008).

67 J. A. Whiteway, et al., "Mars Water-Ice Clouds and Precipitation," *Science*, 325, no. 5,936(2009), pp. 68~70.

68 Anne Minard, "'Diamond Dust' Snow Falls Nightly on Mars," *National Geographic News*(July 2, 2009).

69 Eric Hand, "Mars exploration: Phoenix: a race against time," Nature(Dec.10, 2008).

70 Mars Phoenix, Twitter post(Nov. 10, 2008, 1:12 P.M.); Rod Pyle, Destination Mars: New Explorations of theRed Planet(Amherst, N.Y.: Prometheus Books, 2012), p. 241.

71 Bruce Betts, "We Make It Happen," *The Planetary Report*, vol. XXVI, no. 6 (2006), p. 3.

72 Jon Lomberg, "Visions of Mars: Then and Now," The Planetary Society.

73 같은 자료

74 "Visions of Mars: The Stories," The Planetary Society.

75 "Visions of Mars: Artwork and Radio Broadcasts," The Planetary Society.

76 같은 자료

77 Peter H. Smith, "Introduction to Visions of Mars," The Planetary Society (Feb. 14, 2007).

78 "Visions of Mars," The Planetary Society.

79 같은 자료

80 The mini-DVD is expected to last approximately five hundred years. Bruce Betts, "We Make It Happen," *The Planetary Report*.

81 Voltaire, "Micromégas," Blake Linton Wilfong, ed., Free Sci-Fi Classics.

82 Jeffrey R. Powell, *Progress and Prospects in Evolutionary Biology: The Drosophila Model*(Oxford University Press, 1997).

83 Kees Boeke, *Cosmic View: The Universe in 40 Jumps* (NewYork: John Day Company, 1957). This book was also the inspiration for a famous short film, *Powers of Ten*, produced by Ray and Charles Eamesin 1977.

10장

1 "Mars Science Laboratory Landing Site: Gale Crater," NASA Mars Exploration Program(July 22, 2011).

2 "NASA Launches Most Capable and Robust Rover to Mars," NASA Mars Exploration Program(Nov. 26, 2011).

3 Ravi Prakash, P. Dan Burkhart, Allen Chen, Keith A. Comeaux, CarlS. Guernsey, Devin M. Kipp, Leila V. Lorenzoni, et al., "Mars Science Laboratory Entry, Descent, and Landing System Overview," IEEE Aerospace Conference(2008), pp. 1~18.

4   "Raw Images: Sol 3," Mars Curiosity Rover Raw Images(Aug. 8, 2012).

5   국제천문연맹의 공식 명칭은 아이올리스산이다.

6   "Press Kit, Mars Science Laboratory Landing," NASA(July 2012). "가장 완전한 고
    대의 기록처럼", 마운트 샤프는 화성 다른 부분의 불완전한 지질학적 기록을 맞춰
    보는데 도움을 줄 수 있다.

7   R. E. Milliken, J. P. Grotzinger, and B. J. Thomson, "Paleoclimateof Mars as
    Captured by the Stratigraphic Record in Gale Crater," *Geophysical Research Letters,*
    37, no. 4(2010); A. A. Fraeman, et al., "Thestratigraphy and Evolution of Lower
    Mount Sharp from Spectral, Morphological, and Thermophysical Orbital Data
    Sets," *Journal of Geophysical Research: Planets,*121(2016), pp. 1,713~1,736.

8   나사의 화성 탐사 목표는 시간이 흐름에 따라 변해 왔다. 처음엔 "물을 따라가라"
    에서 "정주 가능성을 탐구하라"(큐리오시티)로, 그런 다음 "생명체의 흔적을 찾아
    라"(마르스 2020 탐사선)가 되었다: "The Mars Exploration Program," NASA Mars
    Exploration.

9   "Context of Curiosity Landing Site in Gale Crater," NASA Mars Exploration
    Program(July 22, 2011).

10 Emily Lakdawalla, "Curiosity: Notes from the Two Day-after-Landing Press
    Briefings," The Planetary Society(Aug. 6, 2012).

11 Jason Hanna, "'Impressive' Curiosity Landing Only 1.5 Miles Off, NASA Says,"
    CNN(Aug. 14, 2012).

12 큐리오시티호는 처음에 바놀드 사구Bagnold Dunes 구변을 다니기로 되어 있었다.

13 Charles Bolden, quoted in "First Recorded Voice from Mars," Mars Science
    Laboratory, NASA(Aug. 27, 2012).

14 Emily Lakdawalla, "Curiosity Sol 9 Update," The Planetary Society(Aug. 15, 2012).

15 R. M. E. Williams, J. P. Grotzinger, W. E. Dietrich, S. Gupta, D. Y. Sumner, R. C.
    Wiens, N. Mangold, et al., "Martian Fluvial Conglomerates at Gale Crater," *Science,*
    340, no. 6,136(2013), pp. 1,068~1,072.

16 Guy Webster, "NASA Rover Finds Old Streambed on Martian
    Surface,"NASA(September 27, 2012).

17 J. P. Grotzinger, D. Y. Sumner, L. C. Kah, K. Stack, S. Gupta, L. Edgar, D.
    Rubin, et al., "A Habitable Fluvio-Lacustrine Environment at Yellowknife Bay,
    Gale Crater, Mars," *Science,* 343, no. 6,169(2014), p. 1,242,777.

18 Ibid.; J. P. Grotzinger, S. Gupta, M. C. Malin, D. M. Rubin, J. Schieber, K.
    Siebach, D. Y. Sumner, et al., "Deposition, Exhumation, and Paleoclimate of
    an Ancient Lake Deposit, Gale Crater, Mars," *Science,* 350,no. 6,257(2015), p.
    aac7575; J. A. Hurowitz, J. P. Grotzinger, W. W. Fischer, S. M. McLennan, R. E.
    Milliken, N. Stein, A. R. Vasavada, et al., "Redox Stratification of an Ancient Lake
    in Gale Crater, Mars," *Science,* 356, no. 6341(2017), p. eaah6849; C. Freissinet, D.
    P. Glavin, Paul R. Mahaffy, K. E. Miller, J. L. Eigenbrode, R. E. Summons, A. E.
    Brunner, et al., "OrganicMolecules in the Sheepbed Mudstone, Gale Crater, Mars,"
    Journal of Geophysical Research: Planets, 120, no. 3(2015), pp. 495~514.

19 "A Guide to Gale Crater," NASA Video (Aug. 2, 2017).

20 폴은 현재 나사 고다드우주비행센터의 태양계 탐험부를 이끌고 있다.

21 Paul R. Mahaffy, et al., "The Sample Analysis at Mars Investigation and
    Instrument Suite," *Space Science Reviews,* 170, no. 1~4(2012), pp. 401~478.

22 Salem Solomon, "Born and Raised in Senafe, Eritrea, a NASA Scientist Leads
    Missions in Space," Eritrean Press (Aug. 20, 2015).

23 같은 책

24 같은 책

25 SAM이 전체 무게의 42퍼센트를 차지했다.

26 Walter Sullivan, "Two Gases Associated with Life Found on Mars Near Polar Cap," *The New York Times*(Aug. 8, 1969).

27 Johnny Bontemps, "Mystery Methane on Mars: The Saga Continues," *Astrobiology Magazine*(May 14, 2015). 극관에서의 흡수는 이산화탄소 얼음으로 설명될 수 있었다: K. C. Herr and G. C. Pimentel, "Infrared Absorptions Near 3 Microns Recorded over Polar Cap of Mars," *Science*, 166(1969), pp. 496~499.

28 M. J. Mumma, R. E. Novak, M. A. DiSanti, B. P. Bonev, and N.Dello Russo, "Detection and Mapping of Methane and Water on Mars," *Bulletin of the American Astronomical Society*, vol. 36(2004), p. 1,127; Vladimir A. Krasnopolsky, Jean Pierre Maillard, and Tobias C. Owen, "Detection of Methane in the Martian Atmosphere: Evidence for Life?" *Icarus*, 172,no. 2(2004), pp. 537~547; Michael J. Mumma, Geronimo L. Villanueva, Robert E.Novak, Tilak Hewagama, Boncho P. Bonev, Michael A. DiSanti, Avi M. Mandell, and Michael D. Smith, "Strong Release of Methane on Mars in Northern Summer 2003," *Science*, 323, no. 5,917(2009), pp. 1,041~1,045.

29 Vittorio Formisano, Sushil Atreya, Thérèse Encrenaz, NikolaiIgnatiev, and Marco Giuranna, "Detection of Methane in the Atmosphere of Mars," *Science*, 306, no. 5,702(2004), pp. 1,758~1,761.

30 Christopher R. Webster, Paul R. Mahaffy, Sushil K. Atreya, GregoryJ. Flesch, Michael A. Mischna, Pierre-Yves Meslin, Kenneth A. Farley, et al., "Mars Methane Detection and Variability at Gale Crater," *Science*, 347,no. 6,220(2015), pp. 415 – 417; Christopher R. Webster, Paul R. Mahaffy, SushilK. Atreya, John E. Moores, Gregory J. Flesch, Charles Malespin, Christopher P.McKay, et al., "Background Levels of Methane in Mars' Atmosphere Show Strong Seasonal Variations," *Science*, 360, no. 6,393(2018), pp.1,093~1,096.

31 James R. Lyons, Craig Manning, and Francis Nimmo, "Formation of Methane on Mars by Fluid-Rock Interaction in the Crust," *Geophysical Research Letters*, 32, no. 13(2005).

32 Brendon K. Chastain and Vincent Chevrier, "Methane Clathrate Hydrates as a Potential Source for Martian Atmospheric Methane," *Planetary and Space Science*, 55, no. 10(2007), pp. 1,246~1,256.

33 Michael D. Max and Stephen M. Clifford, "The State, Potential Distribution, and Biological Implications of Methane in the Martian Crust," *Journal of Geophysical Research: Planets*,105, no. E2(2000), pp. 4,165~4,171.

34 Paul R. Mahaffy, Christopher R. Webster, Michel Cabane, Pamela G.Conrad, Patrice Coll, Sushil K. Atreya, Robert Arvey, et al., "The Sample Analysis at Mars Investigation and Instrument Suite," *Space Science Reviews*, 170, no. 1~4(2012), pp. 401~478.

35 Michael Farquhar, "Remains to Be Seen," *The Washington Post*(June 30, 1991).

36 Roger E. Summons, Pierre Albrecht, Gene McDonald, and J. Michael Moldowan, "Molecular Biosignatures," *Strategies of Life Detection* (Boston: Springer, 2008), pp. 133~159.

37 바이킹호의 가스 크로마토그래프-질량 분광기 분석 결과에 대해 중요한 두 가지 논문으로는: K. Biemann,et al., "Search for Organic and Volatile Inorganic

Compounds in Two Surface Samples from the Chryse Planitia Region of Mars," *Science,* 194(1976), pp. 72~76; K. Biemann, et al., "The Search for Organic Substances and Inorganic Volatile Compounds in the Surface of Mars," *J. Geophys. Res.,*82(28) (1977), pp. 4,641~4,658. 우리가 과염소산염을 화성에서 발견한 후 이 분석 결과를 재해석한 내용은: Rafael Navarro-González, Edgar Vargas, Jose de La Rosa, Alejandro C. Raga, and Christopher P. McKay, "Reanalysis of the Viking Results Suggests Perchlorate and Organics at Mid latitudes on Mars," *Journal of Geophysical Research: Planets,* 115, no. E12(2010).

38   "SAM," Mars Curiosity Rover, NASA.

39   Daniel Limonadi, "Sampling Mars, Part 2: Science Instruments SAM and Chemin," The Planetary Society(Aug. 20, 2012).

40   View Into 'John Klein' Drill Hole in Martian Mudstone," NASA.

41   "Quotation of the Day for Wednesday, Mar. 13, 2013," *The New York Times*; Carl Franzen, "Curiosity Discovers Ancient Mars Could Have Supported Life," The Verge(March 12, 2013).

42   Mahaffy et. al., "The Sample Analysis at Mars Investigation and Instrument Suite," *Space Science Reviews*; Emily Lakdawalla, The Design and Engineering of Curiosity: How the Mars Rover Performs Its Job(Cham, Switzerland: Springer, 2018).

43   C. Freissinet, et al., "Organic Molecules in the Sheepbed Mudstone, Gale Crater, Mars," *Journal of Geophysical Research: Planets*.

44   J. L. Eigenbrode, R. E. Summons, A. Steele, C. Freissinet, M. Millan, R. Navarro-González, B. Sutter, et al., "Organic Matter Preserved in3-Billion-Year-Old Mudstones at Gale Crater, Mars," *Science,* 360,no. 6,393(2018), pp. 1,096~1,101; see also: Dwayne Brown and Jo Anna Wendel, "NASA Finds Ancient Organic Material, Mysterious Methane on Mars," NASA(June7, 2018)

45   SAM의 가장 흥미로운 결과는 아직 나오지 않았었다. 그때까지의 가열 방법은 열분 해였는데, 복잡한 유기 분자를 단순한 형태로 분해하는 것이었다. 9개의 웻케미스 트리wet chemistry컵이 SAM에 포함되어 있었는데, 이 컵 안에는 유기물과 화합한 용 액이 있었다. 이러한 용액이 있으면, 필요로 하는 열의 양이 훨씬 줄고, 필요한 연소 의 양도 줄어들고, 더 큰 분자들이 가스 크로마토그래프-질량 분광기로 들어가게 된다.

46   Mike Wall, "NASA's Curiosity Rover on Mars Is Climbing a Mountain Despite Wheel Damage," Space(May 3, 2016).

47   큐리오시티호의 드릴은 2016년 후반 모터 고장 후 가동이 중단되었다. 충격으로 바 위를 뚫는 기술(피드 연장 드릴 기술)로 로제트추진연구소 공학자들이 18개월 뒤인 2018년에 드릴을 재가동시킨다; Guy Webster, "Curiosity Rover Team Examining New Drill Hiatus," NASA (Dec. 5, 2016); "Curiosity Successfully Drills 'Duluth'," NASA Science Mars Exploration Program(May 23, 2018).

48   2020년 *Journal of Geophysical Research* 특별 호에서 베라 루빈 능선 발견의 세부 사항 에 대해 다루었다.

49   "Synopsis: How Dark Matter Shaped the First Galaxies,"American Physical Society(Oct. 2, 2019).

50   Vera C. Rubin, W. Kent Ford, Jr., and Norbert Thonnard, "Rotational Properties of 21 SC Galaxies with a Large Range of Luminosities and Radii, from NGC 4605 (R= 4kpc) to UGC 2885 (R= 122 kpc)," The Astrophysical Journal, 238 (1980), pp. 471~487; J. G. De Swart, Gianfranco Bertone, and Jeroen van Dongen, "How Dark Matter Came to Matter," *Nature Astronomy*,1, no. 3(2017), p. 0059.

51 베라 루빈과의 인터뷰, Alan Lightman, Niels Bohr Library and Archives, American Institute of Physics(College Park, Md.: April 3, 1989).

52 Maiken Scott, "Vera Rubin's Son Reflects on How She Paved the Way for Women," The Pulse(Jan. 12, 2017).

53 "Dark Matter Discoverer Vera Rubin Blazed New Trails for Women, Astronomy," Georgetown University News(Feb. 23, 2017).

54 1965년, 루빈은 칼텍 팔로마천문대Palomar Observatory에서 관측한 최초의 여성이 되었다. 프린스턴대학의 네타 바콜이 회상하기를: "(천문대 측에서) 루빈에게, 진짜 문제는 여성용 화장실이 없는 것이라고 말했다. 루빈은 그녀의 방에 들어가 종이를 들고 와서 스커트 모양으로 자르고, 화장실에 갖고 들어가 문 위에 있는 남자 그림 위에 붙였다. 그러고는 "자, 이제 여자 화장실이 생겼네요."라고 했다.": Jenni Avins, "'Devise Your Own Paths': The Enduring Wisdom of Vera Rubin, Groundbreaking Astronomer and Working Mother," Quartz(Dec. 27, 2016).

55 Dennis Overbye, "Vera Rubin, 88, Dies; Opened Doors in Astronomy, and for Women," The New York Times(Dec. 27, 2016).

56 같은 책; Lisa Randall, "Why Vera Rubin Deserved a Nobel," The New York Times(Jan. 4, 2017).

57 Overbye, "Vera Rubin, 88, Dies; Opened Doors in Astronomy, and for Women," The New York Times.

58 캐롤라인 허셜에 이어 루빈은 왕립 천문학회의 금메달을 받은 두 번째 여성이 되었다. 루빈은 1993년에 미국 과학자에게 주어지는 최대 영예인 국립과학훈장을 받았다. 많은 사람들은 루빈이 노벨상을 받았어야 한다고 믿는다: Randall, "Why Vera Rubin Deserved A Nobel," The New York Times, and Sarah Scoles, "How Vera Rubin Confirmed Dark Matter," Astronomy(June2016).

59 Vera Rubin, Bright Galaxies, Dark Matters(New York, Springer Science and Business Media: 1996).

60 Overbye, "Vera Rubin, 88, Dies; Opened Doors in Astronomy, and for Women," The New York Times.

61 데이브 루빈은 캘리포니아대학(산타크루즈) 지구 행성 과학과의 퇴적학자로, 나사의 화성 과학 연구 팀에 참여하여 퇴적물과 지형학 연구를 맡고 있다.

62 Overbye, "Vera Rubin, 88, Dies; Opened Doors in Astronomy,and for Women," The New York Times.

11장

1 D. C. Agle, "NASA Mars Mission Connects with Bosnian Town," NASA News(Sept. 23, 2019).

2 플리트비체 국립공원, 크로아티아: "Discover the Most Beautiful Lakes in Eastern Europe," SNCB International.

3 "Pliva Lakes and Watermills," Visit Jajce.

4 "Categories (Themes) for Naming Features on Planets and Satellites," Gazetteer of Planetary Nomenclature, International Astronomical Union.

5 Gazetteer of Planetary Nomenclature, International Astronomical Union.

6 C. I. Fassett and J. W. Head III, "Fluvial Sedimentary Deposits onMars: Ancient

Deltas in a Crater Lake in the Nili Fossae Region," *Geophysical Research Letters* 32, no. 14(2005); B. L. Ehlmann, J. F. Mustard, C. I. Fassett, S. C. Schon, J. W. Head III, D. J. Des Marais, J. A. Grant, and S. L. Murchie, "Clay Minerals in Delta Deposits and Organic Preservation Potential on Mars," *Nature Geoscience* 1, no. 6(2008): 355; T. A. Goudge,"Stratigraphy and Evolution of Delta Channel Deposits, Jezero Crater, Mars,"Lunar and Planetary Science Conference, 48(2017).

7 Emily Lakdawalla, "We're Going to Jezero!" The Planetary Society(Nov. 20, 2018).

8 모든 것이 순조롭게 진행된다면, 2020년에는 러시아 연방 우주국에서 준비한 카자초크Kazachok가 발사될 것이다. 카자초크는 영상 자료와 옥시아 플레눔Oxia Plenum의 날씨 정보를 수집하고, 유럽우주국에서 화성 토양 및 암석 분석을 위해 만든 로잘린드 프랭클린Rosalind Franklin 로버를 표면에 안착시킬 것이다. 이 로버는 표면 깊숙이 뚫을 것인데, 이 로버에는 화성 유기 분자 분석기Mars Organic Molecule Analyzer가 있어 표본의 다양한 유기물을 탐지할 수 있다. 중국에서도 거대한 창정Long March 5호를 발사할 예정이다. 중국에서 처음 시도했던 탐사선은 러시아와 공동으로 준비했으나 2011년 발사 후 실패했다. 중국국가항천국에서는 2020년, 단독으로 휘싱 1호를 발사하기로 했다. 뉴스에 따르면, 휘싱 1호 궤도선에는 카메라, 레이다, 분광기, 중성자 및 에너지 입자 분석기, 자기계가 탑재될 것이며, 이후 태양열을 이용하는 로버와 공동으로 작업할 것이다. 이것은 2019년 탐사선 옥토끼 2호Yutu-2가 성공적으로 달 반대편에 안착한 기술을 이용한 기획이다. 아랍에미레이트연합국UAE에서는 희망Hope호가 2020년 발사 예정으로 있다. 일본산 로켓을 이용해 발사될 것이며, 궤도에서 화성의 일기와 기후 역학 및 대기에 대해 연구할 예정이다. 아랍계 국가들 중 최초로 다른 행성에 탐사선을 보내는 시도인데, 2014년까지 UAE에는 우주 연구 기관이 존재하지 않았던 것을 감안하면 놀라운 일이다. 이 모든 탐사선은 나사의 인사이트InSight 지질 탐사 착륙선과 함께할 것이다. 인사이트는 2018년 지진 활동과 내부 열의 흐름을 연구할 목적으로 보내진 것이다. 2000년 초반에 도착한 나사의 화성 오디세이Mars Odyssey도 아직 통신 중계를 하고 있다. 유럽우주국의 마르스 익스프레스Mars Express, 나사의 화성 정찰 궤도선, 유럽우주국과 러시아우주국의 합작품인 엑소마스 기체 추적 궤도선Exo Mars Trace Gas Orbiter도 이 고리를 이루고 있다. 인도의 망갈리얀Mangalyaan은 화성 궤도 탐사선Mars Orbital Mission이라고도 알려져 있는데, 인도 우주 연구 기구에서 쏘아올린 첫 탐사선으로 2014년에 도착했다. 망갈리얀의 발사 비용은 영화 〈그래비티〉 제작비와 비슷하다. 추가 정보는: Emily Lakdawalla, "Similarities and differences in the landing sites of ESA's and NASA's 2020 Mars rovers," *Nature Astronomy*, 3(2019), p. 190; Mike Wall, "4 Mars Missions Are One YearAway from Launching to the Red Planet in July 2020," Space.com, July 25, 2019; Andrew Jones,"China's first Mars spacecraft undergoing integration for 2020 launch,"Space News, May 29, 2019; Sam Lemonick, "3 rovers will head to Mars in 2020.Here's what you need to know about their chemical missions." C&EN, 97,no. 29, July 21, 2019; Eshan Masood, "UAE Mars probe will be Arab world first," *Nature News*, July 31, 2019.

9 Martin J. Van Kranendonk, Vickie Bennett, and Elis Hoffmann, eds., *Earth's Oldest Rocks*(Amsterdam: Elsevier, 2018).

10 "The Changing Ice Caps of Mars," NASA Science Mars Exploration Program(Nov. 27, 2018).

11 Kevin W. Lewis, Oded Aharonson, John P. Grotzinger, Randolph L.Kirk, Alfred S. McEwen, and Terry-Ann Suer, "Quasi-Periodic Bedding in the Sedimentary Rock Record of Mars," *Science*, 322, no. 5,907(2008), pp. 1,532~1,535; J. Taylor Perron and Peter Huybers, "Is There an Orbital Signal in the Polar Layered Deposits on Mars?" *Geology*, 37,no. 2(2009), pp. 155~158.

12 Armen Y. Mulkidjanian, et al., "Origin of First Cells at Terrestrial, Anoxic Geothermal Fields," *PNAS*, 109, no. 14(2012), pp. E821~E830.

13 Jay G. Forsythe, Sheng-Sheng Yu, Irena Mamajanov, Martha A. Grover, Ramanarayanan Krishnamurthy, Facundo M. Fernández, and Nicholas V. Hud, "Ester-Mediated Amide Bond Formation Driven by Wet–Dry Cycles: A Possible Path to Polypeptides on the Prebiotic Earth," *Angewandte Chemie* International Edition, 54, no. 34(2015), pp. 9,871~9,875.

14 이 로버도 스카이크레인을 사용한 진입, 하강, 착륙을 하게 될 것이다. Eric Hand, "NASA's *Mars 2020* Rover to Feature Lean, Nimble Science Payload," Science(July 31, 2014).

15 헬리콥터 드론의 무게는 2킬로그램이 채 안 되고 너비는 1미터 정도이다. 설계상으로 대기 밀도가 매우 낮은 곳에서 비행하도록 되어 있으며, 만약 성공한다면 태양계의 다른 장소에서의 비행에 성공한 최초의 항공기가 된다. 헬리콥터에는 두 개의 회전자가 있고, 태양 전지가 있어 최대 90초 동안, 다섯 번의 화성 상공 비행을 시도할 것이다. 여기에는 카메라 말고 다른 과학 기기는 설치되지 않을 것이고, 위에서 촬영된 예제로 분화구 사진을 보낼 것이다: D. C. Agle and Alana Johnson, "NASA's Mars Helicopter Attached to *Mars 2020* Rover," NASA, 28 Aug. 2019 and Preston Lerner, "A Helicopter Dreams of Mars," *Air & Space Magazine*, April 2019.

16 기기가 탑재된 터릿의 무게는 40킬로그램 정도 된다. Michelle Lou, "Watch the Arm of NASA's *Mars 2020* Rover Perform a Bicep Curl," CNN(July 30, 2019).

17 로버에는 42가지 표본 튜브가 실릴 것이고, 여분으로 다섯 개가 포함되지만, 태양일로 1년 반 동안 채취하는 표본 자체는 스무 개다. 계획상으로 나머지 표본은 탐사가 연장되면 채취하도록 되어 있다. Ken Farley, "*Mars 2020* Mission," Fourth Landing Site Workshop forthe *Mars 2020* Rover Mission (Glendale, Calif., Oct. 16, 2019).

18 "Robotic Arm," NASA *Mars 2020* Mission.

19 현재 세워진 표본을 지구로 가져올 방안은, 배달 로버를 보내서 화성 상승 추진체를 이용해 되돌아오게 하는 것이다. 이 작업은 인간 우주 탐사 기술의 발전을 다시 검증할 것이다. 지금으로서는 이 작업은 국제 공조를 통해 시도할 것으로 예상하고 있다. 탐사선 주요 하드웨어는 나사가, 유럽우주국은 표본 처리를 담당하는 식이다. NASA *Mars 2020* mission; Justin Cowart, "NASA, ESA Officials Outline Latest Mars Sample Return Plans,"The Planetary Society(August 13, 2019).

20 이미 많은 물질들이 자연적으로 화성에서 지구로 유입이 되긴 했지만, 나사의 표본 회수Sample Return 계획은, 화성에서 과거에 형성된 암석을 과거 생명체(즉, 현재 살아 있는 생명체가 아닌)의 증거로 가져오는 것이다. 현존하는 생명체가 존재할 가능성으로 인해, 나사나 다른 파트너 기관들은 지구로 표본을 회수할 때 극도의 주의를 기울여야만 한다. 나사의 행성보호과Office of Planetary Protection에서는 국제 과학 기구인 우주연구위원회Committee on Space Research와 합동으로 우주에서 들여오는 잠재적 생명체 형태의 것으로부터 지구를 보호하는 엄격한 정책을 시행할 것이다. 표본을 격리해 놓는 시나리오도 고려되고 있는데, 생물 안전성 4등급 시설(BSL-4, 백신이나 치료제가 없는 치명적 질병을 다루는 데 사용되는 시설)을 이용하거나 지구 궤도에 두는 방안도 있다: Bergit Uhran, Catharine Conley, and J. Andy Spry, "Updating Planetary Protection Considerations and Policies for Mars Sample Return," Space Policy (2019);Sarah Knapton, "Martian Rocks Could Be Quarantined on Moon Before Travelling to Earth," *The Telegraph* (London: Dec. 5, 2019); Yoseph Bar-Cohen, Mircea Badescu, Stewart Sherrit, Xiaoqi Bao, Hyeong Jae Lee, Erik Bombela, and Sukhwinder Sandhu, "Sample Containerization and Planetary Protection Using Brazing for Breaking the Chain of Contact to Mars,"

Behavior and Mechanics of Multifunctional Materials XIII, vol. 10968, International Society for Optics and Photonics(2019), p. 1,096, 802.

21 Melanie Barboni, Patrick Boehnke, Brenhin Keller, Issaku E. Kohl,Blair Schoene, Edward D. Young, and Kevin D. McKeegan, "Early Formation of the Moon 4.51 Billion Years Ago," *Science Advances*, 3, no. 1(2017), p. e1602365.

22 Prabal Saxena, Rosemary M. Killen, Vladimir Airapetian, Noah E.Petro, Natalie M. Curran, and Avi M. Mandell, "Was the Sun a Slow Rotator? Sodium and Potassium Constraints from the Lunar Regolith," *The Astrophysical Journal Letters*, 876, no. 1(2019), p. L16.

23 Sarah Knapton, "Elon Musk: We'll Create a City on Mars with a Million Inhabitants," *The Telegraph*(London: June 21, 2017).

24 imothy A. Goudge, Ralph E. Milliken, James W. Head, John F.Mustard, and Caleb I. Fassett, "Sedimentological Evidence for a Deltaic Origin of the Western Fan Deposit in Jezero Crater, Mars, and Implications for Future Exploration," *Earth and Planetary Science Letters*,458(2017), pp.357~365; Timothy A. Goudge, David Mohrig, Benjamin T. Cardenas, Cory M. Hughes,and Caleb I. Fassett, "Stratigraphy and Paleohydrology of Delta Channel Deposits, Jezero Crater, Mars," *Icarus*, 301(2018), pp. 58~75.

25 ack D. Farmer and David J. Des Marais, "Exploring for a Record of Ancient Martian Life," *Journal of Geophysical Research Planets*, 104,no. E11(1999), pp. 26,977~26,995.

26 Bethany L. Ehlmann, et al., "Clay Minerals in Delta Deposits and Organic Preservation Potential on Mars," *Nature Geoscience*, 1, no. 6(2008), p. 355.

27 수화된 실리카는 미화석 식물군을 비롯하여 다른 생명체 흔적을 보존하기 좋은 광물이다. 강바닥 최적층이었을 삼각주 끝 부분에서 이것이 발견되어 이 지역 탐사에 대한 흥분을 배가 시켰다. 예제로 내의 다른 흥미로운 장소는 고대 호숫가 자리일 수 있는 공간으로, 탄산염이 있는 곳이다. J. D. Tarnas, J. F. Mustard, Honglei Lin, T. A. Goudge, E. S.Amador, M. S. Bramble, C. H. Kremer, X. Zhang, Y. Itoh, and M. Parente,"Orbital identification of hydrated silica in Jezero crater, Mars," *Geophysical Research Letters* (2019); Briony H.N. Horgan, Ryan B. Anderson, Gilles Dromart, Elena S. Amador, and Melissa S. Rice, "The mineral diversity of Jezero crater: Evidence for possible lacustrine carbonates on Mars," *Icarus*(2019):113526.

28 Sanjeev Gupta and Briony Horgan, "*Mars 2020* Science Team Assessment of Jezero Crater," Fourth Landing Site Workshop for the *Mars 2020* Rover Mission (Glendale, Calif.: Oct. 17, 2019); Kennda Lynch, James Wray, Kevin Rey, and Robin Bond, "Habitability and Preservation Potential ofthe Bottomset Deposits in Jezero Crater," Fourth Landing Site Workshop for the *Mars 2020* Rover Mission(Glendale, Calif.: Oct. 17, 2019); Ken Farley, Katie Stack-Morgan, and Ken Williford, "Jezero-Midway Interellipse Traverse Mission Concept," Fourth Landing Site Workshop for the *Mars 2020* Rover Mission(Glendale, Calif.: Oct. 18, 2019).

29 Donald Prothero and Fred Schwab, Sedimentary *Geology*: An Introduction to Sedimentary Rocks and Stratigraphy(Second Edition) (New York: W. H. Freeman and Co., 2004).

30 Haleh Ardebili, "No. 2822: Herodotus," Engines of Our Ingenuity(Aug. 21, 2012).

31 Herodotus, Histories, trans. George Rawlinson(The Internet Classics Archive), II.

32 Herodotus, An Account of Egypt, trans. G. C. Macaulay(Project Gutenberg, 2006).

33 같은 책

34 Nigel C. Strudwick, *Texts from the Pyramid Age*(Atlanta: Society of Biblical Literature, 2005), p. 87.

35 같은 책

36 "Egyptian Pottery," Ceramics and Pottery Arts and Resources(July30, 2009).

37 같은 책

38 같은 책

39 W.W. How, *A Commentary on Herodotus*(Project Gutenberg, 2008).

40 Joshua J. Mark, "Egyptian Papyrus," *Ancient History Encyclopedia*(Nov. 8, 2016).

41 Janice Kamrin, "Papyrus in Ancient Egypt," The Metropolitan Museum of Art (March 2015).

42 J. Gwyn Griffiths, "Hecataeus and Herodotus on 'A Gift of the River,'" *Journal of Near Eastern Studies*, 25, no. 1(1966),pp. 57~61.

43 Herodotus, An Account of Egypt, trans. G. C. Macaulay.

44 From Theophrastus, Historia Plantarum (IV, 10), as quoted in "Papyrus," *Encyclopedia Britannica*(1911).

45 Lionel Casson, "The Library of Alexandria," *Libraries in the Ancient World*(New Haven: Yale University Press, 2002), p. 43.

46 Roy MacLeod, ed., *The Library of Alexandria: Centre of Learning in the Ancient World*(London: I. B. Tauris, 2004).

47 Roy MacLeod, ed. *The Library of Alexandria: Centre of Learning in the Ancient World*(London: I. B. Tauris, 2004).

48 Judith McKenzie and Peter Roger Stuart Moorey, *The Architecture of Alexandria and Egypt*, c. 300 BC to AD 700, vol. 63(New Haven: Yale University Press, 2007); James Crawford, Fallen Glory:The Lives and Deaths of History's Greatest Buildings(New York: Picador, 2017).

49 Claudii Galeni, Opera Omnia, vol. 17.1, ed. D.Carolus Gottlob Kühn(Leipzig, Prostat in Officina Libraria Car. Cnoblochii,1828), p. 605.

50 "When Libraries Were on a Roll," *The Telegraph*(London: May 19, 2001).

51 Thomas Greenwood, "Euclid and Aristotle," *The Thomist: A Speculative Quarterly Review*, 15, no. 3(1952), pp. 374~403.

52 Euclid, *Euclid's Elements: All Thirteen Books Complete in*One Volume: The Thomas L. Heath Translation(Santa Fe, N.M.: Green Lion Press, 2002).

53 완전수란 자신을 제외한 양의 약수의 합이 자기 자신이 되는 양의 정수이다. 예를 들어 6은 1, 2, 3의 합과 같고, 28은 1, 2, 4, 7, 14의 합과 같다.

54 Immanuel Kant, Critique of Pure Reason, trans. and ed. by Paul Guyer and Allen W. Wood(Cambridge University Press: 1998).

55 가우스는 외계에 대해 지대한 관심을 가지고 있었고, 독일에서는 피타고라스의 직각삼각형이 외계에서 온 신호라는 소문이 있었다. 이 소문의 근원이 가우스인지는 확실하지 않다. Michael J. Crowe, *The Extraterrestrial Life Debate, 1750~1900*(Mineola, N. Y.: Dover Publications, 2011), p. 205.

56 유클리드의 제5공준은 "만약 두 직선이 한 직선과 만날 때, 한쪽에 있는 내각의 합이 두 직각보다 작으면, 이 두 직선을 연장할 때 두 직각보다 작은 내각을 이루는 쪽에서 반드시 만난다"이다. Euclid, *Euclid's Elements: All Thirteen Books Complete in One Volume: The Thomas L. Heath Translation*.

57 J. J. O'Connor and E. F. Robertson, "Non-Euclidean Geometry,"JOC/EFR (Feb. 1996).

58 같은 책

59 Albert Einstein, "Der Feldgleichungen der Gravitation," Königlich Preußische Akademie der Wissenschaften (1915), pp. 844~847.

60 Joseph R. Michalski, Tullis C. Onstott, Stephen J. Mojzsis, John Mustard, Queenie H. S. Chan, Paul B. Niles, and Sarah Stewart Johnson, "The Martian Subsurface as a Potential Window into the Origin of Life," *Nature Geoscience*, 11, no. 1 (2018), p. 21; Tanai Cardona, James W. Murray, and A. William Rutherford, "Origin and Evolution of Water Oxidation before the Last Common Ancestor of the Cyanobacteria," Molecular Biology and Evolution, 32, no. 5 (2015), pp. 1,310~1,328; Akiko Tomitani, et al.,"The Evolutionary Diversification of Cyanobacteria: Molecular-Phylogenetic and Paleontological Perspectives," *PNAS*, 103, no. 14(2006), pp.5,442~5,447.

61 Yinon M. Bar-On, Rob Phillips, and Ron Milo, "The Biomass Distribution on Earth," *Proceedings of the National Academy of Sciences*, 115, no. 25(2018), pp. 6,506~6,511.

62 B. Lollar Sherwood, Georges Lacrampe-Couloume, G. F. Slater, J.Ward, Duane P. Moser, T. M. Gihring, L-H. Lin, and Tullis C. Onstott,"Unravelling Abiogenic and Biogenic Sources of Methane in the Earth's Deep Subsurface," Chemical *Geology*, 226, no. 3~4(2006), pp.328~339; Katrina J. Edwards, Keir Becker, and Frederick Colwell, "The Deep, Dark Energy Biosphere: Intraterrestrial Life on Earth," A*nnual Reviewof Earth and Planetary Sciences*, 40(2012), pp. 551~568; Cara Magnabosco, Kathleen Ryan, Maggie C. Y. Lau, Olukayode Kuloyo, Barbara Sherwood Lollar, Thomas L. Kieft, Esta Van HeerDen, and Tullis C. Onstott, "AMetagenomic Window into Carbon Metabolism at 3 km Depth in Precambrian Continental Crust," The ISME Journal, 10, no. 3(2016), p.730.

63 Joseph R. Michalski, et al.,"The Martian Subsurface as a Potential Window into the Origin of Life," *Nature Geoscience*.

64 T. C. Onstott, B. L. Ehlmann, H. Sapers, M. Coleman, M. Ivarsson, J. J. Marlow, A. Neubeck, and P. Niles, "Paleo-Rock-Hosted Life on Earth and the Search on Mars: A Review and Strategy for Exploration," *Astrobiology*(2019).

65 Paul Voosen, "NASA's Next Mars Rover Aims to Explore Two Promising Sites." Science 362, no. 6411 (2018), pp. 139~140. Midway's strongest advocate in the landing site selection process wastrailblazing Caltech professor Bethany Ehlmann, who has published extensively on Northeast Syrtis and has spearheaded a charge to explore ancient subsurfaceterrains./

66 J. Mustard, et al., "*Mars 2020* Candidate Landing Site Data Sheet: NE Syrtis," NASA JPL.

67 이 연구 분야는 불가지론적 생명체 속성 연구 프로젝트Laboratory for Agnostic Biosignatures(LAB) Project의 핵심이고, 내가 수석 연구원으로 참여하고 있다. 나사의 천체생물학 프로그램의 지원으로 LAB는 이전에 알려지지 않고 익숙치 않은 특징과 화학적 요소를 가진 생명 탐지 방법을 개발하고 있다. LAB팀에는 생물학자, 화학자, 컴퓨터 과학자, 수학자, 계측공학자가 참여한다. Building on seminal work in the *Astrobiology* community(i. e., P. G. Conrad and K. H. Nealson, "A Non-Earthcentric Approach to Life Detection," *Astrobiology*, 1,no. 1(2001), pp. 15~24), 우리는 또한 이런 특징들을 식별해 내고 탐지 결과를 해석하는 전략을 수립하고 있다(www. agnosticbiosignatures.com[inactive]).

68 예를 들어, 마치 우리가 지구에서 가시광선을 이용하는 것처럼 생명체가 우주선을 에너지원으로 이용해 진화할 수도 있는 것이다. 혹은 황, 실리콘, 암모니아

와 탄소를 생명체 구성 요소로 쓸 수도 있다. J. E. Lovelock, "A Physical Basis for Life Detection Experiments," *Nature*, 207,no. 997(1965), pp. 568~570; P. H. Rampelotto. "The search for life on otherplanets: Sulfur-based, silicon-based, ammonia-based life," *Journal of Cosmology*, 5(2010), pp. 818~827.

69 S. M. Marshall, A.R.G. Murray, and L. Cronin, "A Probabilistic Framework for Identifying Biosignatures Using Pathway Complexity, "Philosophical Transactions of the Royal Society A: Mathematical, Physical and Engineering Sciences, 375, no. 2109 (2017), p. 20,160,342; S. S. Johnson, E. V.Anslyn, H. V. Graham, P. R. Mahaffy, and A. D. Ellington, "Fingerprinting Non-Terran Biosignatures," *Astrobiology*, 18, no. 7(2018), pp. 915~922.

70 후대 학자들은 아리스토텔레스가 물리학에서 특정 기질을 가진 가장 작은 물질이 있다고 주장한 것에 주목해야 한다고들 한다. 아리스토텔레스는 자연적 조직(뼈나 혈액 같은)이 최소 물리적 부위라고 믿었다: Sylvia Berryman, "Ancient Atomism," in The Stanford Encyclopedia of Philosophy, Edward N. Zalta, ed. (Winter 2016 edition);"Scholastic Philosophy and Renaissance Magic in the De Vita of Marsilio Ficino," Renaissance Quarterly, 37(1984), pp. 523~554; RuthGlasner, "Ibn Rushd's Theory of *Minima Naturalia*," Arabic Sciences and Philosophy, 11(2001), pp. 9~26; John E. Murdoch, "The Medieval and Renaissance Tradition of *Minima Naturalia*," in Christoph Lüthy,John E. Murdoch and William R. Newman, eds., *Late Medieval and Early Modern Corpuscular Matter Theories*(Leiden: Brill, 2001, pp. 91~132).

71 여러 세계관에 관한 흥미로운 논의는 철학자 루카스 믹스를 참고하라. 믹스는 에피쿠로스 원자론자인 루크레티우스가 어떻게 세상이 근본적으로 죽었다고 보았는지를 설명했다. 이것은 아리스토텔레스가 세상이 근본적으로 살아 있다고 본 것과는 대조된다. "아리스토텔레스가 대체적으로 그 후 2천 년 동안 승리해 왔다." Lucas John Mix,"The Meaning of 'Life': *Astrobiology* and Philosophy," University of Washington Seminar Series, NASA *Astrobiology* Institute Virtual Planetary Lab, 12 May 2012,and Lucas John Mix, Life in Space: *Astrobiology* for Everyone(Cambridge: Harvard University Press, 2009), pp. 246~247; see also: Mohan Matthen and R. James Hankinson, "Aristotle's Universe: Its Form and Matter," Synthese, 96, no. 3(1993), pp. 417~435.

72 Aristotle, "Book IV," On the Heavens, trans. W. K.C. Guthrie(Cambridge: Harvard University Press, 1939).

73 Alan Lightman, *Searching for Stars on an Island in Maine*(NewYork: Pantheon Books, 2018), p. 145; Arm and Marie Leroi, "6 Things Aristotle Got Wrong," *Huffington Post*(Dec. 2, 2014).

74 In the 1960s, Thomas Kuhn proposed the idea of paradigm shifts inscience: the idea that a dominant mode of scientific thought slowly accumulates errors, then dominant thinking radically shifts to a new paradigm. T. S. Kuhn, *The Structure of Scientific Revolutions*(Chicago and London: University of Chicago Press, 1962).

75 "Newtonian Cosmology and Religion," Cosmic Journey: A History of Scientific Cosmology(American Institute of Physics).

76 William Blake, "The Marriage of Heaven and Hell," in ThePoetical Works, ed. John Sampson(Oxford University Press, 1908; Bartleby.com, 2011), lines 115~116. 비슷하게, 아인슈타인도 언젠가 "우리는 모두 다양한 언어로 된 책이 가득한 도서관에 들어온 어린아이와도 같다. 이 아이는 누군가 이 책들을 썼다는 것을 안다. 어떻게 썼는지를 모를 뿐이고, 언어를 모를 뿐이다. 아이는 희미하게 수수께끼 같은 질서가 있어 책을 만들었다고 생각하지만, 그것이 무엇인지를 모른다. 우리는 우주가

경이롭게 배열되어 있고, 어떤 법칙을 따르는 것을 보지만, 그저 희미하게 그런 법칙을 이해할 뿐이다." Quoted in Alan Lightman, *Searching for Stars on an Island in Maine*(New York: Pantheon Books, 2018), pp. 115~116.

77 Allison McNearney, "The Buried Secrets of the World's Very First Lighthouse," *The Daily Beast*(Oct. 21, 2017).

78 James Crawford, "The Life and Death of the Library of Alexandria," *LitHub*(March13, 2017).

79 과학자의 물질적 세계에 대한 믿음과 생각에 대해서는: Alan Lightman, *Searching for Stars on an Island in Maine* (New York: Pantheon Books, 2018).

80 Papers of William Henry Pickering, 1870~1907 (Harvard University Archives, HUG 1691).

81 같은 책

82 "Hallo, Mars? Mr. Marconi and his new aerial on the radial yacht'Elettra,' with which he hopes to call up Mars," British Pathé.

83 David Peck Todd papers, 1862~1939(inclusive), Yale University Manuscripts & Archives.

84 Duncan H. Forgan and Robert C. Nichol, "A Failure of Serendipity: The Square Kilometre Array Will Struggle to Eavesdrop on Human-like Extraterrestrial Intelligence," International Journal of *Astrobiology*, 10, no. 2(2011), pp. 77~81.

85 로웰은 사실 화성뿐만 아니라 수성이나 목성의 위성, 금성에서도 줄무늬를 보았다. 20세기에 지도에 넣은 바퀴살 같은 금성의 줄무늬와 현대 의학 기술로 본 안배의 핏줄은 묘하게 닮아 있다: W. Sheehan and T. Dobbins, "The Spokes of Venus: An Illusion Explained," *Journal for the History of Astronomy*, vol. 34, part 1, no. 114(2003), p. 61.

86 Percival Lowell, *Mars as the Abode of Life* (New York: The Macmillan Company, 1908), p. 146.

87 Helen S. Vishniac and Walter P. Hempfling, "Cryptococcus Vishniacii sp. nov., an Antarctic Yeast," International *Journal of Systematic and Evolutionary Microbiology*, 29, no. 2 (1979), pp. 153~158.

88 Ephraim Vishniac, phone interview by Sarah Johnson(Sept. 8, 2017).

89 Euclid, E*uclid's Elements: With Notes, an Appendix, and Exercises by Issac Todhunter*(independently published, 2017). The paintings Caspar David Friedrich, *Wanderer above the Sea of Fog*, 1818,oil on canvas(2007).

90 Herodotus, quoted in Thomas Harrison, "Review: Herodotus," *The Classical Review*, 49, no. 1(1999), p. 16.

91 Erik A. Petigura, Andrew W. Howard, and Geoffrey W. Marcy,"Prevalence of Earth-Size Planets Orbiting Sun-like Stars," *Proceedings of the National Academy of Sciences*, 110, no. 48 (2013), pp.19,273~19,278; Melissa Block, "Study Says 40 Billion Planets in Our Galaxy Could Support Life," NPR, All Things Considered (Nov. 5,2013).

92 빛의 속도, 하이젠베르크가 밝힌 우주의 속도 한계 등 과학에서 규명한 한계와 확실성으로 측정될 수 있는 것들에 대한 논의로: John D. Barrow, *Impossibility* (Oxford University Press, 1998).

93 일몰 이미지는 2010년 11월 4일과 5일에 찍혔다. Guy Webster, "Martian Dust Devil Whirls Into Opportunity's View," NASA(July 28, 2010); Webster, "Mars Movie: I'm Dreaming of a Blue Sunset," NASA(December 22, 2010).

94　지구에서는 푸른빛이 파장이 긴 붉은빛보다 더 잘 산란된다. 이 현상은 레일리 산란Rayleigh scattering이라 불리고, 빛의 파장보다 훨씬 작은 물체로부터 모든 방향으로 산란되는 빛에서 나타난다. 이 경우는 대기 중의 작은 공기 분자가 해당되고, 그래서 지구에서 하늘은 파랗게 나타난다. 하지만 태양의 빛이 많이 대기에 닿게 되면(예를 들어 해가 수평선으로 넘어가는 일몰 때) 푸른빛은 이미 산란되어 없고, 붉은색과 노란색 광자가 우리의 눈으로 들어온다. 화성에서는 공기가 매우 적기 때문에 레일리 산란이 더 두드러지게 나타난다. 대부분의 빛은 어쨌든 먼지 알갱이들로 인해 산란되고, 이 알갱이들은 크기가 파장과 비슷하거나 더 크다. 빛이 산란되면서 파란색 파장은 붉은 파장보다 방향을 덜 바꾸게 되고, 그래서 화성에서의 일몰이 푸르게 보일 수 있다. 화성 정찰 궤도선에서 보내온 최근 관측 결과로 화성 연무의 산란 특징 연구에 큰 진전이 있었다: M. J. Wolff, M. D. Smith, R. T. Clancy, R. Arvidson, M. Kahre, F. Seelos, S. Murchie, and Hannu Savijärvi, "Wavelength dependence of dust aerosol single scattering albedo as observed by the Compact Reconnaissance Imaging Spectrometer," *Journal of Geophysical Research: Planets* 114, no. E2(2009).

이미지 출처

찾아보기